学术前沿研究

辽宁省教育厅高校科技专著出版基金资助

U0731360

岩石（土）类材料
拉张破坏有限元法分析

王来贵　赵　娜　刘建军　李天斌 ◎著

北京师范大学出版集团
BEIJING NORMAL UNIVERSITY PUBLISHING GROUP
北京师范大学出版社

图书在版编目(CIP) 数据

岩石(土)类材料拉张破坏有限元法分析／王来贵等著.—北京：北京师范大学出版社，2011.9
（学术前沿研究）
ISBN 978-7-303-13009-2

Ⅰ．①岩… Ⅱ．①王… Ⅲ．①岩石破裂－有限元分析 Ⅳ．① TU452

中国版本图书馆 CIP 数据核字（2011）第 107355 号

营销中心电话 010-58802181 58808006
北师大出版社高等教育分社网 http://gaojiao.bnup.com.cn
电子信箱 beishida168@126.com

出版发行：北京师范大学出版社 www.bnup.com.cn
北京新街口外大街 19 号
邮政编码：100875

印　　刷：北京京师印务有限公司
经　　销：全国新华书店
开　　本：155 mm × 235 mm
印　　张：12.75
字　　数：218 千字
版　　次：2011 年 9 月第 1 版
印　　次：2011 年 9 月第 1 次印刷
定　　价：32.00 元

策划编辑：胡廷兰　　　　责任编辑：胡廷兰
美术编辑：毛　佳　　　　装帧设计：毛　佳
责任校对：李　菡　　　　责任印制：李　啸

国家自然科学基金重点项目(50434020)资助

国家自然科学基金面上项目(10972096)资助

地质灾害防治与地质环境保护国家重点实验室开放研究
基金资助项目(DZJK-0809)资助

辽宁省教育厅高等学校创新团队项目(2007T076)资助

辽宁百千万人才工程项目(2008921035)资助

摘　要

　　岩石(土)类材料具有低抗拉的力学特性。岩石(土)工程在拉应力作用下会发生拉张破裂，形成不连续面，出现严重的变形不协调；进而岩石(土)工程结构在实质上发生改变，相应地应力状态也重新调整。在分析了岩石(土)类材料拉张破坏现象的力学特征的基础上，建立了岩石拉张破坏的基本理论；以有限元法为基础，对岩石试件及岩石工程的拉张破坏演化过程进行模拟，对岩梁、巴西盘、圆孔、圆环、雁列式断层等最基本的岩石力学问题破裂过程进行分析；同时对软岩边坡、地下开采等工程引起的拉张破裂现象也进行了初步研究。可作为工程力学、岩土工程、采矿工程、工程地质、环境地质、灾害防治等专业的科技人员、全日制在校本科生、研究生的参考用书。

前　言

　　岩石(岩块)是复杂的天然介质，表现为非均匀性、非连续性、各向异性、与时间相关性等特征。岩石内部可充填水、油等液体或空气、二氧化碳、瓦斯、天然气等气体。因此，岩石是由固体、液体和气体三相介质组成的。在物理、化学甚至生物等外界环境的耦合作用下，岩石的物理、力学性质非常复杂。岩体一般由岩石和结构面组成，含有节理、层理、断层等结构缺陷，因此通常岩体的强度远远低于岩石强度，岩体变形远远大于岩石本身，岩体的渗透性远远大于岩石的渗透性；同时岩石与岩体的力学性质随时间的推移而变化。在开挖、回填、构筑等人为活动中，形成了大量的岩石工程或岩体(土)工程；开挖、回填、构筑过程使得岩石工程结构不断发生变化和调整，形成了诸如采矿、掘进等特殊的岩石工程，这种工程结构的变化是非线性的；在复杂的外界环境作用下，岩石工程的演化特性、演化过程是岩石力学工作者关心的研究课题。

　　岩石(土)类材料包括岩石、土、混凝土等，该类材料的物理．力学特性类似，均具有低抗拉的力学特性。一般情况下，岩石的抗拉强度仅为抗压强度的十分之一左右。由于岩石拉张破坏引发的工程灾害常常见到，如露天采矿边帮出现裂缝、地采引起地裂缝等。静力处于受压状态的岩土工程，在地震惯性力作用下就可能受拉；动力加速度幅度越大，受拉应力水平越高、范围也越大。拉张破坏是控制岩石工程稳定性的重要因素之一。

　　岩石(土)类介质的抗压、抗拉强度等特性差异很大，拉、压规律完全不同；岩石工程在拉应力作用下发生拉张破裂，由连续介质演化为非连续介质，形成不连续面，变形出现严重的不协调，并且拉张破裂形成不连续面后，岩石(土)工程结构实质上发生了改变，相应地，应力状态也要重新调整。岩体拉张破裂形成不连续面，数学分析首先要突破连续性的假设，这存在很多困难。为了分析方便，传统的分析方法只能假设岩石的拉、压性质符合同一演化规律，为各向同性的连续介质。因此考虑拉、压性质不同及拉张破坏形成不连续面的分析方法，不仅仅是突破描述岩石破坏方式的问题，更是认识岩石为什么会破坏、如何破坏的科学问题，是岩石力学工作者研究的关注热点。

因此，本研究相继在国家自然科学基金重点项目(50434020)、国家自然科学基金面上项目(10972096)及地质灾害防治与地质环境保护国家重点实验室"科技减灾、重建家园"开放研究基金资助项目(DZKJ-0805)等的资助下，充分分析了岩石拉张破坏现象的力学特征，建立了岩石拉张破坏的基本理论，并以有限元法为基础编制程序，对岩石试件及岩石工程的拉张破坏演化过程进行了模拟。

岩石工程各式各样，岩石的力学性质千差万别，但拉应力的存在使得岩石工程拉张破坏的可能性大大增加。因此在岩石工程演化过程分析中，必须优先考虑拉张破坏，分析拉张破坏后的不连续状态与岩石工程应力状态的重新调整，这就是本研究的重点。

本书由辽宁工程技术大学王来贵教授统稿，第 1 章由王来贵、李天斌编写，第 2 章由王来贵、刘建军编写，第 3 章至第 7 章由赵娜编写。另外，感谢北京飞箭软件公司给予本书中软件方面的帮助。感谢张立林、初影、曹彦彦、李磊、吕连君、白羽、危烽等对本书数值计算方面所做的工作。

由于作者水平所限，本书难免存在缺点和错误，敬请读者不吝指正。

王来贵
2010 年 9 月

目　录

1　绪　论 ……………………………………………………（1）

　1.1　工程背景 …………………………………………………（1）

　1.2　研究背景 …………………………………………………（7）

2　岩石拉张破坏的力学机理 ……………………………………（10）

　2.1　岩石的特征单元分析 ……………………………………（10）

　2.2　岩体中的应力状态 ………………………………………（13）

　2.3　岩石的强度 ………………………………………………（14）

　2.4　岩石的变形破坏机理分析 ………………………………（18）

　2.5　岩石拉张破坏的判据 ……………………………………（24）

3　有限元模拟岩石拉张破裂的基本理论 ………………………（27）

　3.1　有限元法的基本原理 ……………………………………（27）

　3.2　二维弹性平面应力的有限元方程 ………………………（30）

　3.3　岩体动力学问题求解方法 ………………………………（32）

　3.4　拉张破坏的开裂准则 ……………………………………（41）

　3.5　程序框图 …………………………………………………（41）

　3.6　节点平均应力的计算 ……………………………………（45）

　3.7　三节点三角形常单元开裂 ………………………………（46）

　3.8　裂纹贯通处理 ……………………………………………（48）

　3.9　开裂引起的畸形网格处理 ………………………………（50）

4　岩石拉张破坏的基本算例 ……………………………………（53）

　4.1　简支梁拉张破裂过程模拟 ………………………………（53）

　4.2　混凝土预制缺口梁试件断裂数值模拟 …………………（54）

    4.3 预制缺口梁铰支座下的拉张破裂过程模拟 ……………… (57)

    4.4 巴西盘对径受压破坏过程模拟 …………………………… (61)

    4.5 圆孔结构变形破坏过程模拟 ……………………………… (63)

    4.6 圆环结构破坏过程模拟 …………………………………… (65)

    4.7 雁列式断层结构变形破坏过程模拟 ……………………… (68)

5　工程简例 ……………………………………………………… (73)

    5.1 硐室拉张破坏的有限元数值模拟 ………………………… (73)

    5.2 岩(煤)体注水或注气过程的有限元数值模拟 …………… (84)

    5.3 拉张型冲击地压的有限元数值模拟 ……………………… (97)

    5.4 孤岛煤柱拉张型冲击地压的发生机理及数值模拟 ……… (103)

    5.5 煤层开采后顶板及地表拉张破裂的数值模拟 …………… (106)

    5.6 软岩边坡拉张破坏的有限元数值模拟 …………………… (129)

    5.7 强震作用下边坡拉张破裂的有限元数值模拟 …………… (131)

    5.8 煤矿开采引发山体滑坡拉张破裂的数值模拟 …………… (138)

    5.9 不同坡角对重力坝坝踵裂纹扩展的影响 ……………… (142)

    5.10 偏心加载 T 型桥拉张破坏的有限元数值模拟 ………… (150)

    5.11 岩桥破裂的数值模拟 …………………………………… (155)

    5.12 路面结构局部松散对路面破裂的影响 ………………… (159)

    5.13 残煤自燃诱发滑坡过程的数值模拟 …………………… (163)

6　岩石拉张破坏的问题探讨 ………………………………… (179)

    6.1 不同约束对岩石破裂的影响 ……………………………… (179)

    6.2 抗拉强度不同对岩石破裂的影响 ………………………… (181)

    6.3 不同加载方式对岩石破裂的影响 ………………………… (182)

    6.4 岩石试件拉张破裂过程中的结构调整 …………………… (185)

7　结论及展望 ………………………………………………… (190)

参考文献 ……………………………………………………… (192)

1

绪 论

1.1 工程背景

岩土工程破坏的基本形式主要分为两种，即剪破坏和拉破坏。剪破坏的特征是岩土工程在外界环境作用下，形成一个剪切带，该剪切带最终可能形成滑移面。而岩土工程拉破坏的特征是岩(土)体在外界环境作用下形成拉张破裂面，存在明显的拉张贯通性开张裂口。该破裂面张口宽度从毫米级到米级，长度达几百甚至上千米。近年来，随着岩石工程的大规模建设，拉张破裂现象越来越多，如公路边坡破裂、露天开采边帮开裂、地采诱发的地裂缝、地震导致的地裂缝等。地裂缝的出现可进一步诱发新的灾害，如滑坡、地表不均匀下沉、地下水位下降、地下采矿透水事故等，造成巨大的经济损失和安全隐患。本节将介绍岩土工程中常见的拉张破裂现象。

1.1.1 边坡滑塌及其引起的地裂缝

如图 1-1、图 1-2、图 1-3 为阜(新)朝(阳)高速公路边坡滑体拉裂。图 1-1 所示为 2006 年 12 月 25 日该挖方段大部分地段开挖至设计标高时，路线右侧边坡发生滑塌及局部崩塌，坡顶出现多处地裂缝，施工暂停。图 1-2、图 1-3 为阜(新)朝(阳)高速公路边坡挖方段山前斜坡前缘，坡率 1∶1.5；边坡已开挖形成，坡面地层为二元结构，上部为基本为黄~红色黏性土，下部为风化泥页岩；在开挖排水边沟时，左侧出现长约 20 m 边坡滑塌，距离挖方边坡坡顶线约 40 m 处出现弧形拉张裂缝。

图 1-1 阜朝高速公路边坡滑塌现场

图 1-2 阜朝高速公路边坡滑体拉裂

边坡滑塌面

滑塌边坡坡顶细部

图 1-3 阜朝高速公路边坡滑塌现象

1.1.2 地面沉降引起的房屋拉裂

煤层开采后，在地下形成大面积的采空区，由于重力等作用使地表常常发生不均匀的地面沉陷、塌陷，地表房屋等建筑物地基的不均匀沉陷、地表塌陷引起开裂。图 1-4 为阜新矿区地表不均匀沉降引起的房屋开裂。

图 1-4　地面沉降引起的房屋开裂

1.1.3　煤矿开采引起的地表拉张破裂

图 1-5 为阜新矿区地下开采诱发的地裂缝，最宽处为 43 mm，长达 450 m。在开采深度较浅的矿区，地裂缝地质灾害非常常见。

图 1-5　阜新矿区采沉地裂缝

图 1-6 为辽宁葫芦岛市建昌县冰沟煤矿采沉地裂缝，冰沟煤矿位于山区，采区地面沉陷区面积 4.87 km²，严重塌陷坑 7 处，沟谷两侧的

图 1-6　建昌县冰沟煤矿采沉地裂缝

山坡上伴生多条地裂缝,裂缝群集分布,地裂缝 15 条,总长 4 500 m,最长一条折线型,长 530 m,宽 0.4～3 m,最大深度大于 14 m。1998 年,有 2 人掉入冰沟煤矿 1 井一处地裂缝中死亡;2008 年 7 月,又有表兄弟 2 人掉入冰沟煤矿 1 井另一处地裂缝中死亡。此外,还先后有 15 只羊跌进裂缝。生活在矿区的居民生命财产受到严重威胁。

1.1.4 煤矿露天开采诱发的边帮地裂缝

图 1-7、图 1-8 分别为内蒙古胜利一矿和内蒙古白音华二矿边帮裂缝。这些矿区的工程地质环境条件特殊,其特征是煤炭赋存在第四系沙砾土、第三系红黏土及泥质软岩中。由于第四系沙砾土、第三系红黏土及泥质软岩形成的边坡强度低、渗透性差、含水(冰)量大,春天冰雪消融,致使露天矿在仅仅达到设计深度的五分之一开始、远未达到设计深度和坡度的情况下发生大规模地裂缝并诱发滑坡,造成长时间停工停产,生产成本增加,经济效益下降,并对国家的财产和工人生命安全构成严重威胁。

图 1-7　内蒙古胜利一矿边帮裂缝

图 1-8　内蒙古白音华二矿边帮裂缝

1.1.5　强震引起的拉张破裂

图 1-9、图 1-10 分别为强震诱发的地裂缝和斜坡拉张断裂图。静力状态下不可能破裂的地面和斜坡，在地震惯性力作用下拉张破坏，形成明显的地裂缝，甚至被抛出，如图 1-11 所示。

图 1-9　强震诱发的地裂缝(汶川地震照片)

图 1-10　强震诱发斜坡拉张断裂(汶川地震照片)

图 1-11　强震诱发斜坡拉张断裂后抛出(汶川地震照片)

1.1.6 开采模拟实验中的拉张破裂

模拟实验中，可看出明显的拉张破坏现象。在如图 1-12 描述的地下开采模型实验中，煤层顶板破裂及形成离层，图 1-13 为顶板岩石的拉破坏现象。

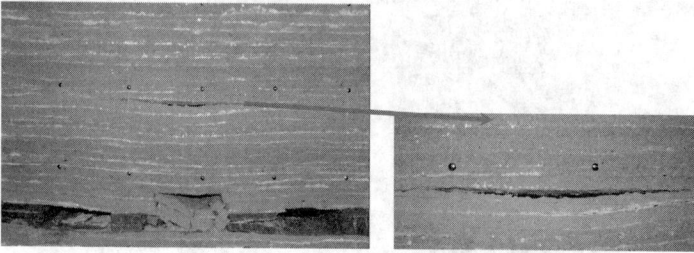

图 1-12 模拟实验中煤层顶板破裂及离层

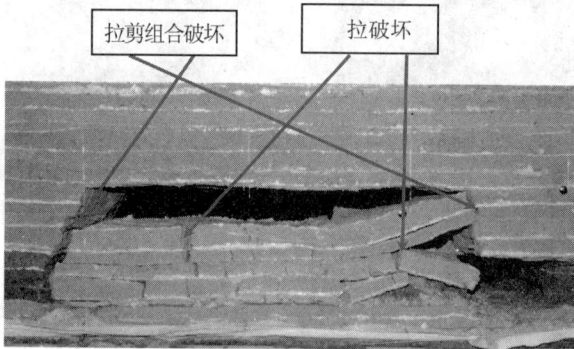

图 1-13 模拟实验中顶板岩石的拉破坏现象

图 1-14、图 1-15 分别是平朔安太堡露天矿和阜新海州露天矿露井联采相互影响的模拟实验。实验中可明显地看出露井联采可导致地表和岩层中的拉张破坏现象。

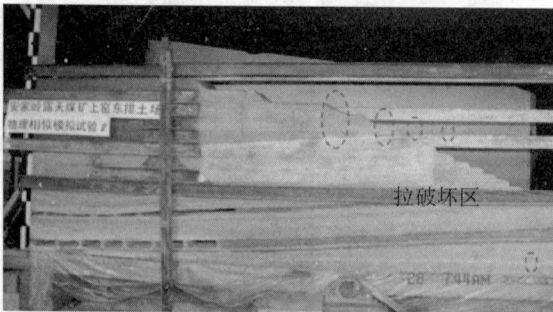

图 1-14 露井联采模拟实验(平朔安太堡露天矿)

图 1-15　露井联采模拟实验(阜新海州露天矿)

　　研究岩石工程拉张破裂规律,模拟岩石工程受拉破坏的过程,对于揭示岩体破坏的宏观力学现象及细观机理,评价岩石以及岩石工程的安全状态,了解岩石类材料的结构稳定性并给出合理的支护措施,都具有重要的理论意义和应用前景。同时,研究岩石受拉破坏过程和演化规律,对工程实践至关重要,可为岩石工程的安全施工和提高经济效益提供借鉴。

1.2　研究背景

　　材料破坏过程的模拟一直是固体力学研究中的热点,围绕这一话题,尤其是非连续介质的破坏模拟,目前仍然存在很多问题,如结构离散带来的尺度效应、材料非连续性的表征、破坏准则的选取、材料破坏后的几何描述等。

　　有限元方法是目前应用最为广泛的数值方法之一,由于该方法基于连续性假设,早期的有限元方法主要用于描述和计算连续介质。为了将有限元方法应用于岩体等非连续介质,R. E. Goodman 等[1~2]、O. C. Zienkiewicz 等[3]、J. Ghaboussi 等[4]、M. G. Katona[5]、C. S. Desai 等[6]相继提出了各式各样的断裂单元(fracture element)。断裂单元的应用在很大程度上推动了有限元方法的发展,但是限于小位移和断裂面不可分离,因此其在处理破坏裂纹扩展方面存在一定的局限,另外,过多的断裂单元还会带来刚度矩阵的病态问题。

　　为了克服上述困难,使有限元方法更好地模拟破坏问题,一些学者在采用非连续形函数的基础上提出了强化有限元方法(enriched FEM),T. Belytschko 等[7~8]、C. Daux 等[9]、J. Dolbow 等[10]在这方面做了很多工作。C. A. Duarte 等[11~12]和 T. Strouboulis 等[13~14]又在此基础上,结合材料不均匀性和非线性的处理，发展了广义有限元方法（general-ized FEM）并将其应用于非线性断裂分析。

1993 年王来贵[15]等从岩石拉伸流变失稳的基本概念出发，建立了描述岩石拉伸流变失稳的模型，推导了有限元公式，模拟了在煤层开挖过程岩梁初次来压拉伸流变失稳的过程，在国内首次以拉伸破坏模拟岩石破裂，如图 1-16 所示。2007 年 4 月王来贵、赵娜等[16]以岩石拉破坏的理论为基础，利用有限元方法引入裂张单元的概念，给出了岩石拉张破裂的四个判据，给出了裂张单元的原理。2007 年 7 月邱峰等[17]以有限元方法为基础引入一种单元分裂和界面分离技术，采用接触单元表征破坏界面，模拟岩石材料的破坏过程。2007 年 12 月王来贵、赵娜等[18]又采用实验和可模拟拉张破裂的数值模拟相结合的方法，选取加载面积直径分别为 5 mm，10 mm，15 mm，30 mm，40 mm，50 mm 不同面积载荷作用下的岩石试件破裂数值模拟。史贵才[19]对脆塑性岩石破坏后区力学特性的面向对象有限元与无界元耦合模拟进行了研究。郭子红等[20]对单轴压力作用下岩石破坏机理进行了分析。张德海等[21]用梁—颗粒模型对岩石单轴拉伸破坏过程进行了数值模拟。

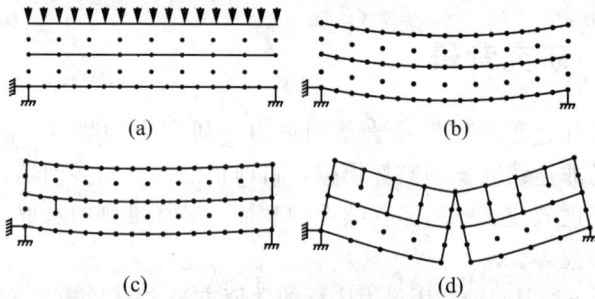

(a)　　　　　　　　(b)

(c)　　　　　　　　(d)

图 1-16　岩梁破坏过程图

岩石破坏是一个复杂的非平衡、非线性的演化过程。以往数值模拟分析的目的往往是为了得到一个满意的初始应力场、变形场或者最终受力结果，随着计算环境的改善和实际问题客观要求，岩石破裂过程分析正在转向整个结构和演化过程的全景模拟。

在岩石力学的分析中，传统的分析方法是将岩石介质视为各向同性的连续介质，对于原始岩石介质就为不连续面或破坏后形成了不连续面，一般在描述、分析和解算方面比较困难，关于拉张破裂分析方法还一直在探讨中。

因此，本研究相继在国家自然科学基金重点项目（50434020）、国家自然科学基金面上项目(10972096)及地质灾害防治与地质环境保护国家重点实验室"科技减灾、重建家园"开放研究基金资助项目(DZJK-0809)等的资助下,充分分析了岩石拉张破坏现象的力学特征,建立了岩石拉张破坏的基本理论;以有限元法为基础编制程序,对岩石试件及岩石工程的拉张破坏演化过程进行了模拟。

岩石拉张破坏的力学机理

2.1　岩石的特征单元分析

为了研究岩石内部的应力状态，一般选取岩体内部的一个宏观无限小、微观无限大的单元体作为特征单元。

力 F 是物体内一点 x 方向切面 A 上所受到的力，采用 F 的 3 个分量 F_x，F_y，F_z，按照应力的定义即可得到该点的 3 个应力分量 σ_{xx}，σ_{xy}，σ_{xz}。相似地，取过该点 y，z 方向平面上所受的力，也可得到相应的 3 个应力分量，在 y 方向作用面上为 σ_{yx}，σ_{yy}，σ_{yz}，在 z 方向作用面上为 σ_{zx}，σ_{zy}，σ_{zz}。一点的应力分量一般用 σ_{ij} 表示，其下标第一字母 i 表示应力作用面的方向，第二字母 j 表示应力的作用方向，一点的应力通常用应力张量来表示[22]，写作

$$(\sigma_{ij}) = \begin{bmatrix} \sigma_{xx} & \sigma_{xy} & \sigma_{xz} \\ \sigma_{yx} & \sigma_{yy} & \sigma_{yz} \\ \sigma_{zx} & \sigma_{zy} & \sigma_{zz} \end{bmatrix} \tag{2-1}$$

可以证明 $$\sigma_{ij} = \sigma_{ji} \tag{2-2}$$

即剪应力互等。于是，一点的应力情况完全可以由 6 个独立无关的应力分量 σ_{xx}，σ_{xy}，σ_{xz}，σ_{yy}，σ_{yz}，σ_{zz} 确定。若一点的应力仅仅存在法向应力，各作用面上的剪应力皆为零，则称该点为主应力状态。

如果不考虑构造运动产生的作用，一般可认为沉积岩体的自重应力处于主应力状态，且为压应力，如图 2-1(a)所示。根据对称性，可以确

定 $\boldsymbol{\sigma}_{xx}=\boldsymbol{\sigma}_{yy}$，于是岩体的自重应力状态简化为图 2-1(b)。图中仅表示 x，z 两个方向的受力状态，即在 x-z 平面上一点的应力状态，叫做平面应力状态。在岩石力学中，为了研究方便，常以压应力为正。图 2-1 中的应力都为压应力。

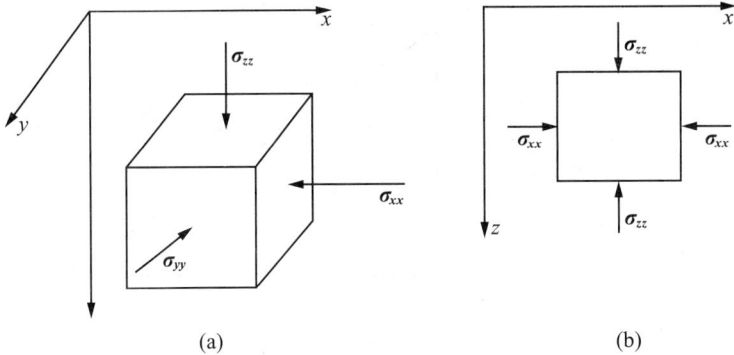

(a)   (b)

图 2-1 岩石特征单元应力状态

由于岩体工程中许多问题可以简化为平面应变问题，所以在此主要考虑平面应变状态。

考虑应力张量中 z 方向作用面上仅有正应力 $\boldsymbol{\sigma}_{zz}$，剪应力 $\boldsymbol{\sigma}_{zx}=\boldsymbol{\sigma}_{zy}=0$ 的情况，即：

$$\boldsymbol{\sigma} = \begin{bmatrix} \boldsymbol{\sigma}_{xx} & \boldsymbol{\sigma}_{xy} & 0 \\ \boldsymbol{\sigma}_{yx} & \boldsymbol{\sigma}_{yy} & \\ 0 & & \boldsymbol{\sigma}_{zz} \end{bmatrix} \tag{2-3}$$

此应力张量在 x-y 平面的受力图如图 2-2 所示，在 z 方向的 $\boldsymbol{\sigma}_{zz}$ 是由于变形受到约束所致，即 $\varepsilon_z=0$，因此，它代表平面应变的一般应力状态。

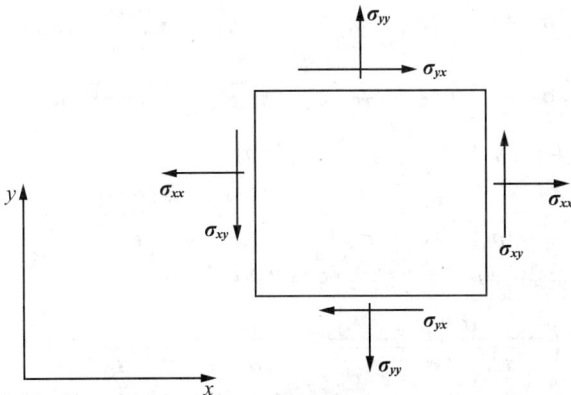

图 2-2 x-y 平面的受力图

平面应变状态点任意方向的应力情况如图 2-3。图中法线为 *n*,斜面上的应力为法向应力 $\boldsymbol{\sigma}_n$,剪应力为 $\boldsymbol{\tau}_n$,它们的方向分别与斜面法向矢量和切向矢量一致。

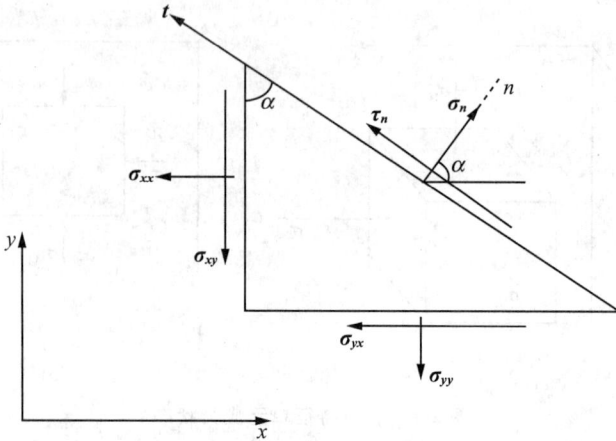

图 2-3   平面应变状态任意方向应力情况

由图 2-3 单元的平衡条件,经过简化后可得任意斜面上的应力 $\boldsymbol{\sigma}_n$ 和剪切应力 $\boldsymbol{\tau}_n$ 的计算公式:

$$\boldsymbol{\sigma}_n = \boldsymbol{\sigma}_{xx}\cos^2\alpha + \boldsymbol{\sigma}_{yy}\sin^2\alpha + 2\boldsymbol{\sigma}_{xy}\sin\alpha\cos\alpha \tag{2-4}$$

$$\boldsymbol{\tau}_n = -(\boldsymbol{\sigma}_{xx} - \boldsymbol{\sigma}_{yy})\sin\alpha\cos\alpha + \boldsymbol{\sigma}_{xy}(\cos^2\alpha - \sin^2\alpha) \tag{2-5}$$

与平面应力状态相对应的主应力状态,即要求出一个平面为主平面,在其上作用的应力只有法向应力而无剪应力。令 $\boldsymbol{\tau}_n = 0$,求得此方向,然后带入 $\boldsymbol{\sigma}_n$,求得主应力

$$\boldsymbol{\sigma}_1 = \frac{1}{2}\Big[(\boldsymbol{\sigma}_{xx} + \boldsymbol{\sigma}_{yy}) + \sqrt{(\boldsymbol{\sigma}_{xx} - \boldsymbol{\sigma}_{yy})^2 + 4\boldsymbol{\sigma}_{xy}^2}\Big] \tag{2-6}$$

$$\boldsymbol{\sigma}_2 = \frac{1}{2}\Big[(\boldsymbol{\sigma}_{xx} + \boldsymbol{\sigma}_{yy}) - \sqrt{(\boldsymbol{\sigma}_{xx} - \boldsymbol{\sigma}_{yy})^2 + 4\boldsymbol{\sigma}_{xy}^2}\Big] \tag{2-7}$$

与第一主应力 $\boldsymbol{\sigma}_1$ 对应的方向余弦为

$$\left(\frac{\boldsymbol{\sigma}_{xx}}{\sqrt{\boldsymbol{\sigma}_{xy}^2 + (\boldsymbol{\sigma}_1 - \boldsymbol{\sigma}_{xx})}}, \frac{\boldsymbol{\sigma}_1 - \boldsymbol{\sigma}_{xx}}{\sqrt{\boldsymbol{\sigma}_{xy}^2 + (\boldsymbol{\sigma}_1 - \boldsymbol{\sigma}_{xx})^2}}, 0\right) \tag{2-8}$$

与第二主应力 $\boldsymbol{\sigma}_2$ 对应的方向余弦为

$$\left(\frac{\boldsymbol{\sigma}_2 - \boldsymbol{\sigma}_{yy}}{\sqrt{\boldsymbol{\sigma}_{xy}^2 + (\boldsymbol{\sigma}_2 - \boldsymbol{\sigma}_{yy})^2}}, \frac{\boldsymbol{\sigma}_{yy}}{\sqrt{\boldsymbol{\sigma}_{xy}^2 + (\boldsymbol{\sigma}_2 - \boldsymbol{\sigma}_{yy})^2}}, 0\right) \tag{2-9}$$

在上面两式中,当剪应力等于零的时候,可能导致计算分母为零,因此,如果 $[\boldsymbol{\sigma}_{xy}^2 + (\boldsymbol{\sigma}_1 - \boldsymbol{\sigma}_{xx})^2] = 0$,此时必然 $[\boldsymbol{\sigma}_{xy}^2 + (\boldsymbol{\sigma}_2 - \boldsymbol{\sigma}_{yy})^2] = 0$,则

与第一主应力 $\boldsymbol{\sigma}_1$ 对应的方向余弦为(1，0，0)，与第二主应力 $\boldsymbol{\sigma}_2$ 对应的方向余弦为(0，1，0)。

2.2 岩体中的应力状态

引起岩体应力的变化因素除了自重应力状态外，还包括静水应力状态、构造应力及地震应力等其他影响因素。

2.2.1 静水应力状态

岩体中静水应力状态是指岩体内一点完全处于主应力作用，各个方向的主应力值大小相等的特殊应力状态。这就像一固体颗粒浸入水中，由于液体不能抵抗剪应力作用，使得 3 个主应力等于所受到的静水应力。[23] 用应力张量表示为

$$\boldsymbol{\sigma} = \begin{bmatrix} \sigma & & \\ & \sigma & \\ & & \sigma \end{bmatrix} \tag{2-10}$$

岩体在某些情况下可以近似认为处于静水应力状态，例如：地下水流动十分缓慢时，附近的岩体的孔隙和缝隙与地下水贯通，岩体受到的水压力就等于孔隙水压，孔隙水压可以按地下水柱的高度直接计算；深层岩体所处的高地应力状态；高温作用时的温度应力也可近似地认为处于静水应力状态。若岩体处于塑性状态，抗剪强度几乎丧失，力学性能近似流体，也可作为静水应力状态。实际上强度高的岩石可能在几十千米的地下丧失其抗剪强度，而强度低的岩石或塑性强的岩石则可能在靠近地表不很深处就像黏性流体一样达到静水应力状态。例如，软的泥岩可能在几十米深处，盐岩或钾岩可能在几百米深处即达到静水应力状态。

静水应力状态是岩体中的一种特殊应力状态。一般岩石工程很难达到这样的一种状态。在工程上，岩体进入塑性流动后，只要忽略其抗剪强度和自重的影响，即可得静水应力状态。

2.2.2 构造应力

岩体是一种地质体。地质构造运动使得岩体在成长的过程中经历了很大的外力作用，使得岩体的赋存形态发生变化。地壳运动使板块拉、压、剪切，产生各种断裂、褶皱、起伏，剧烈时形成造山运动，产生向斜、背斜、褶皱等构造。由于地质构造作用使岩体产生很大的塑性变形而导致其形态的改变，这种形变一旦受到约束，就会在岩体内产生约束

力,这种由于地质构造作用在岩体中残存下来的应力,叫做构造应力。

工程上发现,构造应力的显现特征是岩体中的水平应力大于垂直的自重应力。在一般情况下,岩体的自重应力大于水平应力,即侧压力系数 $\lambda < 1.0$,但是,许多地应力的测量结果表明存在 $\lambda > 1.0$ 的情况。在坚硬脆性岩体中,构造应力对岩石工程的影响很大。构造应力使岩体储存大量的形变能,由于采掘、开挖等工程活动使这部分形变能突然释放,就极易形成凌空面岩石突出,形成岩爆现象。

2.2.3 岩体中的其他应力

(1)岩石各向异性的影响

大多数层状岩体在层面方向的刚度比垂直于层面方向的刚度大,并且随深度的增加而增加。岩体受荷载作用后产生变形使得应力按岩体的刚度大小分配。因此,岩层水平应力将大于垂直方向的应力。实测表明,坚硬层状岩体在节理不十分发育的情况下,测出的水平应力常常大于垂直应力。

(2)地形的影响

地形形状,河流、山谷切割的高山与丘陵对岩体应力形成一种地貌影响。在山地,靠山顶的岩体主应力线基本上是与山体的等高线一致的。

(3)地震应力

由于地震的作用使岩体产生运动时有惯性力,地震波在岩体中传播时有地震应力。一般情况下,地震力的作用如果不使岩体产生塑性变形,则在岩体产生的弹性应力可以完全恢复,但是在近震区,岩体在地震力的作用下会产生很大的塑性变形,地震后残余应力难以消失,从而使得岩体的初应力场发生变化。

2.3 岩石的强度

岩石具有抗压不抗拉的性质。长期以来,人们始终把岩石的强度视为岩石的基本力学性质之一,岩石的强度一直是人们最为关心的岩石参数,也是岩石力学的研究重点。岩石的强度是指岩石抵抗外力破坏的能力。岩石受载后,随应力增加应变也增大。应力增加到岩石强度值,或应力长期恒定保持在某一水平,都能使岩石破坏。在评价采场、井巷围岩稳定性和解决岩石破碎问题时,都需研究反映岩石应力—应变关系的变形特征和岩石破坏条件下最大应力的强度特征数据。岩石的强度是指岩石抵抗外力的作用、在岩石破坏时能够承受的最大应力。可分为单轴抗压强度、单轴抗拉强度、抗剪切强度、三轴抗压强度等[24]。

2.3.1　岩石的单向抗压强度

岩石在单轴压缩载荷作用下达到破坏时所能承受的最大压应力称为岩石的单轴抗压强度。计算公式为 $\sigma_c = \dfrac{P}{A}$。通常岩石单轴压缩有 4 种破坏形式，见图 2-4。图 2-4(a)为拉伸破坏，在轴向压应力作用下，在横向将产生拉应力。这种类型的破坏就是横向拉应力超过岩石抗拉极限所引起的。图 2-4(b)为 X 状共轭斜面剪切破坏，是最常见的破坏形式；图 2-4(c)为单斜面剪切破坏，这种破坏也是剪切破坏；图 2-4(d)为塑性流动变形，线应变≥10%。

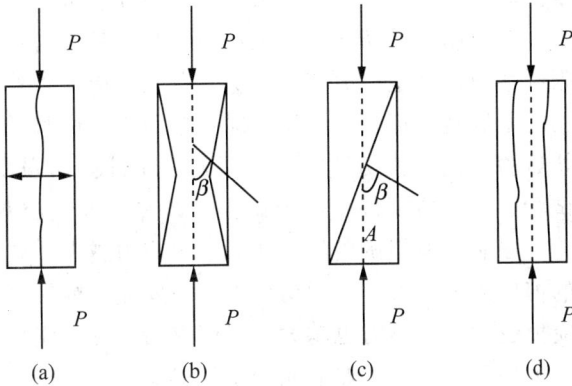

图 2-4　岩石的四种破坏形式

2.3.2　岩石的单轴抗拉强度

岩石的抗拉强度就是岩石试件在单轴拉伸载荷作用下抵抗破坏的极限能力或极限强度，在数值上等于岩石试件达到破坏时所能承受的最大拉应力。岩石的单轴抗拉强度是岩石最重要的物理力学性能之一，它较岩石的单轴抗压强度和抗剪强度小得多，因而常常是影响地下岩石工程稳定性的重要因素。试件在拉伸载荷作用下的破坏通常是沿其横截面的断裂破坏，岩石的拉伸破坏试验分直接试验和间接试验两类。

直接试验计算公式：破坏时的最大轴向拉伸载荷 P 除以试件的横截面积 A，即

$$\sigma_1 = \frac{P}{A} \tag{2-11}$$

间接拉伸破坏：巴西试验法，俗称劈裂试验法，计算公式为

$$\sigma_1 = \sigma_x = \frac{-2P}{\pi d t} \tag{2-12}$$

$$\sigma_y = \frac{6P}{\pi dt} \tag{2-13}$$

圆盘中心处,

$$\sigma_t = \sigma_x = -\frac{2P}{\pi} dt \tag{2-14}$$

式(2-12)~式(2-14)中：d 为巴西盘直径；t 为试件厚度；P 为极限载荷。

2.3.3 岩石的抗剪切强度

岩石在剪切荷载作用下达到破坏前所能承受的最大剪应力称为岩石的抗剪切强度。剪切强度试验分为非限制性剪切强度试验和限制性剪切强度试验两类。非限制性剪切试验在剪切面上只有剪应力存在,没有正应力存在；限制性剪切试验在剪切面上除了存在剪应力以外,还存在正应力。典型的非限制性剪切强度试验,即：单面剪切试验、冲击剪切试验、双面剪切试验、扭转剪切试验。典型的限制性剪切强度试验,即：直剪仪压剪试验、立方体试件单面剪试验、试件端部受压双面剪试验、角膜压剪试验。限制性剪切试验的剪切面上正应力越大,试件被剪破坏前所能承受的剪应力也越大。因为剪切破坏一要克服内聚力,二要克服摩擦力,正应力越大,摩擦力也越大。当剪切面上的剪应力超过了峰值剪切强度后,剪切破坏发生,然后在较小的剪应力作用下就可使岩石沿剪切面滑动。能使破坏面保持滑动所需的较小剪应力就是破坏面的残余强度。正应力越大,残余强度越高,如图 2-5 所示。所以只要有正应力存在,岩石剪切破坏面仍具有抗剪切的能力。

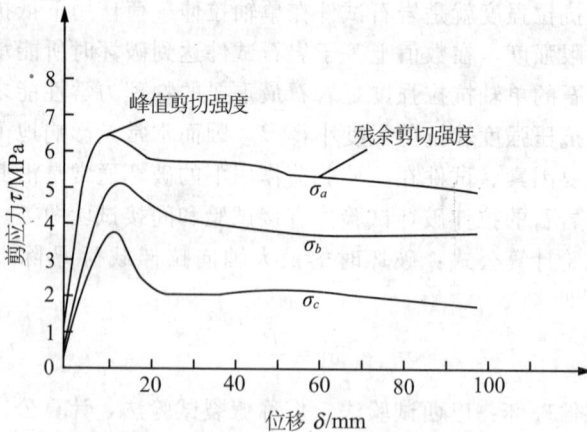

图 2-5 正应力与残余强度的关系曲线

2.3.4　岩石的三轴抗压强度

岩石在三向压缩荷载作用下，达到破坏时所能承受的最大压应力称为岩石的三轴抗压强度。与单轴压缩试验相比，试件除受轴向压力外，还受侧向压力。侧向压力限制试件的横向变形，因而三轴试验是限制性抗压强度试验。①真三轴试验：试件为立方体，加载方式如图 2-6 所示。应力状态：$\sigma_1 > \sigma_2 > \sigma_3$，这种加载方式试验装置繁杂，且六个面均可受到由加压铁板所引起的摩擦力，对试验结果有很大影响，因而实用意义不大。故极少有人做这样的三轴试验。②假三轴试验：试件为圆柱体，试件直径 25～150 mm，长度与直径之比为 2：1 或 3：1。加载方式如图 2-7 所示，轴向压力的加载方式与单轴压缩试验时相同。但由于有了侧向压力，其加载时的端部效应比单轴加载时要轻微得多。应力状态为假三轴，即 $\sigma_1 > \sigma_2 = \sigma_3$。

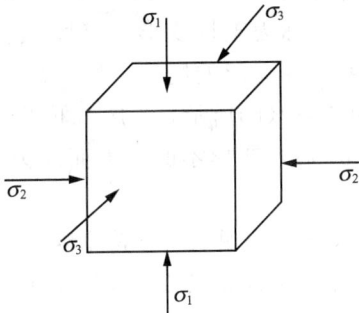

图 2-6　真三轴（$\sigma_1 > \sigma_2 > \sigma_3$）　　图 2-7　假三轴（$\sigma_1 > \sigma_2 = \sigma_3$）

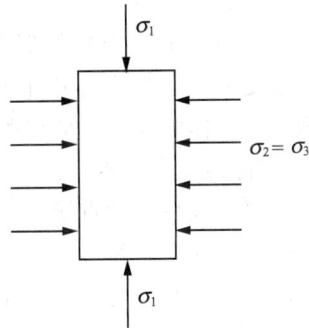

意大利学者冯·卡门（Von. Karman）于 1911 年完成假三轴试验。试件岩石为白色圆柱体大理石试件，该大理石具有很细的颗粒并且是非常均质的。试验发现：

（1）在围压为零或较低时，大理石试件以脆性方式破坏，沿一组倾斜的裂隙破坏。

（2）随着围压的增加，直至出现完全延性或塑性流动变形，并伴随工作硬化，试件也变成粗腰桶形的。

（3）在试验开始阶段，试件体积减小，当达到抗压强度一半时，出现扩容，泊松比迅速增大。

2.4 岩石的变形破坏机理分析

2.4.1 岩石的变形[25~29]

岩石在荷载作用下，首先发生的物理现象是变形。随着荷载的不断增加，或在恒定荷载作用下，随时间的增长，岩石变形逐渐增大，最终导致岩石破坏。岩石变形可分弹性变形、塑性变形和黏性变形三种。

弹性是指岩石在力作用下，岩石改变形状和体积，而去除力（卸载）后能完全恢复其原有形状和体积的性质。产生的变形称为弹性变形，具有弹性性质的物体称为弹性体。弹性体按其应力—应变又可分为两种类型：线弹性体（或称理想弹性体），其应力—应变呈直线关系，如图 2-8(a)所示；非线性弹性体，其应力—应变呈非直线的关系。

塑性是岩石在力的作用下，改变其形状和体积，而卸载后仍保留残余变形的性质。不能恢复的那部分变形称为塑性变形，或称为永久变形、残余变形。在外力作用下只发生塑性变形的物体，称为理想塑性体。理想塑性体的应力—应变关系如图 2-8(b)所示，当应力低于屈服极限 σ_0 时，材料没有变形，应力达到 σ_0 后，变形不断增大而应力不变，应力—应变曲线呈水平直线。

黏性岩石受力后变形不能在瞬时完成，且具有应变速率随应力增加而增加的性质。其应力—应变速率关系为坐标原点的直线的物质称为理想黏性体（牛顿流体），如图 2-8(c)所示。

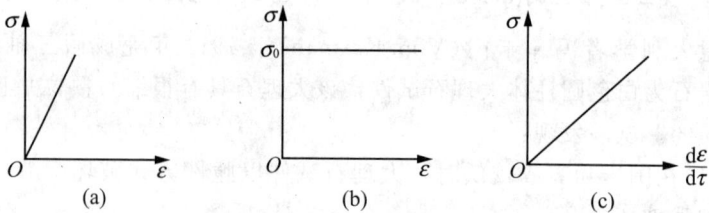

图 2-8 岩石的变形性状示意图

岩石具有复杂的组成成分和结构，因此其力学属性也是很复杂的，同时，岩石的力学属性还与受力条件、温度等环境因素有关。在常温常压下，岩石既不是理想的弹性体，也不是简单的塑性体和黏性体，而往往表现出弹—塑性，塑—弹性，弹—黏—塑或黏—弹性等复合性质。

2.4.2　岩石的破坏形式

岩石的破坏形式一般分为两种，即拉破坏和剪破坏。剪破坏是指当岩石剪切面上的剪应力超过了峰值剪切强度。拉破坏是指当岩石的拉伸载荷超过了岩石的抗拉强度。具体说来，岩石破坏可以分为以下几种情况，即：单轴压力作用下的劈裂、围压作用下的剪切破坏、延性破坏、出现破裂区为多个剪切破坏面、拉应力作用下拉断破坏、集中力作用下的劈裂即实际上的拉伸破坏等形式。

岩石的破坏类型可以用石灰岩在各种围压下的行为来说明。在无围压受压下，观测到不规则的纵向裂缝，如图 2-9(a)所示单轴压缩中的纵向破裂；在施加中等数量围压后，如图 2-9(a)所示的不规则形态便由与应力方向倾角小于 45°单一破坏面所代替，即如图 2-9(b)所示剪切破裂。这是压应力下的典型破坏，并将表述为剪切破坏，是岩石破坏的一种基本类型，其特征是沿破裂面的剪切破坏。如果增加围压，使得材料成为完全延性性质，则出现剪切破裂的网格，即如图 2-9(c)多重剪切破裂，并伴有个别晶体的塑性变形。剪破坏是指当岩石剪切面上的剪应力超过了峰值剪切强度引起的破坏。

破坏的第二种基本类型是拉伸破坏，它典型地出现于单轴拉伸中。它的特征是明显的分离，而在表面间没有错动，如图 2-9(d)所示。拉伸破坏是指岩石的拉伸荷载超过了岩石的抗拉强度。岩石的抗拉强度比较低，拉破坏后形成拉张破裂面。拉张破裂面形成后岩体就不能再承受拉应力，并且会形成岩石介质的不连续。

在比较复杂应力下出现的破坏，有可能属于这类型中的一种类型。如果平板在线载荷之间受压，如图 2-9(e)所示，由线载荷产生的拉伸破裂，则在载荷之间出现一个拉伸破坏。

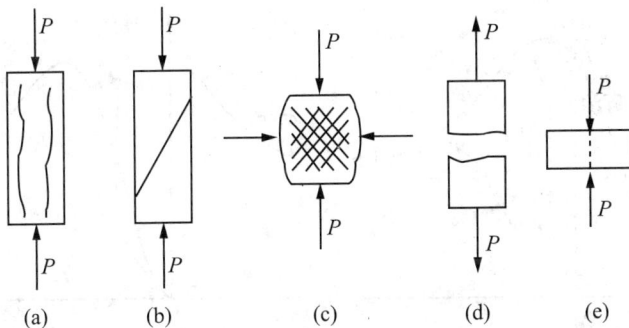

图 2-9　岩石破坏的情况

上述破坏类型，说明了破坏的局部化作用，即破坏过程实际上在连续介质上出现不连续的剪切带或拉断裂带，它们在细观上构成岩体破坏的基本形式，即应力峰值点后，岩体内部出现损伤、分岔、成核、断裂带形成。上述五种类型都说明这个过程。

在近数十年中，人们对岩石材料的强度和破坏变形特征的研究产生了极大的兴趣。这是由于岩石的破坏和破坏后的变形研究成果可以直接应用到大型岩石工程的设计当中，这是当前对岩石力学的新挑战，也促进岩石力学的飞跃。研究岩石工程受拉破坏的意义如下。

（1）大型地下洞室的设计要求安全评价。

（2）矿山的开采、岩石的破碎、隧洞的开挖，要求了解岩石的强度与破坏措施的效益。

（3）工程岩坡与天然地质滑坡体的稳定性评价。

（4）岩石工程的变形控制，如大坝地基、船闸边坡的安全评价和变形控制。

（5）有限元及数值方法的进展，要求对岩体的破坏阶段作出模拟。

2.4.3 岩石的全应力—应变特征

岩石单轴抗压试验是岩石力学研究的基础，岩石试件试验结果与试验机的刚度有密切的关系。以往绝大多数岩石力学试验在普通压力机上进行，其刚度不够大，掩盖了岩石类材料的某些力学特性。通常，岩石试件在压力机上试验时，当到达或通过应力—应变曲线的峰值后就迅猛地发生几乎是爆炸式地崩解而终止。刚性试验机问世后，才得到了岩石类材料破坏过程的全程应力—应变曲线，揭示了岩石峰值强度后的力学性质。图 2-10 就是岩样在刚性试验机单轴(低围压)压缩试验时得到的典型曲线。

对于岩石的变形可通过试验测得，岩石试件在单轴压缩荷载作用下产生变形的全过程可由图 2-10 的全程应力—应变曲线表示。

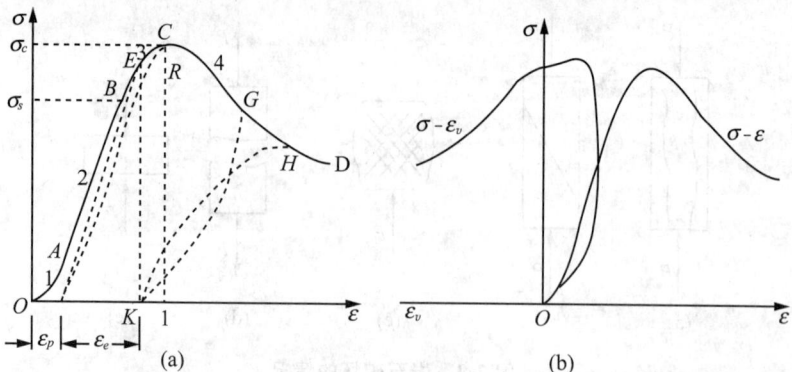

图 2-10　全程应力—应变与扩容曲线

从图中可以很直观地看到，全程应力—应变曲线可分为四个部分：(1)OA 段，曲线稍向上凹；（2）AB 段，近似直线；（3）BC 段，曲线上凸；（4）CD 段，曲线下降。

OA 段是由于岩石体内部的裂隙、孔隙等缺陷随着外载的增加而密实的结果。该段曲线向上弯说明随着变形的增加产生同样大小的应变，所需的应力偏大。试验证明，这是由于岩石体试件中的孔隙、裂隙逐步紧闭合所产生的现象。对于致密岩石，这个区域很小，如在很高围压下进行试验，就没有这个区域。

AB 段近似直线，其斜率为弹性模量 E，主要是由于岩石固体骨架弹性变形的结果。在 OA 及 AB 区内，如果卸载，变形恢复，岩石试件呈弹性性质。此时岩石微裂纹开始发生随机分布，裂纹产生后立即停止。裂纹有均匀分布的趋势，裂纹发生与闭合的概率几乎相等，故产生同样大小应变所需应力接近常数。B 点对应的应力值 σ_s 是弹性变形的应力极限，因而在超过 B 点之后，岩石试样就发生塑性变形，故称 σ_s 为弹性极限或屈服极限。

BC 段是当岩石体试件超过弹性极限 σ_s 后继续加载的结果。在该阶段内，如果在某点 R 完全卸载后重新加载，则会产生永久的应变 ε^p。卸载后重新加载，则曲线 $O1R$ 上升到与原来曲线相联结，这样就造成一个回滞圈。其加载与卸载途径不同，即具有历史相关性或途径相关性，并把屈服点从 B 点提高到 R 点，这种现象被称为应变硬化。曲线的最高点 C 对应的应力值称为抗压强度 σ_c，它表示岩石试件在这种条件下承受的最大压应力，有时也称破坏强度，一般为屈服极限的 $1.5 \sim 2$ 倍。在 B 点附近，岩石试件不断产生微破裂及粒内或粒间滑移，产生明显的非弹性变形，使得岩石试件体积增加，这种现象叫扩容，如图(b)中 σ-ε_v 曲线。扩容是岩石与金属受力变形性质的主要区别之一，是岩石破坏的一个因素。接近 C 点前，微观裂纹明显增加，它们沿着试件中央部分的平面相互搭接。在应力最大点 C 处，试件中央部分发展成宏观的破裂平面，该破裂通过微裂缝的阶梯状连接朝试件端部增长。

CD 段为岩石体试件失稳破坏阶段，即所谓的应变软化阶段。C 点附近，岩石体试件已形成宏观破裂面。若试验机继续施加很小的载荷，试件的承载能力迅速下降，甚至为零。若为刚性试验机，试件与试验机系统平衡状态为稳定的，将能记录到第四个区域 CD 段。此时试件虽已产生很大的塑性变形，但是仍然保持完整，可承受一定载荷和继续变形而不发生破裂。微破裂和宏观裂缝继续发展，直至完全丧失黏结力。

岩石在 CD 段由于裂纹的发生发展显著形成宏观裂纹，黏结力逐渐丧失，因而抵抗变形的能力随变形增加而下降，或者说承载能力随变形增加而下降。若进行卸载后再加载，应力—应变曲线将沿 KH 而上升，在未到 H 前将只产生弹性变形，直到 H 才发生塑性变形，相当于把屈服极限降至 H 所对应的应力值，故称为应变软化。当试件的某些面上完全丧失黏结力，产生相对移动而发生宏观破坏，在一定围压下时试件破裂面保持一定摩擦阻力阻止其相对滑动，承受一定的荷载，此时岩石试样只剩下残余强度了。

在试件变形前三个阶段，随着变形增加，试件抵抗变形的能力增加，即承载能力增加，并有关系 $d\sigma \times d\varepsilon > 0$。而在变形第四阶段随变形的增加，承载能力降低，即有 $d\sigma \times d\varepsilon < 0$。按塑性理论前者是稳定的，后者为非稳定的。在塑性阶段卸载曲线斜率随变形增加而降低，此现象称为弹塑性耦合，在非稳定阶段更显著。

综上所述，岩石的变形破坏过程是以裂纹发生发展为主导的过程，经历了裂纹的压密、发生发展、密集并合成宏观裂纹、宏观裂纹发展四个阶段，对应于非线性弹性变形、线性弹性变形、应变硬化及应变软化四个变形区域。

2.4.4　岩石变形破坏机理

岩石类材料是含孔洞、裂隙、微结构面的各向异性非连续介质和复杂的变形体结构。可采用位错理论来描述岩石变形的微观性状，其裂纹扩展、力学特性与材料的微观结构、受力状态和环境密切相关。在外载作用下，岩石内部微缺陷的成核、扩展以及这一过程中的时间和温度因素决定了岩石变形的特性。随着外载的增加，微缺陷进一步扩展，最终导致岩石材料的破坏。

岩石类材料在不同压应力作用下出现的变形包括：初始的压实、近线性弹性变形、初始应变硬化、应变软化、膨胀（或碎屑岩石的压实）和局部弱化。这些特性主要来自于岩石微结构在不同应力状态下的演化，原有裂纹的成核和扩展被视为岩石变形和失效的主要机制。源于初始缺陷的次生裂纹及其张开导致非弹性体积增加、膨胀，极大地影响了应力—应变关系和岩石的力学性质。

目前，根据岩石类材料变形的不同特征，人们在岩石(土)工程中分别考虑其脆性、半脆性、流变性、断裂与损伤积累特性，研究受载情况下岩石微观结构的演化和宏观失效之间的联系，从而分析失效的先兆现象和确定失效前的临界载荷，这在工程设计和灾害预报中具有极其重要的作用。

岩石主要是晶体的集合体，并且往往存在裂隙和空隙，特别在晶体之间存在微裂纹。所以岩石的变形主要是由岩石中已有裂纹的扩展和新裂纹的产生引起的，岩石中的毛细孔、空隙、裂缝（材料的裂隙）引起应力集中，裂隙的顶点应力可能比平均应力高得多，最后可能超过材料的抗拉强度。当裂隙很窄，尖端又是椭圆形，则尖端应力与平均作用应力 $\left(\dfrac{\sigma_m}{\sigma_u}\right)$ 的比值约为

$$\left(\frac{\sigma_m}{\sigma_u}\right) = 2\left(\frac{a}{r_0}\right)^{1/2} \tag{2-15}$$

式中：σ_m 为尖端应力；σ_u 为远离裂隙尖端处的平均作用拉应力；a 为裂隙深度；r_0 为尖端最小曲率半径。

Griffith 脆性材料断裂能量理论，认为尖端集中应力超过某一数值，裂纹就开展，要产生新裂缝。这时试件内部应变能的一部分变为新裂缝所必需的表面能，从而减轻了试件内部应力。裂缝进一步开裂，又产生新的缝面的能量要求。如果初始裂缝长度为 a_0，在应力 σ_0 作用下将开始增长，由于表面能量逐渐增大的缘故，在裂缝长度为 a 时便停止。只有当应力必须增大到 σ_1 时，才会使裂缝继续增大到 a_1。裂缝不是作为单独一条裂缝扩展的，而是以一微裂区的形式扩展的。裂缝扩展一直继续到最大裂缝达到临界裂缝尺寸 a_{cr} 为止，这个过程被称为裂缝缓慢扩展过程。过了这一点，表面能变化速率将小于现有的应变能，此时裂缝就会以递增的速率自动增长，直到试件发生破坏为止。这个过程被称为裂缝快速扩展阶段，临界裂缝可能使试件内发生内力重分布，这就加速了其他裂缝的增长。裂缝快速扩展的速率可能接近于音速。即有下式作为裂缝扩展的必要条件。

$$\sigma_u = \left(\frac{2ET}{\pi C}\right)^{1/2} \tag{2-16}$$

式中：E 为弹性模量；T 为单位面积的材料表面能；C 为裂纹长度的一半；σ_u 为远离裂隙尖端处的平均作用拉应力。

因此，当 σ_u 足够大时，裂纹将沿单轴加载试件的轴向发展，在二维或三维应力情况下，裂纹将沿平行于最大主应力的方向发展。

如果材料发生弹性变形，则泊松比 μ 为常数，这时轴向、侧向和体积应力应变曲线都应为线性的，轴向和体积应变为正值（压缩的），侧向为负值（拉伸的）。事实上，轴向应力—应变曲线经常是非线性的，这就是累进性变形机制的裂纹发展原理提到的。得出如下结论。

（1）受轴向荷载的岩石试件发生侧向扩胀效应，表明平行于岩心轴

向产生空隙,导致增大了体积和泊松比,而且泊松比已不是一个常数。

(2)裂纹发展的速率是变化的。

在压应力场中,裂纹的初始张性破坏是不会立即引起结构崩溃的。只有当裂纹发展到某一极限的应力水平时,裂缝才发生密集和扩展,导致累进性破坏。累进性破坏可分成三个阶段。

(1)准弹性变形阶段。在新裂纹开始或已有裂纹变动以前,岩石显示出准弹性的、近线性的变化。

(2)裂纹稳定发展阶段。随着裂纹开始,在一定的速率下,裂纹稳定的发展。

(3)裂纹迅速发展阶段。由于裂纹迅速扩展和密度加大,岩石强度下降,导致岩石破坏和崩溃。

2.5 岩石拉张破坏的判据

2.5.1 静力作用下岩石拉张破坏的判据

岩石的抗拉强度比较低,一般为抗压强度的 1/10,如图 2-11 所示。即

$$\sigma_c = 10\sigma_t \tag{2-17}$$

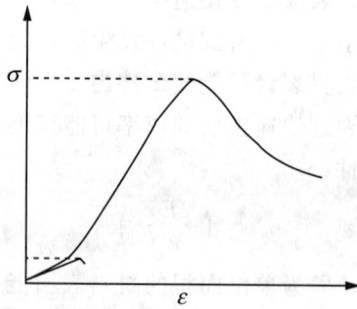

图 2-11 岩石拉、压应力—应变曲线

在静力作用下,岩石拉张破裂的判据如下[30~49]。

(1)当某一节点的最大拉应力大于岩石的抗拉强度时,此节点就破裂。即

$$\sigma_静 \geqslant [\sigma] \tag{2-18}$$

其中:$\sigma_静$ 为节点在静力作用下的最大拉应力;$[\sigma]$ 为岩石的抗拉强度。

(2)当主压应力矢量方向与最大拉应力方向垂直时,岩石破裂。

(3)在众多承受拉应力的应力场中，承受最大主拉应力的点优先破裂。

(4)岩石破裂后仍可承受压应力。

2.5.2 动力作用下的判据

岩体内一点处的应力状态如图 2-12，σ_x，σ_y，τ_{xy} 为已知量，则其主应力状态为

$$\begin{cases} \sigma_1 = \dfrac{\sigma_x + \sigma_y}{2} + \sqrt{\left(\dfrac{\sigma_x - \sigma_y}{2}\right)^2 + \tau_{xy}^2} \\[2mm] \sigma_2 = \dfrac{\sigma_x + \sigma_y}{2} + \sqrt{\left(\dfrac{\sigma_x - \sigma_y}{2}\right)^2 + \tau_{xy}^2} \\[2mm] \tan 2\alpha_0 = -\dfrac{2\tau_{xy}}{\sigma_x - \sigma_y} \end{cases} \tag{2-19}$$

式中：σ_1 为第一主应力，σ_2 为第二主应力，α_0 为主方向角。

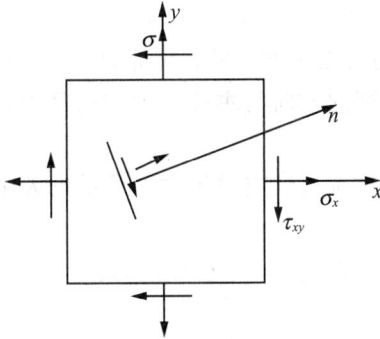

图 2-12　岩体内一点处的应力状态

σ_1、σ_2 用应力圆表示如图 2-13 所示。由于岩石的低抗拉特性，如果应力圆处于图 2-13 位置Ⅰ，即 $\sigma_1 > 0$、$\sigma_2 > 0$ 时，岩体有可能发生拉张破坏；如果应力圆处于图 2-13 位置Ⅱ，即 $\sigma_1 > 0$、$\sigma_2 < 0$ 时，岩体有可能发生拉张破坏；如果应力圆处于图 2-13 位置Ⅲ，即 $\sigma_1 < 0$、$\sigma_2 < 0$ 时，岩体不会发生拉张破坏。

在外力作用下，当一点的应力状态处于第Ⅱ种情况时，由于岩石脆性性质和低抗拉特性，岩石就可能首先发生拉张破裂；当一点的应力状态在静力作用下处于第Ⅰ、第Ⅲ种情况时，在外界动载荷作用下，也可能转化为第Ⅱ种情况，而发生拉张破裂，形成不连续面。因此，在动载荷作用下岩石拉张破裂的判据如下。

(1)考虑岩石的脆性破坏特性，采用线弹性平面应力本构模型进行

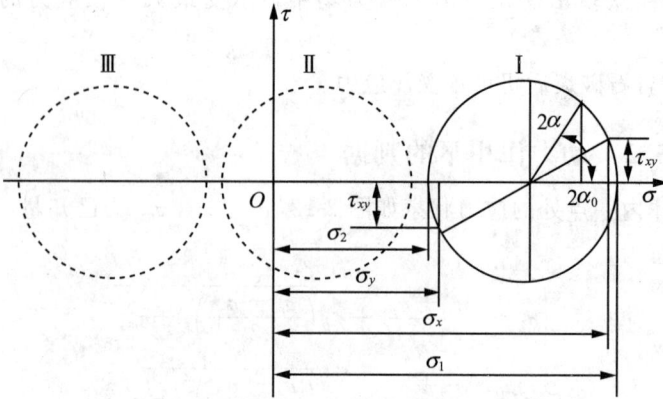

图 2-13   应力圆

分析。当某一节点在动力作用下的最大拉应力大于岩石的抗拉强度时，此节点就发生拉张破裂。即

$$\sigma_{动} \geqslant [\sigma] \tag{2-20}$$

式中：$\sigma_{动}$为节点在动力作用下的最大拉应力，$[\sigma]$为岩石的抗拉强度。

（2）岩石拉张破裂的方向与主拉应力方向垂直，拉张破裂后形成不连续面。

（3）在众多承受拉应力的应力场中，承受最大主拉应力的点优先拉张破裂。

（4）当岩石拉张破裂后仍可承受压应力。

有限元模拟岩石拉张破裂的基本理论

3.1 有限元法的基本原理

有限元法已成为求解复杂的岩石力学及岩土工程问题的有力工具，并已为工程科技人员所熟悉。其在求解弹塑性及流变、动力、非稳态渗流等时间相关性问题，以及温度场、渗流、应力场的耦合等复杂的非线性问题方面已成为岩石力学领域中应用最广泛的数值分析手段。近年来，有限元法在工程应用方面已有了越来越大的进展。

3.1.1 有限元法基本方程[29]

有限元分析中最基本的思想就是将单元离散，即将求解域剖分为若干单元，把一个连续的介质变换成为一个离散的结构物，然后就各单元进行分析，最后集成求解整体位移即基于最小势能原理的位移法。为了方便而有效地离散复杂的岩体构造及建筑物，用各种实体单元、夹层单元及无穷元分别模拟岩石及混凝土的连续区、断层及结构面，以及无穷域。

就数学概念来说，有限元法是通过变分原理或加权余量法和分区插值的离散化处理把基本支配方程转化为线性代数方程，把求解域内的连续场函数转化为求解有限个离散点处的场函数值。这种离散化的处理是一种近似，因而只有当单元划分适当时，才能保证满意的求解精度。

选择适中的单元，在特征单元内，未知场函数 u 就可以采用十分简单的代数多项式近似地表述。通常可取为如下插值形式。

$$u = \sum_{i=1}^{n} N_i u_i \qquad (3\text{-}1)$$

或 $\qquad u^e = [N]\{\pmb{\delta}\}^e = [N_1, \ N_2, \ N_3, \ \cdots, \ N_n]\{\pmb{\delta}\}^e$

其中，$[N] = [N_1, N_2, \cdots, N_n]$。$[N]$ 为插值函数或形函数矩阵，且

$$[N_i] = \begin{bmatrix} N_i & 0 & 0 \\ 0 & N_i & 0 \\ 0 & 0 & N_i \end{bmatrix}$$

$$\{\pmb{\delta}\}^e = [u_1, u_2, \cdots, u_n]^{\mathrm{T}}$$

$\{\pmb{\delta}\}^e$ 为单元节点处的函数值；下角标 n 表示单元的节点数；上角标 e 表示单元号。有限元就是以所有节点处的 u_i 值作为基本未知量。

$$\{u_i\} = \{u_{ix} \quad u_{iy} \quad u_{iz}\}$$

由几何关系

$$\{\pmb{\varepsilon}\} = [T]\{U\} = [T][N]\{\pmb{\delta}\}^e$$

式中，

$$[T] = \begin{bmatrix} \dfrac{\partial}{\partial x} & 0 & 0 \\[2mm] 0 & \dfrac{\partial}{\partial y} & 0 \\[2mm] 0 & 0 & \dfrac{\partial}{\partial z} \\[2mm] \dfrac{\partial}{\partial y} & \dfrac{\partial}{\partial x} & 0 \\[2mm] 0 & \dfrac{\partial}{\partial z} & \dfrac{\partial}{\partial y} \\[2mm] \dfrac{\partial}{\partial z} & 0 & \dfrac{\partial}{\partial x} \end{bmatrix}$$

令 $[B] = [T][N]$，则

$$\{\pmb{\varepsilon}\} = [B]\{\pmb{\delta}\}^e \tag{3-2}$$

上式中，$[B]$ 为应变转换矩阵，$[B] = [B_1 \quad B_2 \quad \cdots \quad B_n]$，且有

$$[B_i] = [T][N_i] = \begin{bmatrix} \dfrac{\partial N_i}{\partial x} & 0 & 0 \\[2mm] 0 & \dfrac{\partial N_i}{\partial y} & 0 \\[2mm] 0 & 0 & \dfrac{\partial N_i}{\partial z} \\[2mm] \dfrac{\partial N_i}{\partial y} & \dfrac{\partial N_i}{\partial x} & 0 \\[2mm] 0 & \dfrac{\partial N_i}{\partial z} & \dfrac{\partial N_i}{\partial y} \\[2mm] \dfrac{\partial N_i}{\partial z} & 0 & \dfrac{\partial N_i}{\partial x} \end{bmatrix} \tag{3-3}$$

利用弹性力学的几何方程及物理方程可导出单元的应变和应力表达式

$$\{\boldsymbol{\varepsilon}\}^e = [\boldsymbol{B}]\{\boldsymbol{\delta}\}^e = [B_1, B_2, \cdots, B_n]\{\boldsymbol{\delta}\}^e \tag{3-4}$$

$$\{\boldsymbol{\sigma}\} = [\boldsymbol{D}]\{\boldsymbol{\varepsilon}\}^e = [\boldsymbol{D}][\boldsymbol{B}]\{\boldsymbol{\delta}\}^e \tag{3-5}$$

式中，$[\boldsymbol{D}]$为弹性矩阵。

$$[\boldsymbol{D}] = \frac{E(1-\mu)}{(1+\mu)(1-2\mu)} \cdot$$

$$\begin{bmatrix} 1 & \frac{\mu}{1-\mu} & \frac{\mu}{1-\mu} & 0 & 0 & 0 \\ \frac{\mu}{1-\mu} & 1 & \frac{\mu}{1-\mu} & 0 & 0 & 0 \\ \frac{\mu}{1-\mu} & \frac{\mu}{1-\mu} & 1 & 0 & 0 & 0 \\ 0 & 0 & 0 & \frac{1-2\mu}{2(1-\mu)} & 0 & 0 \\ 0 & 0 & 0 & 0 & \frac{1-2\mu}{2(1-\mu)} & 0 \\ 0 & 0 & 0 & 0 & 0 & \frac{1-2\mu}{2(1-\mu)} \end{bmatrix} \tag{3-6}$$

当为二维平面应力问题时，

$$[\boldsymbol{D}] = \frac{E}{1-\mu^2} \begin{bmatrix} 1 & 0 & 0 \\ \mu & 1 & 0 \\ 0 & 0 & \frac{1-\mu}{2} \end{bmatrix} \tag{3-7}$$

单元能量泛函数

$$\boldsymbol{\pi}^e = \frac{1}{2}\int_V \{\varepsilon\}^T[\boldsymbol{D}]\{\boldsymbol{\varepsilon}\}\mathrm{d}V - \{\boldsymbol{\delta}\}^{eT}\{\boldsymbol{f}\}^e$$

$$= \frac{1}{2}\{\boldsymbol{\delta}\}^{eT}\int_V [\boldsymbol{B}]^T[\boldsymbol{D}][\boldsymbol{B}]\{\boldsymbol{\delta}\}^e\mathrm{d}V - \{\boldsymbol{\delta}\}^{eT}\{\boldsymbol{f}\}^e \tag{3-8}$$

根据最小势能原理，在所有可能的位移函数中，真实位移使结构体系的总势能有最小值，即$\frac{\partial \pi^e}{\partial \{\delta\}^e}$所以有$\int_V [\boldsymbol{B}]^T[\boldsymbol{D}][\boldsymbol{B}]\mathrm{d}V\{\boldsymbol{\delta}\}^e - \{\boldsymbol{f}\}^e = 0$。

取 $$[k]^e = \int_V [\boldsymbol{B}]^T[\boldsymbol{D}][\boldsymbol{B}]\mathrm{d}V \tag{3-9}$$

$$[k]^e\{\boldsymbol{\delta}\}^e - \{\boldsymbol{f}\}^e = 0 \tag{3-10}$$

式中：$[k]^e$为单元刚度矩阵；$\{f\}$为等效节点力，且

$$\{f\}^e = [N]\{P\} + \int_V [N]^{\mathrm{T}}\{X\}\mathrm{d}V + \int_{S_V} [N]^{\mathrm{T}}[\overline{X}]\mathrm{d}V +$$

$$\int_V [B]^{\mathrm{T}}[D]\{\alpha\Delta T\}\mathrm{d}V \tag{3-11}$$

式中：$\{P\}$，$\{X\}$，$\{\overline{X}\}$分别为单元集中力，体力(自重或渗透压力)和面力分量；α为岩体或混凝土的热膨胀系数；ΔT为温差；V为单元域的体积；S_V为单元的静力边界。

面力及体力形成的等效节点力为

$$\{Q\}^e = \int_V [N]^e\{q\}\mathrm{d}V \tag{3-12}$$

$$\{P\}^e = \int_S [N]^e\{p\}\mathrm{d}A \tag{3-13}$$

式中：$\{q\}$为分布的体力；$\{p\}$为分布的面力。$\{q\}$，$\{p\}$通常为坐标的已知函数。最简单也最常见的情况是$\{q\}$和$\{p\}$为常量，这样式(3-12)、式(3-13)的积分可以简化。

3.1.2　常用单元及其特性

有限单元可分为线性单元、二次单元和高次单元。一般主要用线性单元和二次单元。二维问题主要有 3 节点三角形单元、4 节点四边形单元、6 节点三角形单元、8 节点四边形单元。用有限元模拟拉张破坏采用的是 3 节点三角形单元，此单元的插值函数为

$$N_i = \frac{1}{2\Delta}(\alpha_i + b_i x + c_i y) \tag{3-14}$$

式中：$\alpha_i = x_j y_m$；$b_i = y_i - y_k$；Δ为三角形面积；$c_i = x_k x_j$。

3.2　二维弹性平面应力的有限元方程

二维弹性平面应力平衡方程为

$$\begin{cases} \dfrac{\partial \sigma_x}{\partial x} + \dfrac{\partial \tau_{xy}}{\partial y} + f_x = 0 \\[2mm] \dfrac{\partial \tau_{xy}}{\partial x} + \dfrac{\partial \sigma_y}{\partial y} + f_y = 0 \end{cases} \tag{3-15}$$

二维弹性平面应力几何方程为

$$\begin{cases} \varepsilon_x = \dfrac{\partial u}{\partial x} \\[2mm] \varepsilon_y = \dfrac{\partial v}{\partial y} \\[2mm] \gamma_{xy} = \dfrac{\partial u}{\partial y} + \dfrac{\partial v}{\partial x} \end{cases} \tag{3-16}$$

二维弹性平面应力本构方程为

$$
\begin{bmatrix} \sigma_x \\ \sigma_y \\ \tau_{xy} \end{bmatrix} = \frac{E}{(1+\upsilon)(1-\upsilon)} \begin{bmatrix} 1 & \upsilon & 0 \\ \upsilon & 1 & 0 \\ 0 & 0 & (1-\upsilon)/2 \end{bmatrix} \begin{bmatrix} \varepsilon_x \\ \varepsilon_y \\ \gamma_{xy} \end{bmatrix} \qquad (3\text{-}17)
$$

式中：u，υ 为位移；ε_x，ε_y，γ_{xy} 为应变；σ_x，σ_y，τ_{xy} 为应力；f_x，f_y 为体力；x，y 为直角坐标系下的坐标分量；参数 E 为弹性模量；υ 为泊松比。

以位移作为基本未知量，二维弹性平面应力的方程可以简写成 $[\boldsymbol{K}]\{\boldsymbol{u}\}=\{\boldsymbol{f}\}$ 的形式。

根据虚位移原理，平衡方程两边分别乘以位移的变分并在求解区域内积分，得到原始平衡方程的等效积分形式

$$
\int_V \left[\left(\frac{\partial \sigma_x}{\partial x} + \frac{\partial \tau_{xy}}{\partial y} + f_x \right) \delta u + \left(\frac{\partial \tau_{xy}}{\partial x} + \frac{\partial \sigma_y}{\partial y} + f_y \right) \delta \upsilon \right] \mathrm{d}V = 0
$$

$$(3\text{-}18)$$

上式进行分部积分后可得到其弱形式

$$
\int_V (\sigma_x \delta \varepsilon_x + \sigma_y \delta \varepsilon_y + \tau_{xy} \delta \gamma_{xy}) \mathrm{d}V
$$
$$
= \int_V (f_x \delta u + f_y \delta \upsilon) \mathrm{d}V + \int_\Gamma (T_x \delta u + T_y \delta \upsilon) \mathrm{d}\Gamma \qquad (3\text{-}19)
$$

式中：T_x，T_y 分别为边界力在 x，y 方向的分量。

将本构方程代入上式即可得到以位移为基本未知量的等效积分形式的弱形式。于是，此有限元问题的单元刚度矩阵由上式左边体积分部分形成，而单元载荷则包含上式右端体积分和边界积分两部分贡献。

对应上式即可以给出单元刚度矩阵 k_e、单元载荷向量 f_e 的表达式。

$$
k_e = \sigma_x \delta \varepsilon_x + \sigma_y \delta \varepsilon_y + \tau_{xy} \delta \gamma_{xy}
$$
$$
f_e = f_x \delta u + f_y \delta \upsilon \qquad (3\text{-}20)
$$

在求得位移后，用最小二乘有限元法求应力，为此定义如下泛函。

$$
F(\sigma) - \int_V [\sigma - \sigma_0(u)]^2 \mathrm{d}V \qquad (3\text{-}21)
$$

式中：$\sigma_0(u)$ 表示由已知变形算得的应力；σ 为待求的应力。

按最小二乘法求应力即 $F(\sigma)$ 取极值，由变分原理知 $\delta F(\sigma)=0$，于是有

$$
\int_V \sigma \delta \sigma \mathrm{d}V = \int_V \sigma_0(u) \delta \sigma \mathrm{d}V \qquad (3\text{-}22)
$$

3.3 岩体动力学问题求解方法

3.3.1 动力学问题的有限元法方程

动力学研究的一个重要领域是振动在介质中的传播问题。它是研究短暂作用于介质边界或内部的载荷所引起的位移和速度的变化。

(1)平衡方程

$$
\begin{cases}
\dfrac{\partial \sigma_x}{\partial x} + \dfrac{\partial \tau_{xy}}{\partial y} + f_x = p\ddot{u} + \eta \dot{u} \\[3mm]
\dfrac{\partial \tau_{xy}}{\partial y} + \dfrac{\partial \sigma_y}{\partial y} + f_y = p\ddot{v} + \eta \dot{v}
\end{cases}
\tag{3-23}
$$

(2)几何方程

$$
\varepsilon_x = \frac{\partial u}{\partial x}, \ \varepsilon_y = \frac{\partial v}{\partial y}, \ \gamma_{xy} = \frac{\partial u}{\partial y} + \frac{\partial v}{\partial x}
\tag{3-24}
$$

(3)本构方程

$$
\begin{bmatrix} \sigma_x \\ \sigma_y \\ \tau_{xy} \end{bmatrix} = \frac{E}{(1+v)(1-v)}
\begin{bmatrix} 1 & v & 0 \\ v & 1 & 0 \\ 0 & 0 & \dfrac{(1-v)}{2} \end{bmatrix}
\begin{bmatrix} \varepsilon_x \\ \varepsilon_y \\ \gamma_{xy} \end{bmatrix}
\tag{3-25}
$$

其中：u，v 为位移；$\dot{u}$，$\dot{v}$ 为速度；$\ddot{u}$，$\ddot{v}$ 为加速度；ε_x，ε_y，γ_{xy} 为应变；σ_x，σ_y，τ_{xy} 为应力；f_x，f_y 为体力；x，y 为直角坐标系下的坐标分量；参数 E 为弹性模量；v 为泊松比；ρ 为密度；η 为阻尼系数。

(4)求解位移线性化算法

以位移作为基本未知量，上述方程组可以简写成如下形式。

$$
[M]\{\ddot{U}\} + [C]\{\dot{U}\} + [K]\{U\} = \{F\}
\tag{3-26}
$$

式中：$[M]$ 为质量矩阵；$[C]$ 为阻尼矩阵；$[K]$ 为刚度矩阵；$\{F\}$ 为荷载向量；$\{\ddot{U}\}$ 为加速度向量；$\{\dot{U}\}$ 为速度向量；$\{U\}$ 为位移向量。

荷载向量 $\{F\}$ 由原岩应力 $\{F_a\}$ 和附加应力 $\{F_b\}$ 叠加而成，即

$$
\{F\} = \{F_a\} + \{F_b\}
\tag{3-27}
$$

边界条件

$$
u_i = \bar{u}_i \quad （在 \ s_u \ 边界上）
\tag{3-28}
$$

$$
\sigma_{ij} n_j = \bar{T}_i \quad （在 \ s_\sigma \ 边界上）
\tag{3-29}
$$

初始条件

$$
\begin{aligned}
& u_i(x, y, 0) = u_i(x, y, z) \\
& u_{i,t}(x, y, z, 0) = u_{i,t}(x, y, z)
\end{aligned}
\tag{3-30}
$$

3.3.1.1　刚度矩阵

由应力与节点位移的关系式

$$\{\pmb{\sigma}\} = [\pmb{D}]\{\pmb{\varepsilon}\} = [\pmb{D}][\pmb{B}]\{\pmb{\delta}\}^e = [\pmb{S}]\{\pmb{\delta}\}^e \tag{3-31}$$

中应力矩阵

$$[\pmb{S}] = [\pmb{S}_i \quad \pmb{S}_j \quad \pmb{S}_m] \tag{3-32}$$

子矩阵

$$[\pmb{S}_i] = [\pmb{D}][\pmb{B}_i] = \frac{E}{2(1-\mu^2)\Delta}\begin{bmatrix} b_i & \mu c_i \\ \mu b_i & c_i \\ \dfrac{1-\mu}{2}c_i & \dfrac{1-\mu}{2}b_i \end{bmatrix} \quad (i,j,m=1,2,\cdots,n) \tag{3-33}$$

对于平面应力问题，矩阵

$$[\pmb{D}] = \frac{E}{1-\mu^2}\begin{bmatrix} 1 & \mu & 0 \\ \mu & 1 & 0 \\ 0 & 0 & \dfrac{1-\mu}{2} \end{bmatrix} \tag{3-34}$$

对于平面应变问题，只要将上式中的 E 换成 $E/(1-\mu^2)$，μ 换成 $\mu/(1-\mu)$ 即可。从上式可看出，$[\pmb{S}]$ 中的元素都是常量，所以单元中各点的应力分量都是常量，通常称这种单元为常应力单元。

单刚表达式为

$$\pmb{K}^e = \int_{V_e} \pmb{B}^{\mathrm{T}} \pmb{D} \pmb{B} \, \mathrm{d}V \tag{3-35}$$

单元刚度矩阵中任一列的元素分别等于该单元的某个节点沿坐标方向发生单位位移，而其他节点沿坐标方向固定时，在各节点上所引起的节点力。在三角元中，单刚元素取决于该单元的几何因素如形状、大小、方位，材质因素如弹性常数等，而与单元的平移位置无关，即不随单元或坐标轴的平行移动而改变。

平面应力问题中三角形单元刚度矩阵，写成分块形式如下。

$$[\pmb{k}] = \begin{bmatrix} k_{ii} & k_{ij} & k_{im} \\ k_{ji} & k_{jj} & k_{jm} \\ k_{mi} & k_{mj} & k_{mm} \end{bmatrix} \tag{3-36}$$

其中

$$[k_{rs}] = [\pmb{B}_r]^{\mathrm{T}}[\pmb{D}][\pmb{B}_s]t\Delta \quad (r=i,j,m; s=i,j,m) \tag{3-37}$$

3.3.1.2　质量矩阵

$$\pmb{M}^e = \int_{V_e} \rho \pmb{N}^{\mathrm{T}} \pmb{N} \mathrm{d}V \tag{3-38}$$

式(3-38)所表达的单元质量矩阵,被称为协调质量矩阵或一致质量矩阵,这是因为导出它时,和导出刚度矩阵所根据的原理(Calerkin 方法)所采用位移插值函数是一致的,同时质量分布也是按照实际分布情况考虑的。此外,在有限元法中还经常采用所谓集中(或团聚)质量矩阵。它假定单元的质量集中在结点上,这样得到的质量矩阵是对角线矩阵。

一般情况下,协调质量矩阵和集中质量矩阵给出的结果相差不多。协调质量积分表达式的被积函数是差值函数的平方,而刚度矩阵的被积函数是差值函数的导数的平方,因此在相同精度要求的条件下,质量矩阵可以用较低阶的插值函数,而集中质量阵实质上就是这样一种替换方案。集中质量阵是对角矩阵,计算效率远比协调质量阵高,因而得到了广泛的应用。

3.3.1.3 阻尼矩阵

$$C^e = \int_{V_e} \mu N^T N dV \tag{3-39}$$

基于和协调质量矩阵同样的理由被称为协调阻尼矩阵。它是假定阻尼力正比于质点运动速度的结果,通常将介质阻尼简化为这种情况。这时单元阻尼矩阵比例于单元质量矩阵。

除此而外,还有比例于应变速度的阻尼,例如由于材料内摩擦引起的结构阻尼通常可简化为这种情况,这时阻尼力可表示成 $\mu D\dot{\varepsilon}$,这样一来,可以得到单元阻尼矩阵

$$C^e = \mu \int_{V_e} B^T D B N^T dV \tag{3-40}$$

此单元阻尼矩阵比例于单元刚度矩阵。

在以后的讨论中,将知道系统的固有振型对于 M 和 K 是具有正交性的,因此固有振型对于比例于 M 和 K 的阻尼矩阵 C 也是具有正交性的。所以这种阻尼矩阵被称为比例阻尼或振型阻尼。今后还将知道,利用系统的振型矩阵对运动方程进行坐标变换时,振型阻尼矩阵经变换后和质量矩阵及刚度矩阵的情况相同,是对角矩阵。这样一来,经变换后运动方程的各个自由度之间将是互不耦合的,因此每个方程可以独立地求解,这将为计算带来很大方便。

但应指出,式(3-40)中的比例系数在一般情况下是依赖于频率的。因此在实际分析中,要精确地决定阻尼矩阵相当困难。通常允许将实际结构的阻尼矩阵简化为 M 和 K 的线性阻合,即

$$C = \alpha M + \beta K \tag{3-41}$$

其中：α，β 是不依赖于频率的常数。这种振型阻尼被称为 Rayleigh 阻尼。

3.3.1.4 载荷向量的生成

单元载荷向量

$$Q^e = \int_{V_e} N^{\mathrm{T}} f \mathrm{d}V + \int_{s_\sigma^e} N^{\mathrm{T}} \mathrm{d}S \tag{3-42}$$

（1）面力

如图 3-1 所示，如果面力是均匀分布的，则在两个节点处垂直方向上分别为作用合力的一半，即

$$\{Q_1\}^e = \left\{ 0 \quad 0 \quad 0 \quad \frac{1}{2}qlt \quad 0 \quad \frac{1}{2}qlt \right\}^{\mathrm{T}} \tag{3-43}$$

如果面力是三角形分布的，如图 3-2 所示，则等效节点力为

$$\{Q_2\}^e = \left\{ 0 \quad 0 \quad 0 \quad \frac{1}{3}qlt \quad 0 \quad \frac{1}{6}qlt \right\}^{\mathrm{T}} \tag{3-44}$$

（2）体力

对受体力作用的单元，如受自身重力作用，则在等效节点力转化过程中，只需把单元所受的体力平均分配到每个节点的垂直方向上就可以了，以三角形单元为例，如图 3-3 所示，有

$$\{Q_3\}^e = \left\{ 0 \quad \frac{1}{3}gt\Delta \quad 0 \quad \frac{1}{3}gt\Delta \quad 0 \quad \frac{1}{3}gt\Delta \right\}^{\mathrm{T}} \tag{3-45}$$

式中：Δ 表示单元的面积，t 表示单元的厚度，g 为比重。

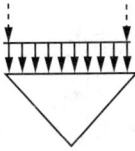

图 3-1 面力均匀分布　　图 3-2 三角形分布　　图 3-3 自重作用

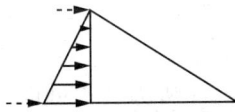

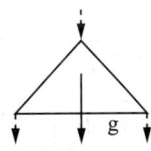

（3）集中力

在单元划分时，一般将受集中力处取为节点，则可将该力大小直接合成到总荷载内。

3.3.2 求解方法

3.3.2.1 直接积分法

直接积分是指在积分运动方程之前不进行方程形式的变换，而直接进行逐步数值积分。通常的直接积分法是基于两个概念：一是将在求解域 $0 < t < T$ 内的任何时刻 t 都应满足运动方程的要求，代之以仅在一定

条件下近似地满足运动方程，例如可以仅在相隔 Δt 的离散的时间点满足运动方程。二是在一定数目的 Δt 区域内，假设位移 α，速度 $\dot{\alpha}$，加速度 $\ddot{\alpha}$ 的函数形式。

在以下的讨论中，假定时间 $t=0$ 的位移 u_0，速度 $\dot{u}_0$，加速度 $\ddot{u}_0$ 已知。并假定时间求解域 $0\sim T$ 被等分为 n 个时间间隔 $\Delta t(=T/n)$。在讨论具体算法时，假定 0，Δt，$2\Delta t$，…，T 时刻的解已经求得，计算的目的在于求 $t+\Delta t$ 时刻的解，由此求解过程建立起求解所有离散时间点解的一般算法步骤。

3.3.2.2 中心差分法

对于数学上是二阶常微分方程组的运动方程式，理论上，不同的有限差分表达式都可以用来建立其逐步积分公式。但是从计算效率考虑，现在仅介绍在求解某些问题时很有效的中心差分法。

在中心差分法中，加速度和速度可以用位移表示为

$$\ddot{a} = \frac{1}{\Delta t^2}(a_{t-\Delta t} - 2a_t + a_{t+\Delta t}) \tag{3-46}$$

$$\dot{a} = \frac{1}{2\Delta t^2}(-a_{t-\Delta t} + a_{t+\Delta t}) \tag{3-47}$$

时间 $t+\Delta t$ 的位移解答 $a_{t+\Delta t}$ 可由下面时间 t 的运动方程应得到满足而建立，即

$$M\ddot{a}_t + C\dot{a}_t + Ka_t = Q_t \tag{3-48}$$

为此将式(3-46)和式(3-47)代入上式，得到

$$\left(\frac{1}{\Delta t^2}M + \frac{1}{2\Delta t}C\right)a_{t+\Delta t} = Q_t - \left(K - \frac{2}{\Delta t^2}M\right)V - \left(\frac{1}{\Delta t^2}M - \frac{1}{2\Delta t}C\right)a_{t-\Delta t} \tag{3-49}$$

如已经求得 $a_{t-\Delta t}$ 和 a_t，则从上式可以进一步解出 $\alpha_{t+\Delta t}$。所以上式是求解各个离散时间点解的递推公式，这种数值积分方法又称逐步积分法。需要指出的是，此算法有一个起步问题。因为当 $t=0$ 时，为了计算 $a_{\Delta t}$，除了从初始条件已知的 a_0 外，还需要知道 $a_{-\Delta t}$，所以必须用一专门的起步方法。

$$a_{-\Delta t} = a_0 - \Delta t\dot{a}_0 + \frac{\Delta t^2}{2}\ddot{a}_0 \tag{3-50}$$

式中：$\dot{a}_0$ 可从给定的初始条件得到，而 $\ddot{a}_0$ 则可以利用 $t=0$ 时的运动方程得到。

3.3.2.3 Newmark 方法

Newmark 积分方法实质上是线性加速度法的一种推广。它采用下列假设。

$$\dot{a}_{t+\Delta t} = \dot{a}_t + [(1-\delta)\ddot{a}_t + \delta\ddot{a}_{t+\Delta t}]\Delta t \qquad (3\text{-}51)$$

$$a_{t+\Delta t} = a_t\dot{a}_1\Delta t + \left[\left(\frac{1}{2}-\alpha\right)\ddot{a}_t + \alpha\ddot{a}_{t+\Delta t}\right]\Delta t^2 \qquad (3\text{-}52)$$

其中：α 和 δ 是按积分精度和稳定性要求而决定的参数。

当 $\delta=1/2$ 和 $\alpha=1/6$ 时，式(3-51)和式(3-52)相应于线性加速度法，因为这时它们可以从下面时间间隔 Δt 内线性假设的加速度表达式的积分得到

$$\ddot{a}_{t+\tau} = \ddot{a}_t + (\ddot{a}_{t+\Delta t} - \ddot{a}_t)\tau/\Delta t \qquad (3\text{-}53)$$

式中：$0 \leqslant \tau \leqslant \Delta t$。

Newmark 方法原来是从常平均加速度法这样一种无条件稳定积分方案而提出的，那时 $\delta=1/2$ 和 $\alpha=1/4$。Δt 内的加速度为

$$\ddot{a}_{t+\tau} = \frac{1}{2}(\ddot{a}_t + \ddot{a}_{t+\Delta t}) \qquad (3\text{-}54)$$

和中心差分法不同，Newmark 方法中时间 $t+\Delta t$ 的位移解答 $a_{t+\Delta t}$ 是通过满足时间 $t+\Delta t$ 的运动方程

$$\boldsymbol{M}\ddot{a}_{t+\Delta t} + \boldsymbol{C}\dot{a}_{t+\Delta t} + \boldsymbol{K}a_{t+\Delta t} = \boldsymbol{Q}_{t+\Delta t} \qquad (3\text{-}55)$$

而得到的。为此首先从式(2-30)解得

$$\ddot{a}_{t+\Delta t} = \frac{1}{\alpha\Delta t^2}(a_{t+\Delta t} - a_t) - \frac{1}{\alpha\Delta t}\dot{a}_t - \left(\frac{1}{2\alpha}-1\right)\ddot{a}_t \qquad (3\text{-}56)$$

将上式代入式(3-51)，然后再一并代入式(2-54)，则得到从 a_t，$\dot{a}_t$，$\ddot{a}_t$ 计算 $a_{t+\Delta t}$ 的公式

$$\left(\boldsymbol{K} + \frac{1}{\alpha\Delta t^2}\boldsymbol{M} + \frac{\delta}{\alpha\Delta t}\boldsymbol{C}\right)a_{t+\Delta t} = \boldsymbol{Q}_{t+\Delta t} + \boldsymbol{M}\left[\frac{1}{\alpha\Delta t^2}a_t + \frac{1}{\alpha\Delta t}\dot{a}_t + \left(\frac{1}{2\alpha}-1\right)\ddot{a}_t\right]$$
$$+ \boldsymbol{C}\left[\frac{\delta}{\alpha\Delta t}a_t + \left(\frac{\delta}{\alpha}-1\right)\dot{a}_t + \left(\frac{\delta}{2\alpha}-1\right)\Delta t\ddot{a}_t\right] \qquad (3\text{-}57)$$

3.3.2.4 振型叠加法

分析直接积分法的计算步骤可以看到，对于每一时间步长，其运算次数和半带宽 b 与自由度数 n 的乘积成正比。如果采用有条件稳定的中心差分法，还要求时间步长 Δt 比系统最小的固有振动周期 T_n 小得多（例如 $\Delta t = T_n/10$）。当 b 较大，且时间历程 $T \gg T_n$ 时，计算将是很费时的。而振型叠加法在一定条件下正是一种好的替代，可以取得比直接积分法高的计算效率。其要点是在积分运动方程以前，利用系统自由振动的固有振型将方程组转换为 n 个相互不耦合的方程（即 $b=1$ 的方程组），对这种方程可以解析或数值地进行积分。当采用数值方法时，对于每个方程可以采取各自不同的时间步长，即对于低阶振型可采用较大的时间步长。这两者结合起来相对于直接积分法是很大的优点，因此当实际分

析时间历程较长，同时只需要少数较低阶振型的结果时，采用振型叠加法将是十分有利的。

在前面的讨论中已经指出，在选择直接积分结构系统的运动方程的具体方案时必须考虑解的稳定性问题，现在对此问题进一步作一简要讨论。从理论上看，若要得到结构动力响应的精确解答，就应对结构系统的运动方程组或是经变换后的 n 个不相耦合的单自由度系统的运动方程进行精确积分。同时我们知道，当利用直接积分法对前者进行积分时，实质上是和采用相同的时间步长同时对后者的 n 个方程进行积分相等效。因此，Δt 的选择应和最小固有周期 Γ_n 相适应，即要求 Δt 选择得很小。例如作为一个估计要求 $\Delta t \sim \dfrac{\Gamma_p}{10}$。然而，正如前面讨论中已指出，实际结果分析只要求精确地求得相应于前 p 阶固有振型的响应，这里 p 和载荷的频率及其分布有关。如果选择 $\Delta t \sim \dfrac{\Gamma_p}{10}$，即 $\dfrac{\Gamma_p}{\Gamma_n}$ 倍于以前的估计 $\dfrac{\Gamma_n}{10}$。这样一来 Δt 就比 $\dfrac{\Gamma_n}{10}$ 大得多了，甚至可达 1 000 倍。当采用直接积分方法时，高阶振型的响应是被自动积分的。当 $\Delta t \gg \Gamma_n$ 时，会得到什么结果？从数学上说这就是解的稳定性问题。如果解是稳定的，意思是指当采用较大 Δt 时，不会因高阶振型的误差使低阶振型的解失去意义，也即在某个时间 t，a、$\dot a$、$\ddot a$ 的误差在积分过程中不会不断增长。解的稳定性定义是：如果在任何时间步长 Δt 条件下，对于任何初始条件的解不无限制地增长。则称此积分方法是无条件稳定的；如果 Δt 必须小于某个临界值 Δt_{cr}，上述性质才能保持，则称此积分方法是有条件稳定的。

3.3.3 平面应力问题的应用

3.3.3.1 基本方程简化
(1)以位移为未知量的平衡方程

$$[M]\{\ddot U\} + [C]\{\dot U\} + [K]\{U\} = \{F\} = \{F_a\} + \{F_b\} \quad (3\text{-}58)$$

式中：$[M]$ 为质量矩阵，$[C]$ 为阻尼矩阵，$[K]$ 为刚度矩阵，$\{F\}$ 为荷载向量，$\{\ddot U\}$ 为加速度向量，$\{\dot U\}$ 为速度向量，$\{U\}$ 为位移向量。

采用 Newmark 格式对时间项进行离散，写成简写形式如下。

$$M\ddot U^{t+\Delta t} + C\dot U^{t+\Delta t} + KU^{t+\Delta t} = F^{t+\Delta t} \quad (3\text{-}59)$$

由 Newmark 方法知

$$\dot{U}^{t+\Delta t} = \dot{U}^t + \left[(1-\delta)\ddot{U}^t + \delta\ddot{U}^{t+\Delta t}\right]\Delta t \tag{3-60}$$

$$U^{t+\Delta t} = U^t + \dot{U}^t\Delta t + \left[(0.5-\alpha)\ddot{U}^t + \alpha\ddot{U}^{t+\Delta t}\right]\Delta t \tag{3-61}$$

其中，α 和 δ 是由积分精度和稳定性要求决定的参数。由式(3-61)得

$$\ddot{U}^{t+\Delta t} = \frac{1}{\alpha\Delta t^2}(U^{t+\Delta t} - U^t) - \frac{1}{\alpha\Delta t}\dot{U}^t - \left(\frac{1}{2\alpha} - 1\right)\ddot{U}^t \tag{3-62}$$

将式(3-62)代入式(3-59)得

$$\dot{U}^{t+\Delta t} = \dot{U}^t + \Delta t(1-\delta)\ddot{U}^t + \frac{\delta}{\alpha\Delta t}(U^{t+\Delta t} - U^t) - \frac{\delta}{\alpha}\dot{U}^t - \Delta t\delta\left(\frac{1}{2\alpha} - 1\right)\ddot{U}^t \tag{3-63}$$

将式(3-61)和式(3-62)代入(3-58)中，

$$M\left[\frac{1}{\alpha\Delta t}^2(U^{t+\Delta t} - U^t) - \frac{1}{\alpha\Delta t}\dot{U}^t - \left(\frac{1}{2\alpha} - 1\right)\ddot{U}^t\right] + C\Big(\dot{U}^t + \Delta t(1-\delta)\ddot{U}^t +$$

$$\frac{\delta}{\alpha\Delta t}(U^{t+\Delta t} - U^t) - \frac{\delta}{\alpha}\dot{U}^t - \Delta t\delta\left(\frac{1}{2\alpha} - 1\right)\ddot{U}^t\Big) + KU^{t+\Delta t} = F^{t+\Delta t} \tag{3-64}$$

整理后得

$$\left(\frac{1}{\alpha\Delta t^2}M + \frac{\delta}{\alpha\Delta t}C + K\right)U^{t+\Delta t} = F^{+\Delta t} + \left[\left(\frac{1}{2\alpha} - 1\right)\ddot{U}^t + \frac{1}{\alpha\Delta t}\dot{U}^t + \frac{1}{\alpha\Delta t^2}U^t\right]$$

$$M\ddot{U}^t + \left[\left(\frac{\delta}{2\alpha} - 1\right)\Delta t\ddot{U}^t + \left(\frac{\delta}{\alpha} - 1\right) + \dot{U}^t + \frac{\delta}{\alpha\Delta t}U^t\right]C \tag{3-65}$$

取 $\qquad\qquad \delta = 0.5,\ \alpha = 0.25 \times (0.5 + \delta)^2$。

(2)求解位移单元计算

根据虚位移原理，平衡方程两边分别乘以位移的变分并在求解区域内积分，得到原始平衡方程的等效积分形式

$$\int_V \left(\frac{\partial\sigma_x}{\partial x} + \frac{\partial\tau_{xy}}{\partial y} + f_x\right)\delta u\,\mathrm{d}V + \int_V \left(\frac{\partial\tau_{xy}}{\partial x} + \frac{\partial\sigma_y}{\partial y} + f_y\right)\delta u\,\mathrm{d}V \tag{3-66}$$

式(3-66)进行分部积分后可得到其弱形式

$$\int_V \rho(\ddot{u}\delta u + \ddot{v}\delta v)\,\mathrm{d}V + \int_V (\sigma_x\delta\varepsilon_x + \sigma_y\delta\varepsilon_y + \tau_{xy}\delta\gamma_{xy})\,\mathrm{d}V \tag{3-67}$$

其中 T_x、T_y 分别为边界力在 x、y 方向的分量。将本构方程代入上式即可得到以位移为基本未知量的等效积分形式的弱形式。

对应式(2-45)给出单元质量矩阵 $\{M\}^e$、单元阻尼矩阵 $\{C\}^e$、单元刚度矩阵 $\{K\}^e$、单元载荷向量 $\{F\}^e$ 的表达式如下。

$$\{M\}^e = \int_V \rho(\ddot{u}\delta u + \ddot{v}\delta v)\,\mathrm{d}V \tag{3-68}$$

$$\{\boldsymbol{C}\}^e = \int_V \eta(\dot{u}\delta u + \dot{v}\delta v)\mathrm{d}V \tag{3-69}$$

$$\{\boldsymbol{K}\}^e = \int_V (\sigma_x \delta\varepsilon_x + \sigma_y \delta\varepsilon_y + \tau_{xy}\delta\gamma_{xy})\mathrm{d}V \tag{3-70}$$

$$\{\boldsymbol{F}\}^e = \int_V (f_x\delta u + f_y\delta v)\mathrm{d}V + \int_\Gamma (T_x\delta u + T_y\delta v)\mathrm{d}\Gamma \tag{3-71}$$

(3)求解应力算法

在求得了位移后,用最小二乘算法求应力,即求解以下的极小值问题。

$$\min \frac{1}{2}[\sigma - \sigma_0(u); \sigma - \sigma_0(u)] \tag{3-72}$$

其中,$\sigma_0(u)$表示由已知变形算得的应力,σ为待求的应力。

以应力作为基本未知量,上述方程可以简写成如下形式。

$$[\boldsymbol{K}]\{\sigma\} = \{\boldsymbol{F}\} \tag{3-73}$$

(4)求解应力单元计算式(3-72)的变分问题为

$$\{\sigma - \sigma_0(u); \delta[\sigma - \sigma_0(u)]\} = 0 \tag{3-74}$$

式(3-74)整理后为:$(\sigma; \delta\sigma) = [\sigma_0(u); \delta\sigma]$,写成积分形式为

$$\int_V \sigma\delta\sigma\,\mathrm{d}V = \int_V \sigma_0(u)\delta\sigma\,\mathrm{d}V \tag{3-75}$$

3.3.3.2　有限元解的收敛准则

在有限元法中,场函数的总体泛函是由单元泛函集成的。如果采用完全多项式作为单元的插值函数(即试探函数),则有限元解在一个有限尺寸的单元内可以精确地和精确解一致。但实际上有限元的试探函数只能取有限多项式,因此有限元解只能是精确解的一个近似解答。以下两个有限元解的收敛准则解答了在什么条件下单元尺寸趋于零时,有限元解趋于精确解。

(1)准则1:完备性要求。如果出现在泛函中场函数的最高阶导数是 m 阶,则有限元解的收敛的条件之一是单元内场函数的试探函数至少是 m 次完全多项式,或者说试探函数中必须包括本身和直至 m 阶导数为常数的项。

当单元的插值函数满足上述要求时,称这样的单元是完备的。

(2)准则2:协调性要求。如果出现在泛函中的最高阶导数是 m 阶,则试探函数在单元交界面上必须具有 C_{m-1} 连续性,即在相邻单元的交界面上函数应有直至 $m-1$ 阶的连续导数。

当单元的插值函数满足上述要求时,称这样的单元是协调的。

简单地说，当选取的单元既完备又协调时，有限元解是收敛的，即当单元尺寸趋于零时，有限元解趋于精确解。

3.4　拉张破坏的开裂准则

程序支持 8 种开裂准则。

(1)在指定的单个或任意多个节点处开裂(不论应力多大)。

(2)在第一主应力大于开裂应力的节点处开裂(单个节点或多个节点)，即

$$\sigma_1 \geqslant \sigma_s \tag{3-76}$$

(3)在整个模型中应力最大的节点处开裂(单个节点，不论应力多大)。

(4)在指定的单个或多个节点中，在第一主(拉)应力 σ_1 大于或等于开裂应力 σ_s 的点处开裂(单个节点或多个节点)。

(5)在指定的单个或多个节点中，在应力最大的节点处开裂(单个节点，不论应力多大)。

(6)若有多个节点第一主(拉)应力 σ_1 大于等于开裂应力 σ_s，在其中应力最大的节点处开裂(单个节点)。

(7)在指定的单个或多个节点中，若有多个节点第一主(拉)应力 σ_1 大于等于开裂应力 σ_s，在其中应力最大的节点处开裂(单个节点)。

(8)当节点第一主(拉)应力满足下列条件时，在此节点开裂。

$$0.995\sigma_{\max} \leqslant \sigma_1 \leqslant \sigma_{\max} \tag{3-77}$$

3.5　程序框图

FEPG(Finite Element Program Generator)的基本思想是根据用户的有限元表达式由计算机自动生成有限元计算程序，用户只需要填写后缀为 GIO，GCN，PDE(VDE，CDE，FBC)及 NFE 的文件。岩石拉张破坏采用的是平面应力状态，其平衡方程、几何方程、本构方程及有限元的基本推导见前一章。根据上述公式得到程序生成的基本文件，生成有限元程序，并同时编写开裂程序，加入生成的平面应力的有限元程序。

岩石拉张破坏采用的是平面三节点三角形单元，通过生成的有限元程序得到节点的平均应力及节点的主应力及主应力方向，根据拉张破裂的判据及开裂准则判断节点是否开裂。

岩石拉张破裂的程序框图如图 3-4 所示。

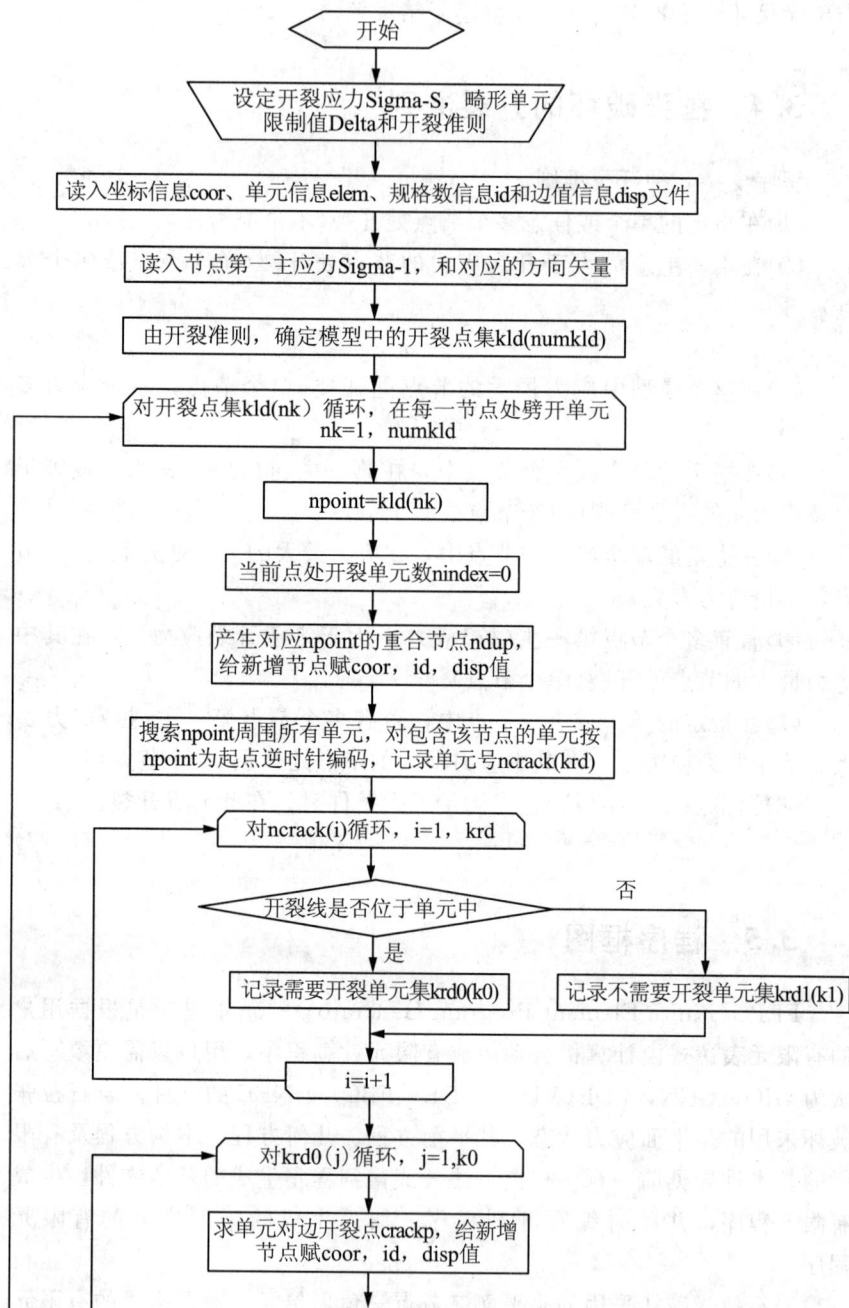

```
                    ⬡ 开始 ⬡
                       │
        ┌──────────────────────────────┐
        │ 设定开裂应力Sigma-S，畸形单元  │
        │ 限制值Delta和开裂准则          │
        └──────────────────────────────┘
                       │
    ┌────────────────────────────────────────────┐
    │ 读入坐标信息coor、单元信息elem、规格数信息id和边值信息disp文件 │
    └────────────────────────────────────────────┘
                       │
      ┌──────────────────────────────────────┐
      │ 读入节点第一主应力Sigma-1，和对应的方向矢量 │
      └──────────────────────────────────────┘
                       │
        ┌──────────────────────────────────┐
        │ 由开裂准则，确定模型中的开裂点集kld(numkld) │
        └──────────────────────────────────┘
                       │
    ┌─────────────────────────────────────────┐
    │ 对开裂点集kld(nk）循环，在每一节点处劈开单元      │
    │         nk=1，numkld                      │
    └─────────────────────────────────────────┘
                       │
            ┌──────────────────────┐
            │   npoint=kld(nk)      │
            └──────────────────────┘
                       │
          ┌──────────────────────────┐
          │ 当前点处开裂单元数nindex=0   │
          └──────────────────────────┘
                       │
        ┌──────────────────────────────┐
        │ 产生对应npoint的重合节点ndup，   │
        │ 给新增节点赋coor，id，disp值     │
        └──────────────────────────────┘
                       │
    ┌────────────────────────────────────────────┐
    │ 搜索npoint周围所有单元，对包含该节点的单元按          │
    │ npoint为起点逆时针编码，记录单元号ncrack(krd)      │
    └────────────────────────────────────────────┘
                       │
          ┌──────────────────────────┐
          │ 对ncrack(i)循环，i=1，krd   │
          └──────────────────────────┘
                       │
              ◇ 开裂线是否位于单元中 ◇ ──────否──────┐
                       │是                          │
        ┌──────────────────────┐    ┌──────────────────────────┐
        │ 记录需要开裂单元集krd0(k0) │    │ 记录不需要开裂单元集krd1(k1)   │
        └──────────────────────┘    └──────────────────────────┘
                       │                          │
                  ┌─────────┐                     │
                  │ i=i+1   │◄────────────────────┘
                  └─────────┘
                       │
          ┌──────────────────────────┐
          │ 对krd0(j)循环，j=1,k0       │
          └──────────────────────────┘
                       │
        ┌──────────────────────────────┐
        │ 求单元对边开裂点crackp，给新增       │
        │ 节点赋coor，id，disp值            │
        └──────────────────────────────┘
                       │
```

图 3-4　程序框图

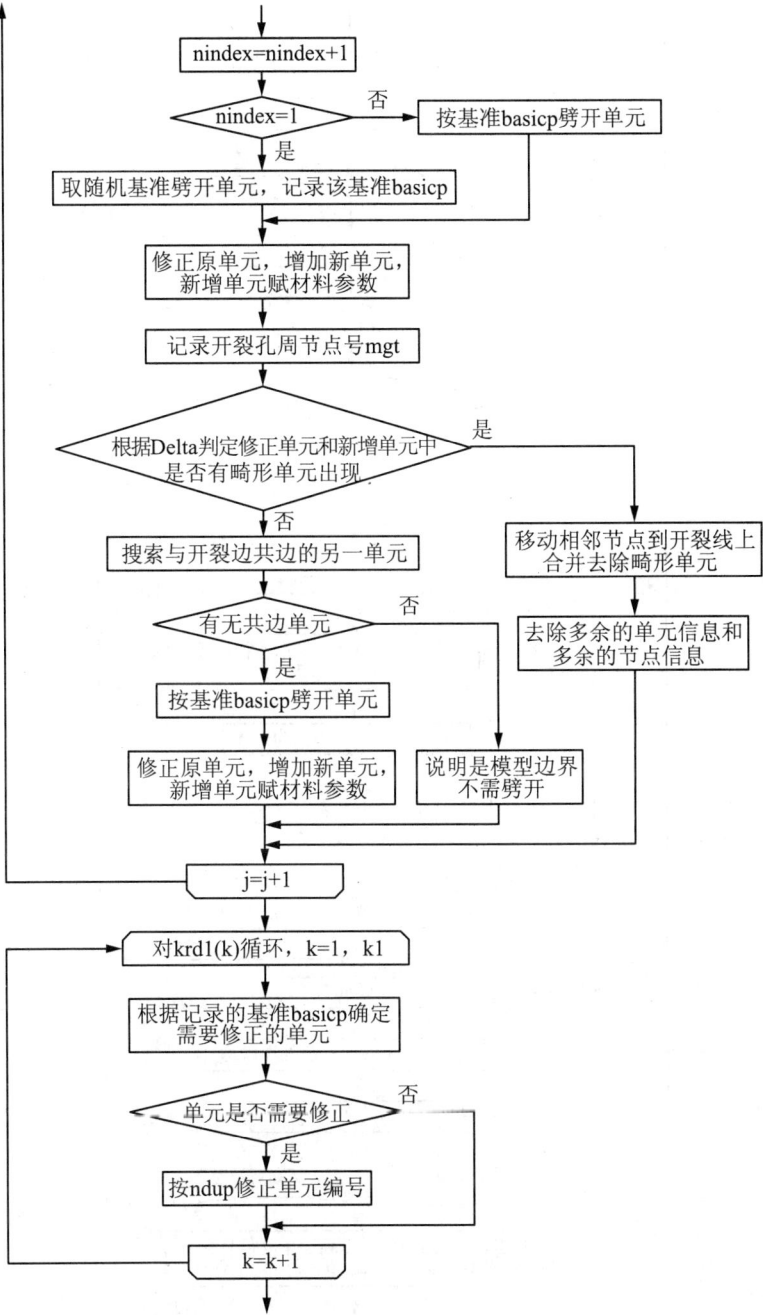

图 3-4 程序框图(续)

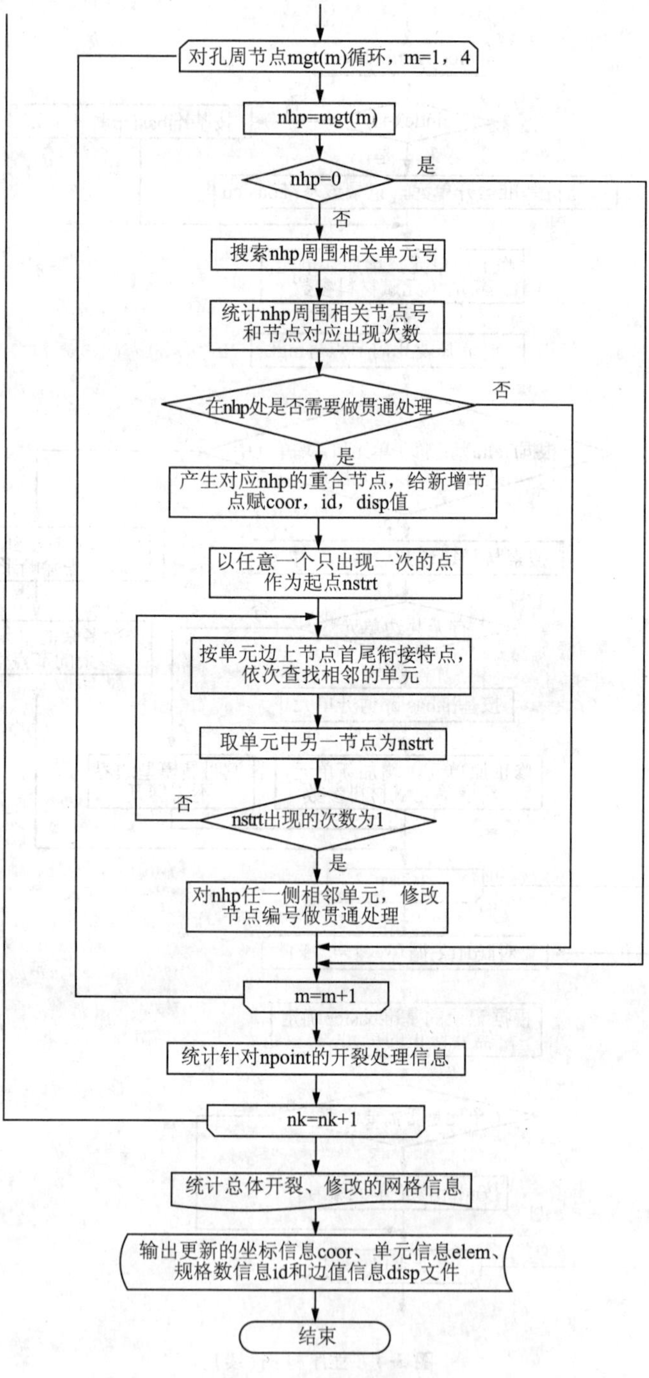

对孔周节点mgt(m)循环，m=1, 4

nhp=mgt(m)

nhp=0 ——是——

否

搜索nhp周围相关单元号

统计nhp周围相关节点号和节点对应出现次数

在nhp处是否需要做贯通处理 ——否——

是

产生对应nhp的重合节点，给新增节点赋coor, id，disp值

以任意一个只出现一次的点作为起点nstrt

按单元边上节点首尾衔接特点，依次查找相邻的单元

取单元中另一节点为nstrt

nstrt出现的次数为1 ——否——

是

对nhp任一侧相邻单元，修改节点编号做贯通处理

m=m+1

统计针对npoint的开裂处理信息

nk=nk+1

统计总体开裂、修改的网格信息

输出更新的坐标信息coor、单元信息elem、规格数信息id和边值信息disp文件

结束

图 3-4　程序框图(续)

3.6　节点平均应力的计算

对于岩石拉张破坏的模拟采用的是增加重复节点，单元劈裂，然后重复节点周围节点重新编号。判断重复节点是通过判断节点的平均应力是否符合给定的拉张破坏的开裂准则，如果符合开裂准则，增加重复节点，单元劈裂。如果不符合则不变。这样就需要知道节点平均应力求解方法。

节点平均应力指的是包含该节点的所有单元的单元应力的面积加权平均。例如，图 3-5 中，包含节点 7416 的单元号：1397(1 个单元)；包含节点 2425 的单元号：1397、1396、1398、1399、1401、1404(6 个单元)；包含节点 2377 的单元号：1404、1405、1407(3 个单元)。

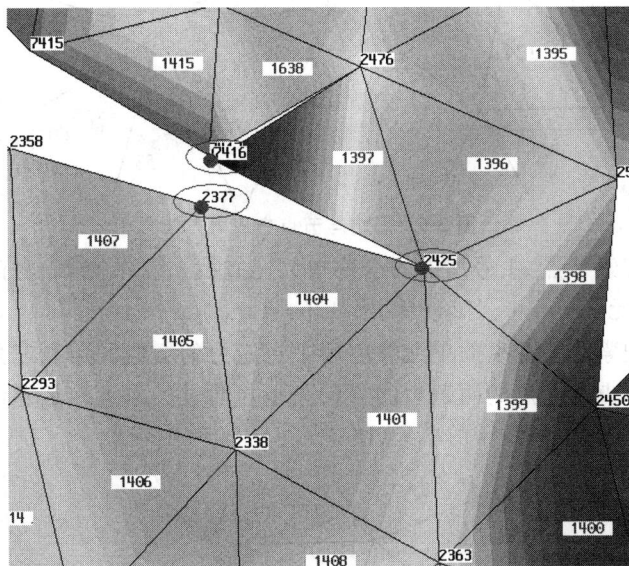

图 3-5　有限元网格

那么，

$$\sigma_{7416} = [\sigma]_{1397} \times \triangle_{1397} / \triangle_{1397} = [\sigma]_{1397}$$

$$\sigma_{2425} = ([\sigma]_{1397} \times \triangle_{1397} + [\sigma]_{1396} \times \triangle_{1396} + [\sigma]_{1398} \times \triangle_{1398} + [\sigma]_{1399} \times \triangle_{1399} + [\sigma]_{1401} \times \triangle_{1401} + [\sigma]_{1404} \times \triangle_{1404}) / (\triangle_{1397} + \triangle_{1396} + \triangle_{1398} + \triangle_{1399} + \triangle_{1401} + \triangle_{1404})$$

$$\sigma_{2377} = ([\sigma]_{1404} \times \triangle_{1404} + [\sigma]_{1405} \times \triangle_{1405} + [\sigma]_{1407} \times \triangle_{1407}) / (\triangle_{1404} + \triangle_{1405} + \triangle_{1407})$$

其中：σ 为节点应力；$[\sigma]$ 为单元应力；$\triangle$ 为单元面积。

3.7 三节点三角形常单元开裂

如图 3-6 所示三节点三角形有限元网格,在节点 31 号处标明了该节点上所受主应力的方向,假设节点 31 号满足开裂准则,沿主拉应力出现开裂的实现步骤如下。

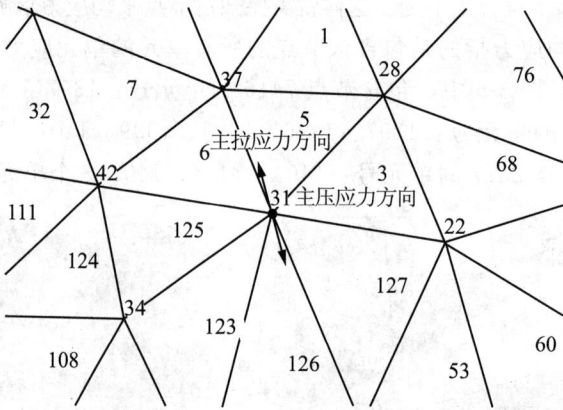

图 3-6 网格与节点主应力方向

(1)搜索节点 31 号周围的全部单元。查找包含节点 31 号的所有单元,如单元 3、5、6、123、125、126、127。

(2)搜索需要开裂的单元。应用主压应力的方向矢量和三角形单元以 31 号节点为起点的两条边的方向矢量,通过矢量叉乘运算即可找到主压应力矢量方向位于的单元(图 3-7)。

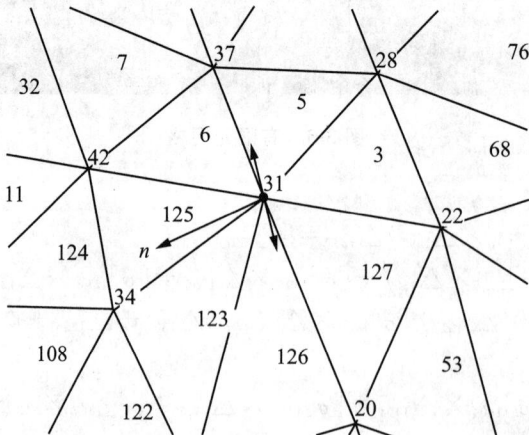

图 3-7 方向矢量叉乘运算

如对 125 号单元，主应力方向矢量 $31 \to n$ 与边 $31 \to 34$ 的叉乘结果，和矢量 $31 \to n$ 与边 $31 \to 42$ 的叉乘结果，其符号正好相反。

如对 6 号单元，主应力方向矢量 $31 \to n$ 与边 $31 \to 42$ 的叉乘结果，和矢量 $31 \to n$ 与边 $31 \to 37$ 的叉乘结果，其符号正好相同。

两个叉乘结果的乘积小于零的单元就是需要开裂的单元，如单元 3、125。

(3)求需要开裂单元与开裂方向在开裂边上的交点。

如经过求交运算，得到需要增加节点 i，j 的坐标和编号(图 3-8)。

(4)增加与 31 号节点重合的节点 k(图 3-8)。

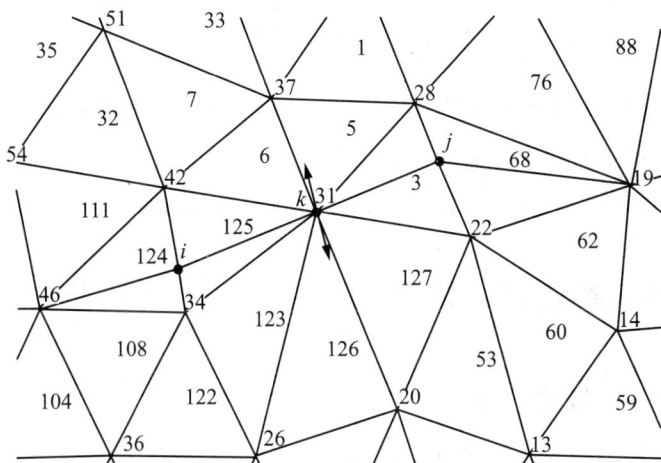

图 3-8　开裂增加节点

(5)劈开单元。修正单元节点编号和增加新的单元。

根据新增节点(包括开裂点上的重合节点)，增加相应的单元，修正网格。这个过程同样用到矢量叉乘的运算，因为在劈开单元的过程中对于新增重合节点和原节点存在单元编号中的一致性问题，否则有网格交叉出现，为不正确的劈开。

如需要修正单元 3，68，124，125 的节点编号，新增单元 131，132，133，134 及其编号(图 3-9)。

(6)修正开裂点周围其余单元的编号信息。以上操作均是对开裂单元及其相关的操作，新增开裂重合节点后，开裂节点其余单元的编号也要根据叉乘运算进行相应修改。如对单元 5，6 的节点编号作出相应修改。

(7)输出经过修改的有限元网格信息。包括节点坐标信息、单元编

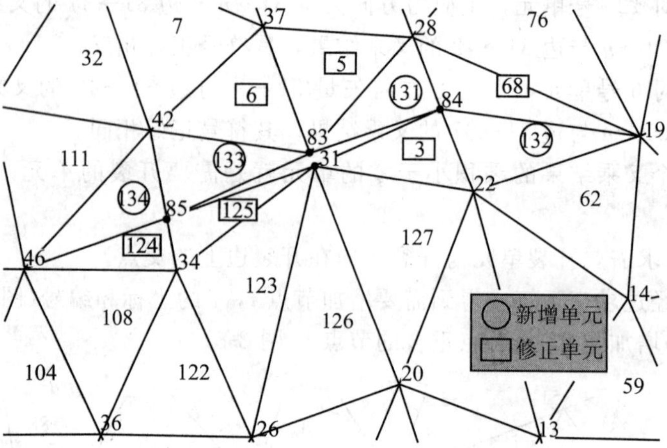

图 3-9 开裂增加单元及原相关单元修正(节点 31 与 83 坐标值相同)

号信息、节点规格数信息、节点边值信息文件。

(8)重复第 1～7 步,进入下一开裂点的开裂操作。

3.8 裂纹贯通处理

3.8.1 贯通方法

裂纹尖端的开裂方向(单纯沿第一主应力方向拉裂)往往与已存裂纹的方向不一致,如图 3-10 所示,从而导致开裂后尖端网格点不能自动脱离,产生局部应力集中,影响到总体结果的正确性。

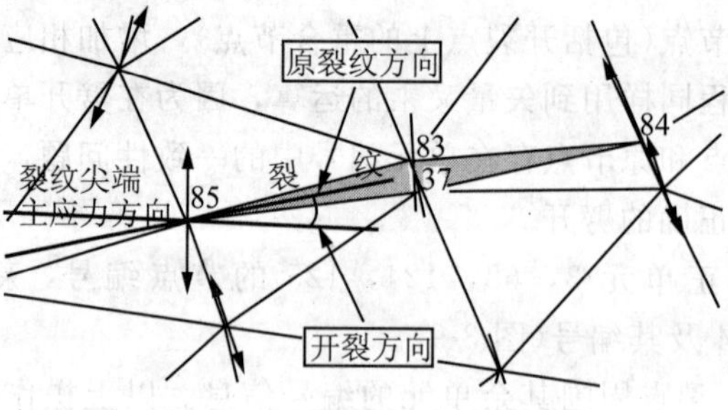

图 3-10 裂纹不能贯通(单一拉应力准则引起)

对此种情况要作出合理处理,使得尖端网格点在开裂的同时也自动分离,方法如下。

(1)搜索新增裂纹周边所有节点。

(2)对裂纹周边某一节点,搜索与该节点相关的单元和单元所包含的另外节点,如图 3-11 所示,设节点 28 是新增裂纹周边某一节点,节点 28 相关的单元与节点分别是(相关单元)145,147,149,152,178 和(相关节点)19,22,25,31,33,40,43。

(3)判断各相关节点在相关单元中使用的次数,如果是开裂边上的节点则一定只出现一次,不在开裂边上的节点出现两次,因此采用准则:N 为相关节点只出现一次的节点总个数,如果 N 小于 3,则不需要做贯通处理;如果 N 大于 3 则需要做贯通处理。

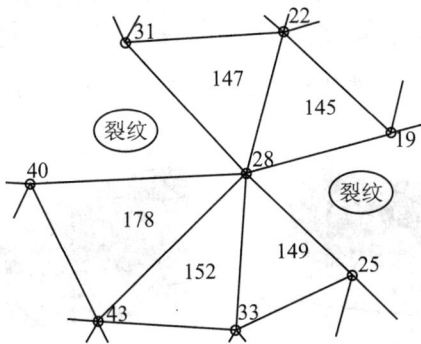

图 3-11 裂纹不能贯通(单一拉应力准则引起)

(4)如果需要处理,以其中任一个只出现一次的相关节点作为起点,对相关单元循环搜索首尾相连的相关节点,直到尾节点也是只出现一次。记录相应的相关单元号。

(5)对应增加一重合节点(如与 28 节点重合),修改上步中找到的相关单元的单元编号。

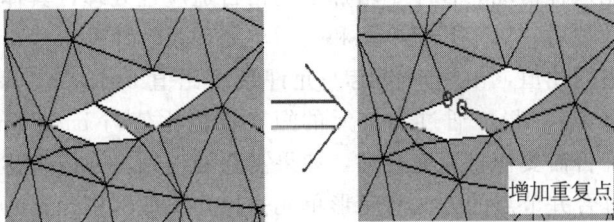

图 3-12 贯通处理

(6)重复第 2~第 5 步,对裂纹周边下一节点进行操作。

3.8.2 效果

测试结果如图 3-13、图 3-14 所示，由此说明处理措施是合适的。

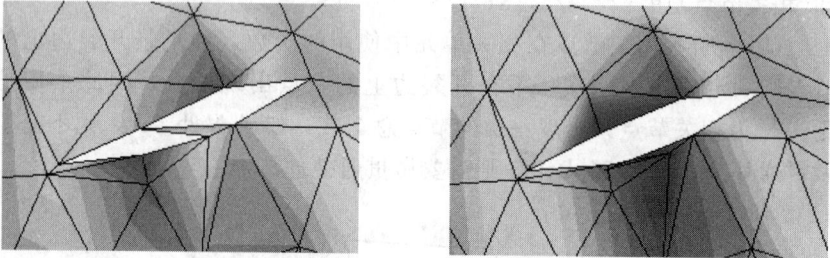

图 3-13 内部开裂处理前(左)与处理后(右)对照

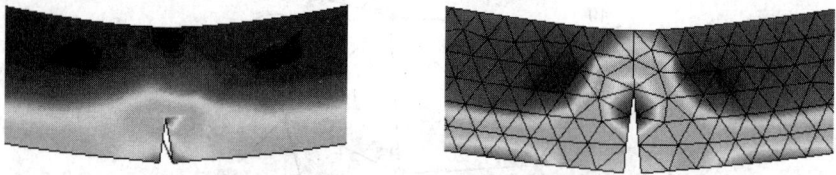

图 3-14 三点纯弯梁处理前(左)与处理后(右)对照

3.9 开裂引起的畸形网格处理

单元开裂后，可能引起部分单元几何性质不良，特别当开裂方向与单元边之间的夹角很小时，将会形成较差的计算网格。

为避免这种情况，程序中增加了网格自适应性处理，具体处理办法为：网格开裂后，对于开裂单元和新增单元，系统计算这些单元的最短边与最长边的比值，由用户设定一允许最小比值 badelem(小于 1 的实型，针对整个模型)，通过各单元的短、长边比值与 badelem 的比较，确定网格是否需要作自适应处理，如果需要处理则将网格边移到开裂方向上，通过合并节点的方法将畸形单元去掉，保证网格计算的精度。

3.9.1 开裂线与单元边不重合

通过用户给定单元的最短边与最长边的最小允许比值 badelem，可以实现有选择性的网格自适应性处理。

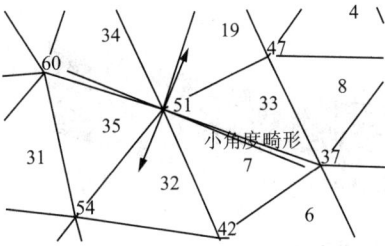

图 3-15 由于开裂可能引发畸形单元

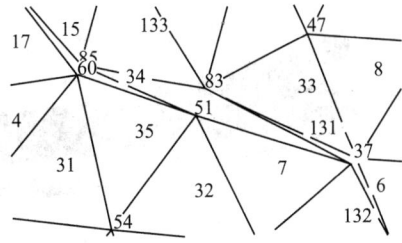

图 3-16 不作处理的开裂效果

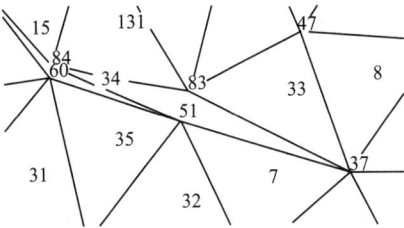

图 3-17 badelem 取较小值

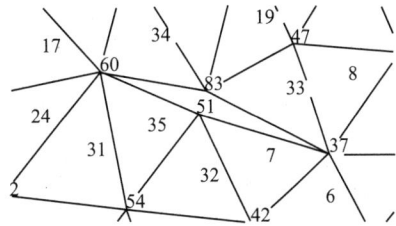

图 3-18 badelem 取稍大值

3.9.2 开裂线与单元边正好重合

该畸形网格处理功能同时也适用于开裂线与单元边正好重合的情形。

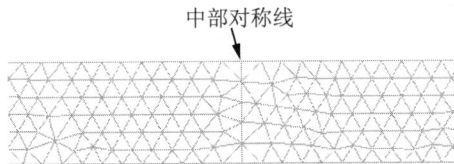

图 3-19 三点纯弯梁中部预设单元边线

图 3-20 不开裂结果对称

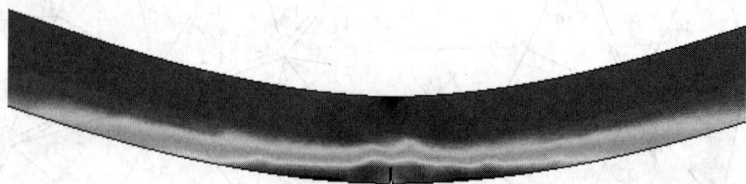

图 3-21 开裂后结果对称

岩石拉张破坏的基本算例

4.1 简支梁拉张破裂过程模拟

4.1.1 模型、边界条件的选取及网格划分

模型选取长 10 cm，宽 1 cm 的简支梁，在梁的上部中间施加 1 000 N 的集中力，网格划分如图 4-1 所示，共剖分为 1 160 个单元，686 个节点。

图 4-1 网格划分

4.1.2 简支梁集中力作用下拉张破裂过程

(1)裂纹形成与演化过程。

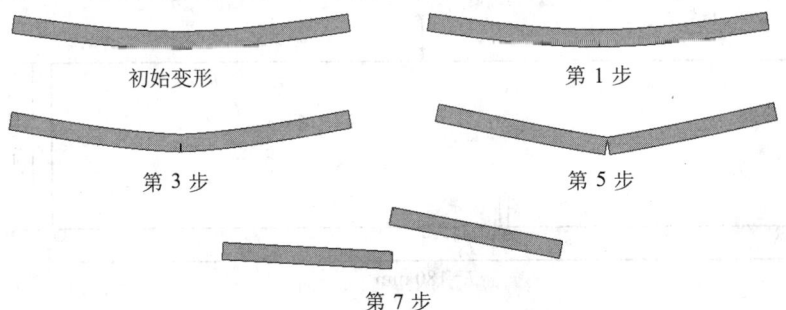

初始变形   第 1 步

第 3 步   第 5 步

第 7 步

图 4-2 裂纹形成与演化过程

从图 4-2 可以看出,简支梁在底部中间点首先开裂,裂纹一直向上延伸,直至最后劈裂为两段。

(2)第一主应力演化过程。

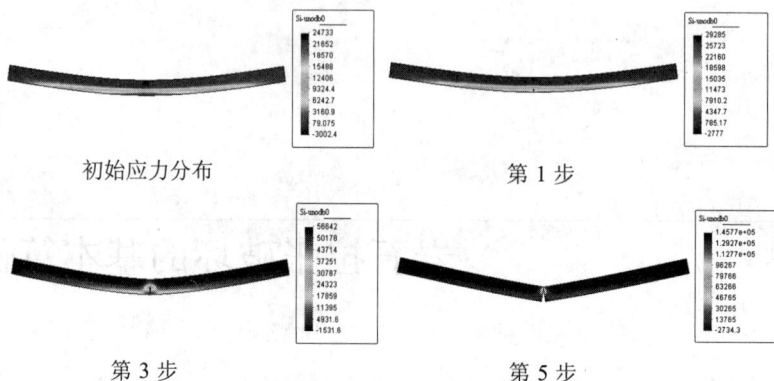

初始应力分布   第 1 步

第 3 步   第 5 步

图 4-3　开裂过程应力分布

从图 4-3 可以看出,在梁的底部中间点初始第一主(拉)应力值最大,首先开裂,应力重新分布形成新的应力集中,继续开裂,直至最后劈断。在整个开裂过程中第一主(拉)应力水平逐渐增大。

4.2　混凝土预制缺口梁试件断裂数值模拟[47]

4.2.1　模型及边界条件的选取

模型的尺寸如图 4-4 所示,弹性模量为 2.0 GPa,泊松比 0.3,密度 3 000 kg/m³。长度为 180 mm,高度为 40 mm,预制缺口长度为 8 mm,宽 2 mm,试件的中点施加向下大小为 6 000 N 的力,左下方加 x、y 方向约束,右下方只加 y 方向约束,L_1 为试件中轴线到缺口的距

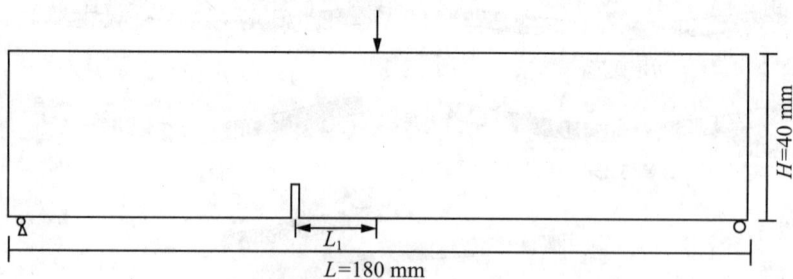

图 4-4　预制缺口试件几何尺寸

离，L_1分别取 0 mm、10 mm、20 mm、30 mm、40 mm、50 mm。网格划分为3 082个三角单元，1 640 个节点。

4.2.2 预制缺口试件断裂的演化过程

对集中力作用下的不同 L_1 试件分别进行计算，形成裂纹如图 4-5 所示。为了便于分析，图中变形系数均放大了 10 000 倍，使破裂云图更清楚地显示。

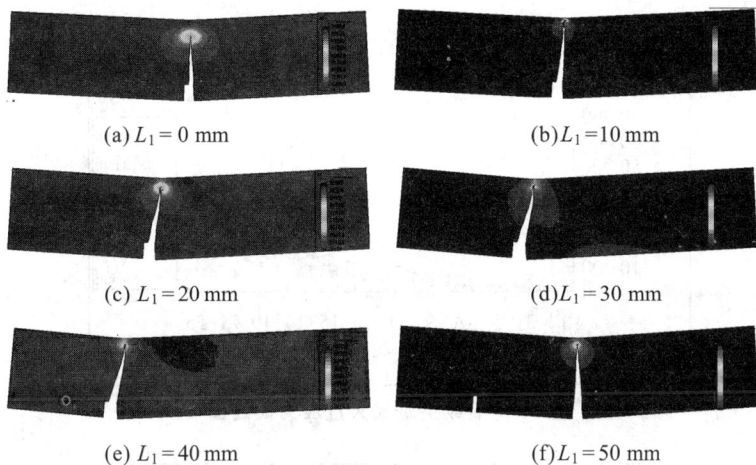

(a) $L_1 = 0$ mm   (b) $L_1 = 10$ mm

(c) $L_1 = 20$ mm   (d) $L_1 = 30$ mm

(e) $L_1 = 40$ mm   (f) $L_1 = 50$ mm

图 4-5 不同 L_1 试件破裂后第一主应力状况

由图 4-5 可以看出裂纹尖端的小区域内，拉应力值远比其平均拉应力大，造成裂纹尖端始终处于拉应力越集中的状态，裂纹越长，应力集中现象越严重。随着裂纹的扩展，裂纹尖端的材料分离，大大降低了试件的强度，在此过程中，拉应力集中不断释放，转移到新的裂纹尖端，使得裂纹不断扩展。$L_1 = 0 \sim 40$ mm 时，裂纹沿着缺口处向力作用点方向开裂，裂到一定程度以后，裂纹向垂直于试件的方向扩展。$L_1 = 50$ mm 时，虽然缺口处先裂开，形成一个微小裂纹，但是拉应力的释放，使最大拉应力转移到试件底部，形成新的裂纹，此裂纹继续扩展，最终失稳导致整个试件破坏，破裂的形式几乎与梁的破坏相同，如图 4-6 所示。

图 4-6 梁的破坏

4.2.3 裂纹长度和尖端拉应力变化

图 4-7 是不同 L_1 试件开裂后裂纹尖端的应力大小变化情况，可以看出裂纹形成的初期，尖端的应力变化幅度很小，这说明起裂阶段裂纹扩展是稳定的，但是随着裂纹的扩展，应力变化的幅度逐渐增大，这个现象表明，裂纹进入了不稳定的扩展阶段。如图 4-8 所示，在加载的过程中，裂纹是不断扩展的，直至失稳。随着裂纹变长，拉应力变化的幅度也变大。

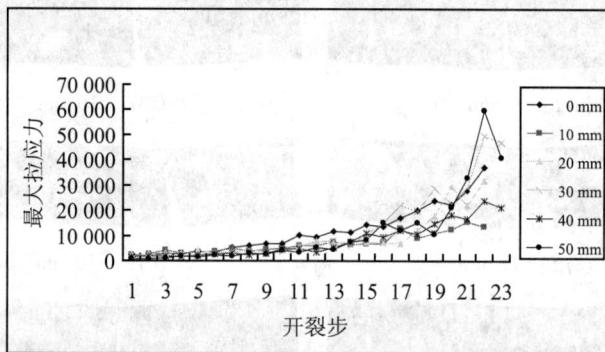

图 4-7 裂纹尖端最大拉应力曲线图

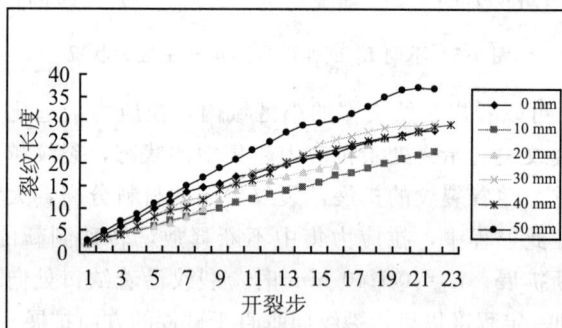

图 4-8 裂纹长度曲线图

4.2.4 结果分析

图 4-9 是 Xeidakis 的实验的结果[3][10]。从图 4-5 不同 L_1 试件破裂后第一主应力云图与对应的实验结果分析可知，当 $L_1＝0\sim40$ mm 时，试件在加载的过程中，破裂形成的不连续面都发生在缺口的右上角，向着力作用点方向扩展，破裂到一定程度后，裂纹扩展的方向与试件垂直。从图 4-5 显示的破裂的数值模拟结果和 Xeidakis 的实验的结果对比来

看，数值模拟与实验结果基本吻合。$L_1 = 50$ mm 时，试件破坏的趋势与图 4-6 梁的破裂模拟相吻合。

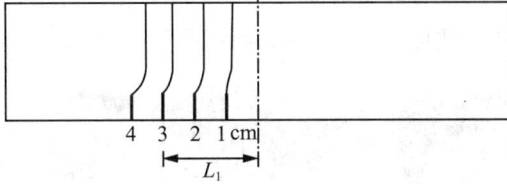

图 4-9　裂纹扩展路径的试验结果

由破裂过程可以看出：

(1)在失稳破坏前，混凝土裂缝的扩展有一个稳定的过程，在此过程中，尖端的应力变化幅度相对较小，但是随着裂纹的扩展和贯通，尖端应力释放的程度越来越剧烈，导致拉应力大幅度地变化。

(2)试件缺口到中轴线的距离 L_1 越小，拉应力越集中在缺口处，试件抗变形能力越弱，越容易破坏失稳。L_1 越大，试件底部的拉应力区域越大。

(3)L_1 为零和较小时，裂纹向力作用点方向开裂，裂到一定程度以后，裂纹向垂直于试件的方向扩展。当 L_1 增大到一定的距离时，试件的破坏形式跟梁的破坏形式相同。

(4)破裂后，抵抗变形和破坏的能力下降，裂纹尖端的小区域内，拉应力值远比其平均拉应力大。

4.3　预制缺口梁铰支座下的拉张破裂过程模拟

4.3.1　单边预制缺口梁铰支座下的拉张破裂过程模拟

(1)模型、边界条件的选取。

模型选取长 25 mm，高 10 mm 的短梁，在顶部中间位置开一个 1.5 mm 深的预制缺口，顶部中间和右端各加 1 000 N 的均布载荷（图 4-10）。

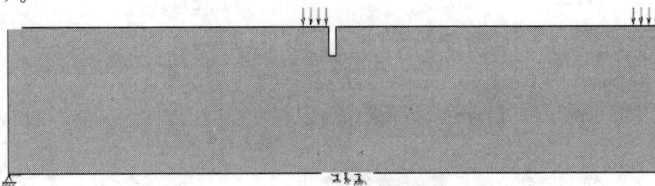

图 4-10　模型及边界条件

（2）拉张破裂裂纹演化过程。

由图 4-11 可以看出，缺口梁首先在预制缺口的右侧尖点破裂，然后在它的左下方产生裂纹，在第 15 步这两个裂纹贯通，然后继续向下方延伸，直至最后破坏。

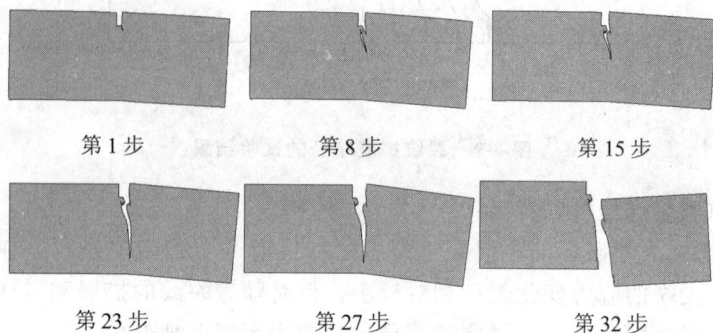

第1步   第8步   第15步

第23步   第27步   第32步

图 4-11　裂纹演化过程

（3）破裂过程中第一主（拉）应力演化过程。

从图 4-12 可以看出，在裂纹开裂过程中应力发生了转移，第 1 步

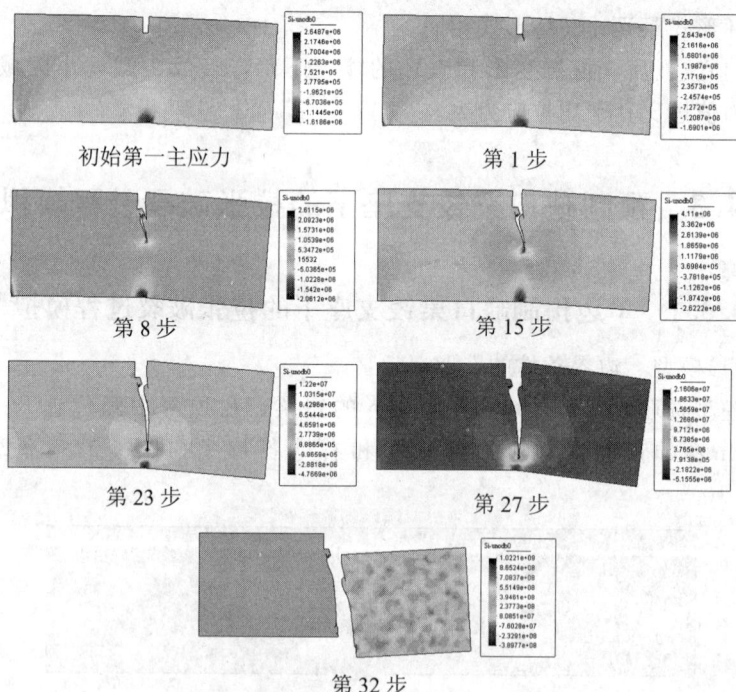

初始第一主应力   第1步

第8步   第15步

第23步   第27步

第32步

图 4-12　破裂过程第一主（拉）应力演化过程

裂纹开裂，应力释放，应力重新分布，在初始裂纹的左下方产生新的裂纹，在第 15 时步，两个裂纹贯通，在裂纹尖端形成新的应力集中，之后一直沿此裂纹开裂，直至最后破坏。

(4)结果分析。

从图 4-13、图 4-14 的比较可以看出，数值模拟过程很好地模拟了裂纹的破裂过程，与实验结果相吻合。

图 4-13　实验结果

图 4-14　数值模拟破裂过程

4.3.2　双边预制缺口梁铰支座下的拉张破裂过程模拟

(1)模型、边界条件的选取。

模型选取长 25 mm，高 10 mm 的短梁，在顶部和底部中间位置各开一个 1.5 mm 深的预制缺口，顶部中间和右端各加 1 000 N 的均布载荷(图 4-15)。

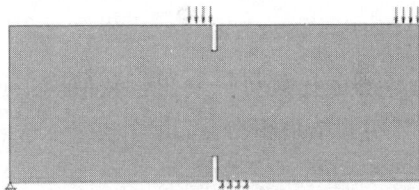

图 4-15　模型及边界条件

(2)拉张破裂裂纹演化过程。

由图 4-16 可以看出，缺口梁首先在预制缺口的右侧尖点破裂，然后继续向下方延伸，直至最后破坏。

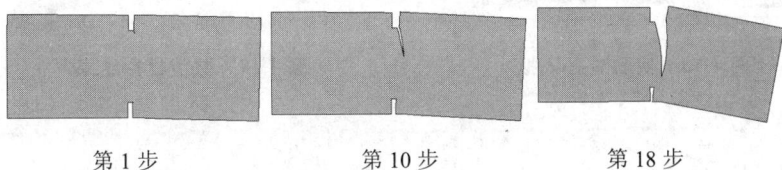

第 1 步　　　　　第 10 步　　　　　第 18 步

图 4-16　裂纹演化过程

(3)破裂过程中第一主(拉)应力演化过程。

从图 4-17 可以看出,在裂纹开裂过程中应力发生了转移,第 1 步裂纹开裂,应力释放,应力重新分布,在初始裂纹的左下方产生新的裂纹,在第 15 时步,两个裂纹贯通,在裂纹尖端形成新的应力集中,之后一直沿此裂纹开裂,直至最后破坏。

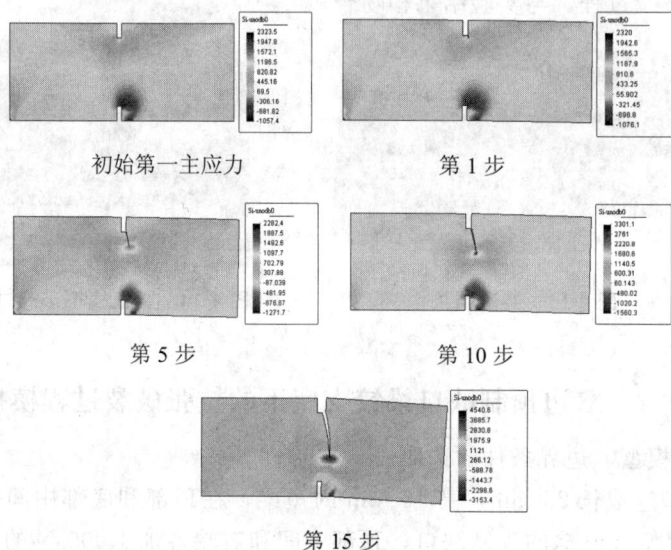

初始第一主应力   第 1 步

第 5 步   第 10 步

第 15 步

图 4-17 破裂过程第一主(拉)应力演化过程

(4)结果分析。

以图 4-18、图 4-19 的比较可以看出,数值模拟过程很好地模拟了裂纹的破裂过程,与实验结果相吻合。

图 4-18 实验过程模拟   **图 4-19 数值模拟结果**

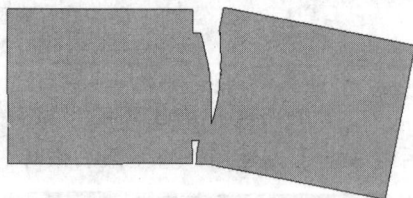

4.4　巴西盘对径受压破坏过程模拟

4.4.1　巴西盘劈裂试验及理论解[30-31]

巴西盘试验被国际岩石力学与工程学会(ISRM)和美国材料与试验协会(ASTM)定义为测定岩石、混凝土抗拉强度的标准试验方法,其劈裂试验方法及破坏方式如图 4-20 所示。其切向和径向的理论解析公式为

(a)试验装置　　　　(b)破坏方式

图 4-20　巴西盘劈裂试验方法及破坏方式

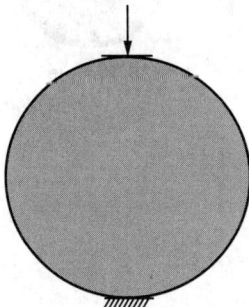

$$\sigma_\theta = \frac{2P}{\pi Dt}$$

$$\sigma_r = \frac{2P}{\pi Dt}\left(1 - \frac{4D^2}{D^2 - 4r^2}\right)$$

式中:P 为压力;t 为试样厚度;D 为试样直径;r 为试样中任一点到圆盘中心的距离;σ_θ 为切向应力;σ_r 为径向应力。

4.4.2　模型、边界条件的选取及网格划分

选取直径为 10 cm 的圆盘,底部施加 x,y 方向约束,顶部施加 x 方向约束及 y 方向的集中力 1 000 N。弹性模量 10 GPa,泊松比 0.3,容重 3 000 N/m³,见图 4-21。

巴西盘为对称结构,在划分网格时候剖分为对称性网格,剖分为 2 000个单元,1 021 个节点。网格剖分如图 4-22 所示。

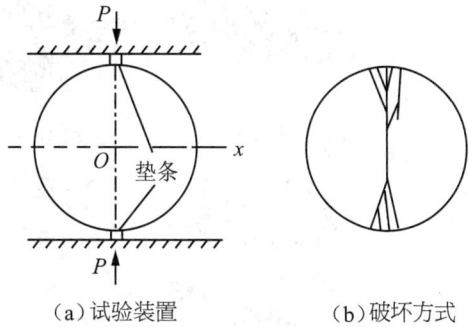

图 4-21　巴西盘模型

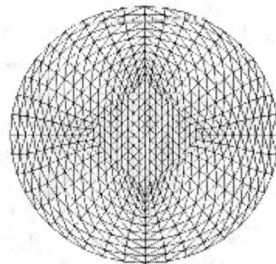

图 4-22　网格剖分

4.4.3 巴西盘对径受压拉张破裂数值模拟

(1)巴西盘对径受压裂纹演化过程，见图 4-23。

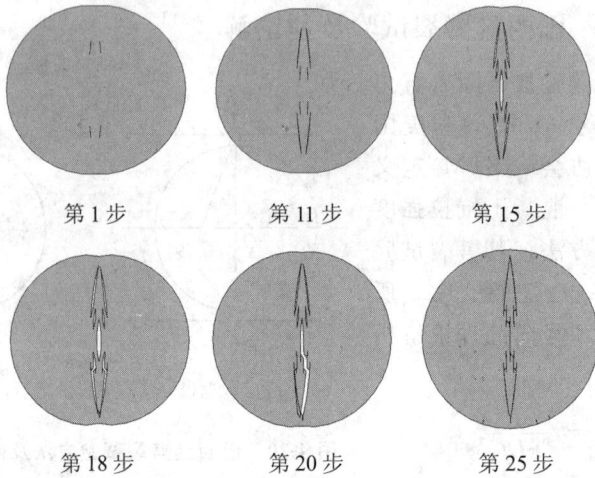

第1步　　　　　　　　第11步　　　　　　　　第15步

第18步　　　　　　　　第20步　　　　　　　　第25步

图 4-23　裂纹演化过程

(2)巴西盘对径受压开裂第一主应力云图，见图 4-24。

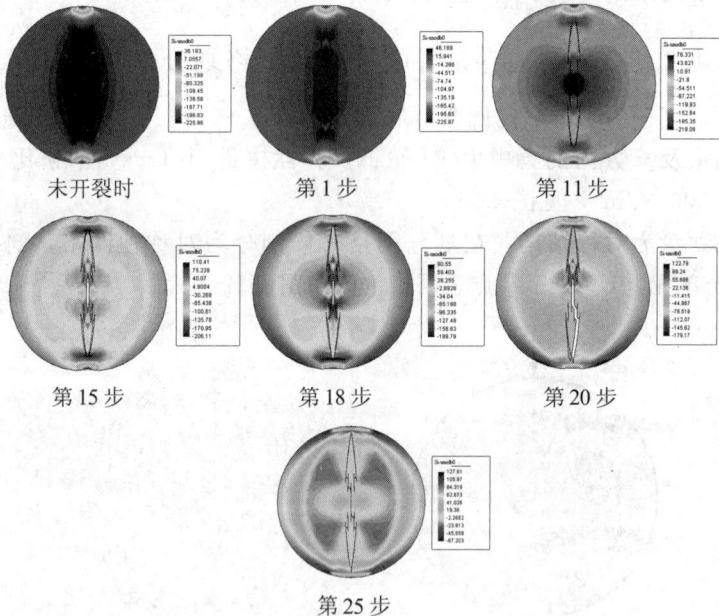

未开裂时　　　　　　　第1步　　　　　　　　第11步

第15步　　　　　　　　第18步　　　　　　　　第20步

第25步

图 4-24　第一主应力演化过程

4.4.4　结果分析

（1）从巴西盘裂纹演化过程可以看出，巴西盘是沿着竖向直径方向破坏的，当圆盘第 1 步开裂时，产生 4 条裂纹，从第 2～10 步，这 4 条裂纹向中间和两端扩展，第 11 步，在中间出现另外 4 条裂纹，第 12 步，中心出现一条长的裂纹，第 13～17 步，裂纹继续扩展，在第 18 时步，下部 4 条裂纹贯通，第 19 时步，中心裂纹与下部 4 条裂纹贯通，形成一个楔形体，接下来裂纹继续向下面延伸，第 22 时步，最上面两条裂纹贯通，在第 25 时步，上下裂纹全部贯通，巴西盘被劈裂。

（2）传统有限元方法只能给出巴西盘的内部应力的分布云图，并不能模拟裂纹破裂及演化的过程，而拉张破坏的有限元程序可以做到这一点。

（3）与国际通用的劈裂实验测定抗拉强度的破坏形式非常类似。

（4）从巴西盘第一主应力云图可以看出，第 1 时步，裂纹开裂，中心轴线附近的应力被释放掉一部分，在裂纹尖端形成应力集中；第 12 时步，中心产生裂纹后中心的应力被释放，应力转移到裂纹尖端，裂纹继续扩展，最后上下裂纹贯通，巴西盘被劈裂。

（5）巴西盘本身为对称结构，施加了对称荷载，并剖分了对称网格，由裂纹开裂情况来看，裂纹开裂也基本对称。

4.5　圆孔结构变形破坏过程模拟

4.5.1　圆孔模型及边界条件的选取

圆孔模型选取如图 4-25 所示。

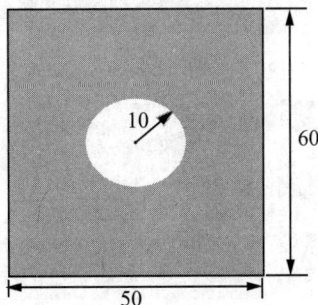

图 4-25　圆孔结构模型

在模型上面施加向下的均布载荷 2 000 N，模型下面施加 y 方向约束，模型底部中间点施加 x、y 方向约束，模型顶部中间点施加 x 方向约束及 y 方向加向下的 2 000 N 的集中力。

4.5.2　圆孔结构拉张破裂数值模拟

（1）网格划分。

圆孔结构模型网格划分，剖分为 6 502 个单元，3 421 个节点，网络划分见图 4-26。

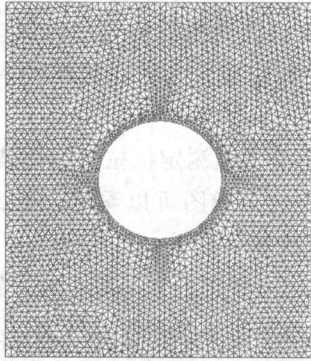

图 4-26　网格划分

（2）圆孔结构裂纹开裂过程，可见图 4-27。

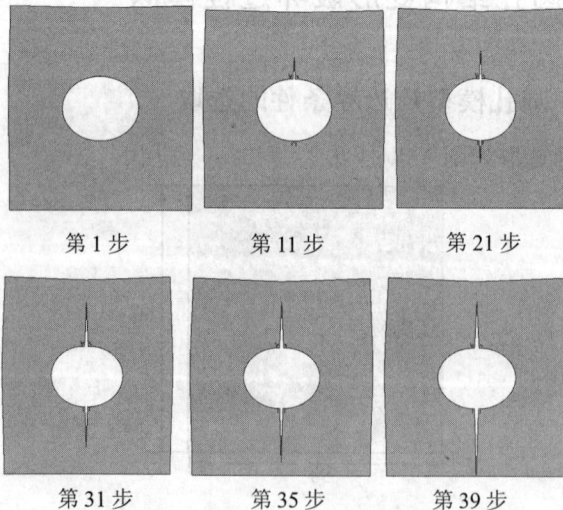

第1步　　　　　第11步　　　　　第21步

第31步　　　　　第35步　　　　　第39步

图 4-27　裂纹演化过程

从图 4-27 可以看出，首先顶部开裂，从第 11 步底部开裂，然后上下交替开裂，从第 29 步开始顶部不再开裂，只有底部开裂，直至最后破坏。

（3）圆孔结构裂纹扩展过程的第一主应力云图可用图 4-28 描述。

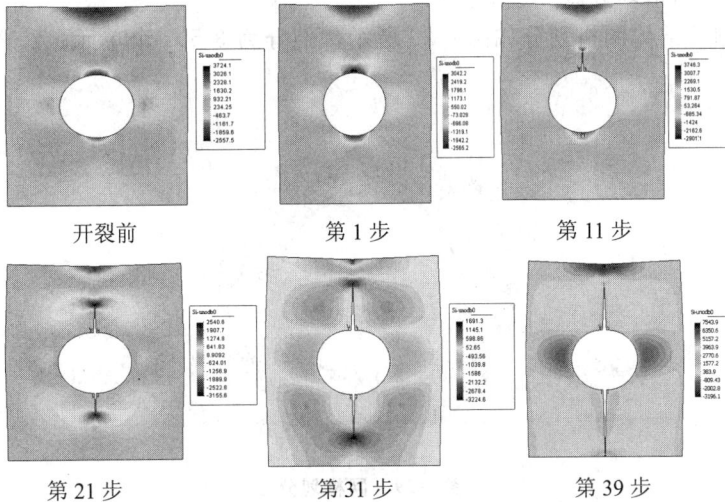

开裂前　　　　　　　　第 1 步　　　　　　　　第 11 步

第 21 步　　　　　　　　第 31 步　　　　　　　　第 39 步

图 4-28　第一主应力演化过程

4.5.3　结果分析

（1）从圆孔结构开裂的裂纹轮廓图可以看出，首先圆孔顶部开裂，上部开裂到一定程度后圆孔底部开裂，然后顶部再开裂，再底部开裂，上下交替，最后只有底部开裂，直至最后破坏。

（2）从圆孔结构第一主应力云图可以看出，圆孔顶部首先开裂，应力释放，在裂纹尖端形成应力集中，顶部应力释放到一定程度，底部第一主应力变为最大，底部开裂，然后顶部应力最大，顶部开裂，上下交替开裂，当顶部应力释放到一定程度后，不再开裂，底部应力最大，底部开裂，直至最后破坏。

4.6　圆环结构破坏过程模拟

4.6.1　模型及边界条件的选取

圆环内径为 30 mm，外径 50 mm，底部加 x、y 方向约束，顶部加

x 方向约束和 y 方向竖直向下的力 3 000 N。弹性模量 10 000 MPa，泊松比 0.3，容重 3 000 N/m³。

4.6.2　圆环结构拉张破裂数值模拟[37]

(1)网格划分。

圆环结构网格划分如图 4-29 所示，剖分为 3 592 个单元，2 044 个节点。

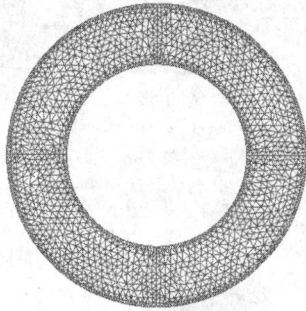

图 4-29　网格划分

(2)圆环结构裂纹开裂过程如图 4-30 所示。

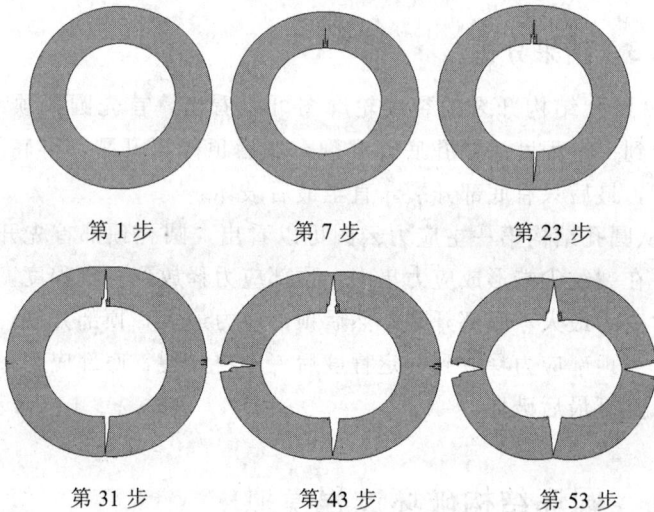

第 1 步　　　　　第 7 步　　　　　第 23 步

第 31 步　　　　　第 43 步　　　　　第 53 步

图 4-30　裂纹演化过程

(3)圆环结构裂纹扩展过程的第一主应力云图如图 4-31 所示。

开裂前 第1步 第7步

第23步 第31步 第43步

第51步 第53步

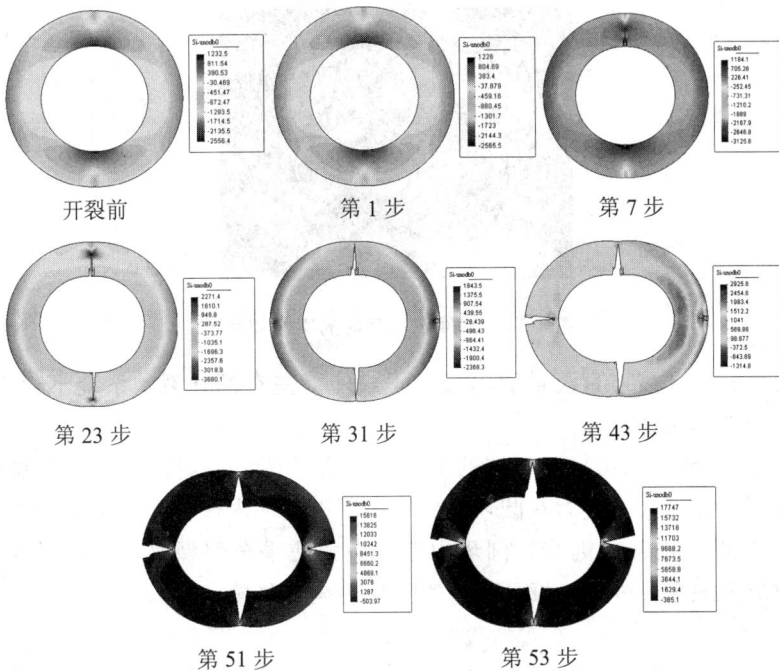

图 4-31 第一主应力演化过程

4.6.3 结果分析

(1)从数字散斑实验结果(图 4-32)、试件破坏瞬时照片(图 4-34)及岩石拉张破裂的模拟结果(图 4-33)对比来看,岩石拉张破裂的结果与实验结果比较吻合。

图 4-32 数字散斑实验   图 4-33 岩石拉张破裂模拟结果

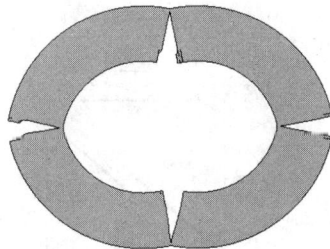

(2)从圆孔结构裂纹开裂轮廓图可以看出首先在圆环内壁底部开裂,第 2 步内壁顶部开裂,在第 11 步顶部开裂到一定程度后底部继续开裂,第 23 步又转移至顶部开裂,在第 31 步圆环外壁左右两侧开裂,然后左

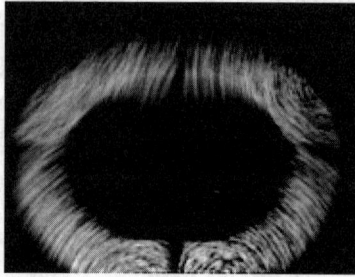

图 4-34 试件破坏瞬时的实物照片

右两侧交替开裂，直至最后内壁上下，外壁左右都开裂，系统不稳定，不再开裂，系统破坏。

(2)从圆孔结构拉张破裂的第一主应力云图可以看出，在圆孔试件没有开裂时最大拉应力在圆环的内壁，所以圆环内壁首先开裂，应力释放并转移，在第31时步，圆环内壁拉应力几乎全部释放，这时圆环外壁拉应力最大，外壁继续开裂，直至应力全部释放。

4.7 雁列式断层结构变形破坏过程模拟[36]

4.7.1 模型及边界条件的选取

雁列式断层按错列方向与运动方向的关系可分为两类：一类是雁列部位相对受引张作用，另一类是雁列部位相对受挤压作用，分别称为拉张型和挤压型雁列断层(图 4-35)。分别选取拉张型和挤压型断层进行数值模拟，模型见图 4-36。模型底部加 y 方向约束，顶部和水平加20 kN 围压。

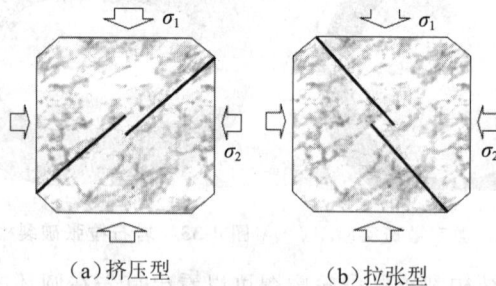

(a)挤压型   (b)拉张型

图 4-35 挤压型和拉张型雁列式断层

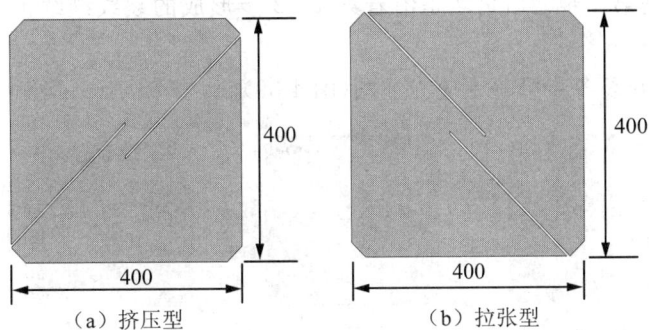

（a）挤压型　　　　　　　　（b）拉张型

图 4-36　模型尺寸

4.7.2　雁列式断层结构拉张破裂数值模拟

4.7.2.1　挤压型断层数值模拟

（1）网格划分。

据以上模型进行网格划分如图 4-37 所示，共划分为 5 594 个三角形单元，2 966个节点。

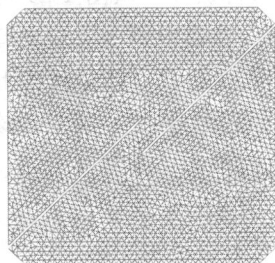

图 4-37　网格划分

（2）雁列式断层裂纹演化过程见图 4-38。

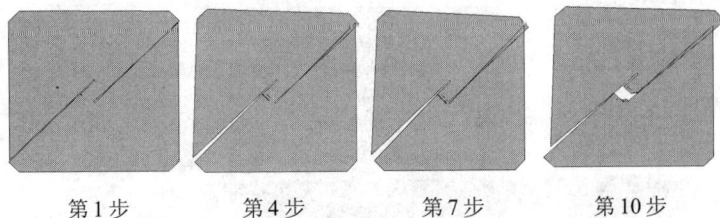

第1步　　　　　　第4步　　　　　　第7步　　　　　　第10步

图 4-38　裂纹演化过程

从图 4-38 可以看出，第 3 步在 1、2 步裂纹的旁边形成另外一条裂纹,但是第 4 步之后仍然是沿着第 1、2 步形成的裂纹继续扩展,直至最后破裂。

(3)开裂各步第一主应力云图(图 4-39)。

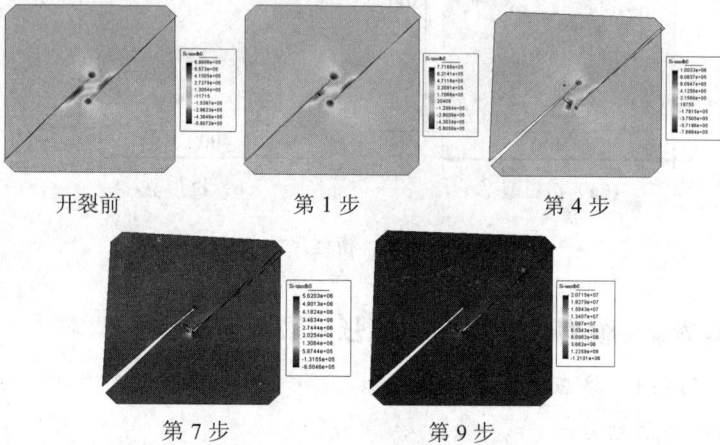

开裂前　　　　　　　第 1 步　　　　　　　第 4 步

第 7 步　　　　　　　第 9 步

图 4-39　第一主应力演化过程

第 10 步裂纹贯通,试件破坏。从图 4-39 可以看出,在裂纹开裂过程中应力发生了转移,第 1 步裂纹开裂,应力释放在裂纹尖端处形成应力集中,裂纹尖端处应力最大,第 2 步继续沿此裂纹延展,第 2 步开裂后应力释放,导致裂纹上部应力最大,第 3 步该点开裂,开裂后应力继续释放,并发生转移,这时候第一条裂纹尖端应力又达到最大,以后各步开裂都沿此裂纹延展,直至最后破坏。

4.7.2.2　拉张型断层数值模拟

(1)网格划分。

模型网格划分如图 4-40 所示,共划分为 5 602 个三角形单元,2 971个节点。

图 4-40　网格划分

（2）雁列式拉张型断层裂纹演化过程。

拉张型断层裂纹演化过程如图4-41所示。

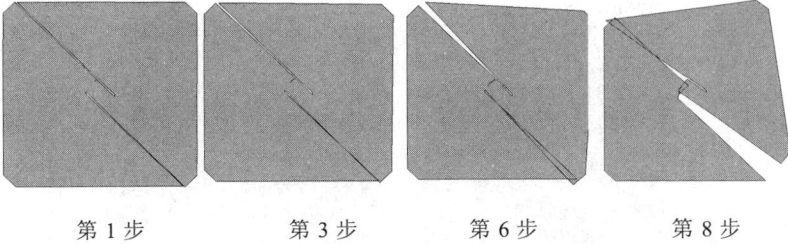

第1步　　　　　第3步　　　　　第6步　　　　　第8步

图 4-41　裂纹演化过程

（3）开裂各步第一主应力。

雁列式拉张型断层开裂各步的第一主应力演化过程如图4-42所示。

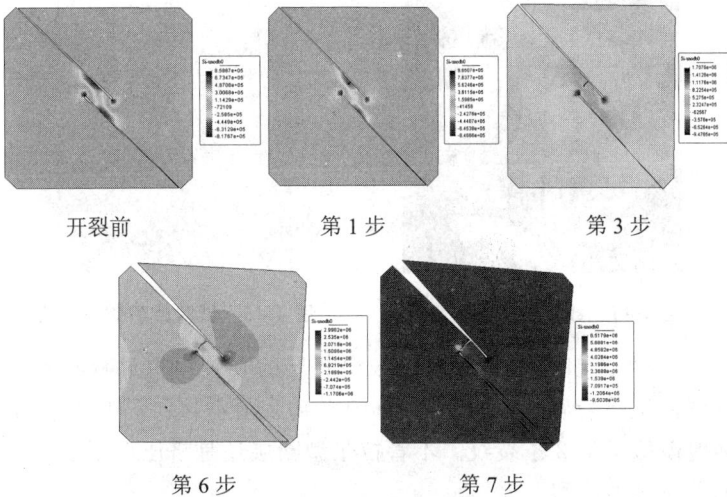

开裂前　　　　　　第1步　　　　　　第3步

第6步　　　　　第7步

图 4-42　第一主应力演化过程

第8步，雁列式拉张型断层试件裂纹贯通，试件破坏。从图4-42可以看出裂纹开裂应力释放，在裂纹尖端形成新的应力集中，应力最大，继续开裂，裂纹继续延展。

4.7.3 结果分析

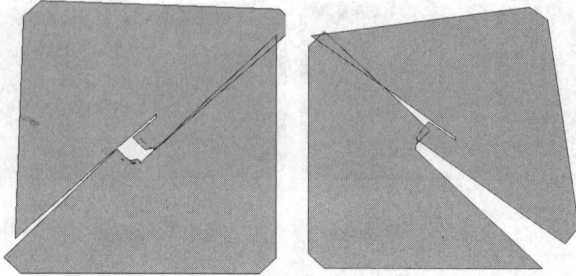

图 4-43 数值模拟结果

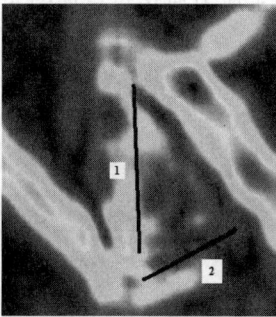

图 4-44 数字散斑实验结果   图 4-45 试验最后破坏形态

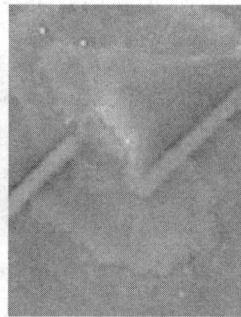

(1)从雁列式挤压型断层与拉张型断层的开裂模拟过程与数字散斑及岩石试件试验最后破坏照片来看(图 4-43、图 4-44、图 4-45),数值模拟很好地模拟了第 2 条裂纹。不管拉张型断层还是挤压型断层,第 2 条裂纹都是拉张型破裂。

(2)在裂纹扩展过程中,原来应力最大点在开裂后应力释放,形成新的应力集中。

工程简例

5.1 硐室拉张破坏的有限元数值模拟[38]

岩石(土)工程中，常因岩石类材料的低抗拉特性而导致众多拉张破坏现象。工程建设过程石(土)，打破了原有地应力状态，使岩体局部受拉应力作用。当岩体的水平拉应力超过抗拉强度时，就会发生拉张破坏，产生破裂面，破裂面之间形成裂隙，岩体呈现不连续性。传统的岩石力学方法，视岩石为连续介质，对于拉张破坏后形成的岩体非连续状态已不适用。

硐室是一种常见的地下结构，其破坏形式和破坏过程的研究对于地下工程的建设和生产与运行安全都有重要意义。利用有限元软件，对不同形状硐室拉张破裂导致的岩体不连续性进行模拟。

5.1.1 岩石圆形硐室结构应力分析

圆形硐室承受竖直方向载荷 p_0、水平方向载荷 λp_0(其中 λ 为侧压系数)作用。由弹性力学中圆孔模型可以得出径向、环向及剪应力分量分别为[7]

$$
\begin{cases}
\sigma_r = \dfrac{1}{2}(1+\lambda)p_0\left(1-\dfrac{R_0^2}{r^2}\right) - \dfrac{1}{2}(1-\lambda)p_0\left(1-4\dfrac{R_0^2}{r^2}+3\dfrac{R_0^4}{r^4}\right)\cos 2\theta \\[2mm]
\sigma_\theta = \dfrac{1}{2}(1+\lambda)p_0\left(1+\dfrac{R_0^2}{r^2}\right) + \dfrac{1}{2}(1-\lambda)p_0\left(1+3\dfrac{R_0^4}{r^4}\right)\cos 2\theta \\[2mm]
\tau_{r\theta} = \dfrac{1}{2}(1-\lambda)p_0\left(1+2\dfrac{R_0^2}{r^2}-3\dfrac{R_0^4}{r^4}\right)\sin 2\theta
\end{cases}
$$

$$(5\text{-}1)$$

式中：r，θ 分别为径向和环向坐标；R_0 为圆孔半径。圆孔周边应力，$r=R_0$ 时，$\sigma_r=\tau_{r\theta}=0$。

$$\sigma_\theta = (1+\lambda)p_0 + 2(1-\lambda)p_0 \cos 2\theta \tag{5-2}$$

当 $\lambda<1$ 时，在竖直方向上($\theta=90°$)有最大拉应力。通过式(5-2)，在竖直方向上恰好不出现拉应力的条件为 $\sigma_\theta=0$，即

$$(1+\lambda)p_0 - 2(1-\lambda)p_0 = 0 \tag{5-3}$$

得 $\lambda=\dfrac{1}{3}$，即当 $\lambda=\dfrac{1}{3}$ 时为临界状态，并且 $\lambda<\dfrac{1}{3}$ 时最大拉应力出现在圆孔铅直方向的内侧。当 $\lambda>\dfrac{1}{3}$ 时，在水平方向上($\theta=0°$)有最大拉应力。通过式(5-2)，在水平方向上恰好不出现拉应力的条件为 $\sigma_\theta=0$，即

$$(1+\lambda)p_0 + 2(1-\lambda)p_0 = 0 \tag{5-4}$$

得 $\lambda=3$，即当 $\lambda=3$ 时为临界状态，并且 $\lambda=3$ 时最大拉应力出现在圆孔水平方向的内侧。

5.1.2　圆形硐室结构拉张破坏过程模拟

(1)岩石试件模型及边界条件的选取。

岩石试件边界条件为底部加水平方向 x、垂直方向 y 约束，顶部加竖直 y 方向向下应力 1 MPa。选取均匀单一材质，弹性模量 40 GPa，泊松比 0.3。圆形硐室结构网格划分如图 5-1 所示，起始时剖分为 2 946 个节点，5 666 个单元。整个圆形硐室结构模型中选取 5 个节点对位移、应力变化规律进行监测。图中的虚线区域为监控区域。

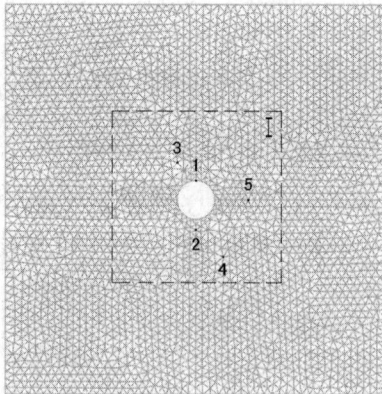

图 5-1　岩石硐室结构模型、网格划分、监测区域及监测点

（2）圆形硐室结构破裂过程第一主（拉）应力演化。

第一主（拉）应力云图与拉张破裂演化过程如图 5-2 所示。为了便于分析，将图中破裂位移放大 200 倍，使得破裂图形非常清楚地显示在图中。第 27 步之前的应力云图截取的是图 5-1 中的 I 区域对应的应力云图，第 30 步以后的是试件完整区域的云图。

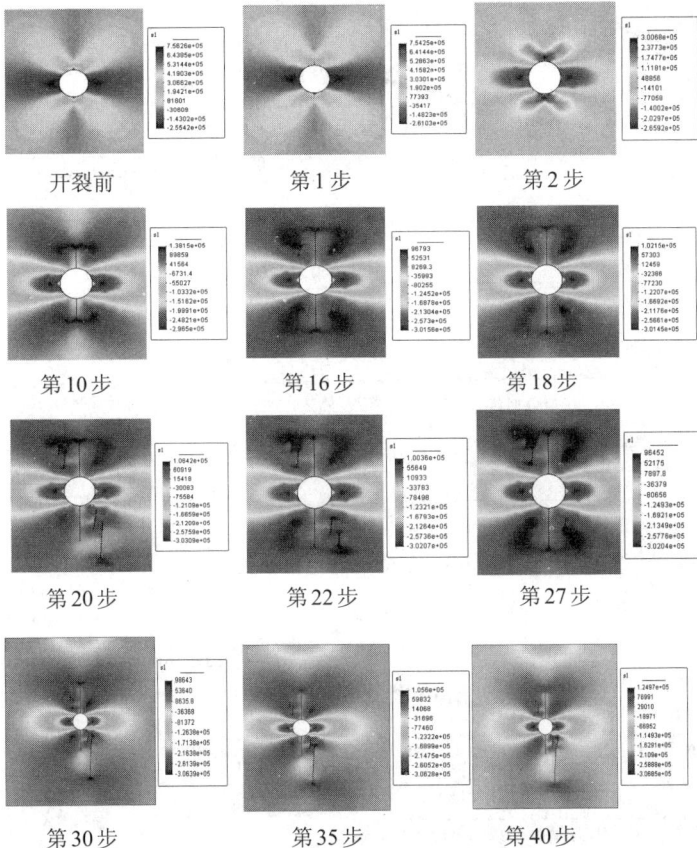

图 5-2　圆形硐室第一主（拉）应力与拉张破裂演化过程

圆形硐室结构加载后，从第一主（拉）应力云图可以看出，开裂前最大的拉应力出现在圆孔底部，因此圆孔底部首先开裂，随之应力释放并转移；第 2 步转到圆孔顶部产生最大拉应力，在随后的第 3～16 步中，裂纹开裂发生在圆孔的垂径方向，并且交替进行；在第 17 时步，圆孔垂径方向应力基本释放，转而在与水平夹角为 45°的方向上出现裂纹；随后的第 18 步、第 20 步、第 22 步分别在几乎对称的位置上出现 3 道裂纹，圆孔附近的应力释放结束；第 22 步以后裂纹沿着最右边的一道裂纹继续，最大拉应力一直处于裂纹尖端，直至破坏。

（3）监测点位移与应力的变化。

在试件开裂过程中，如图 5-1 所示设定 5 个监测点，记录位移值的变化规律，如图 5-3、图 5-4 所示。应力值的变化规律如图 5-5 所示。

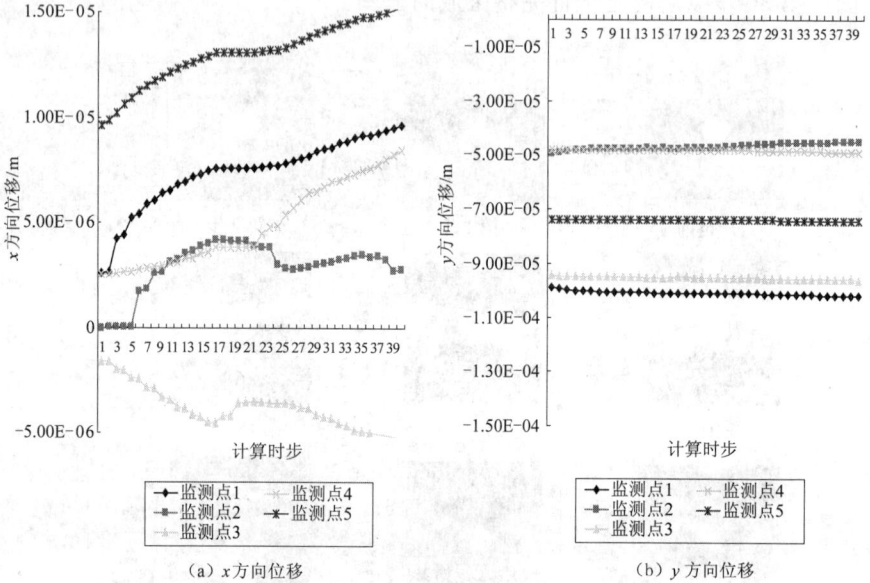

（a）x 方向位移　　　　　（b）y 方向位移

图 5-3　各个监测点位移变化

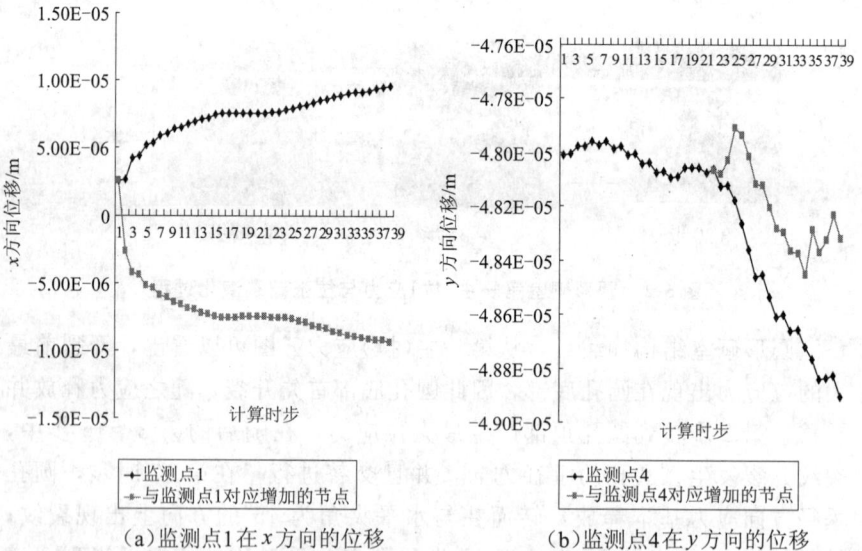

（a）监测点1在 x 方向的位移　　　（b）监测点4在 y 方向的位移

图 5-4　监测点 1、监测点 4 分离后位移变化规律

从图 5-3(a)可以看出，随着裂纹的扩展，监测点的水平位移均有所增加；在图 5-3(b)中，垂直方向的位移曲线几乎是平行的，说明整个模型是单轴压缩过程。从图 5-4(a)、图 5-4(b)可以看出，监测点 1 在第 1时步就发生破裂，该节点分裂为两个节点，y 方向位移至此时步后分叉，发生分离，并随着开裂的继续增加，两个节点之间的分离量也增加。监测点 4 在第 26 时步发生破裂，该节点分裂为两个节点，x 方向位移至此时步后分叉，发生分离，分离量逐渐增加。

从图 5-5 可以看出，监测点 1 在第 2 时步应力水平达到最大 0.13 MPa，在第 2 时步主应力突然降至零，拉破坏导致应力的释放。同理，监测点 2 在第 6 时步、监测点 3 在第 16 时步、监测点 4 在第 21 时步破裂，第一主应力会出现一个突变，随着应力的释放，总体趋势随开裂的进行而逐渐变小；监测点 5 未破裂，因为其位于圆孔的水平方向上，没有拉应力作用。

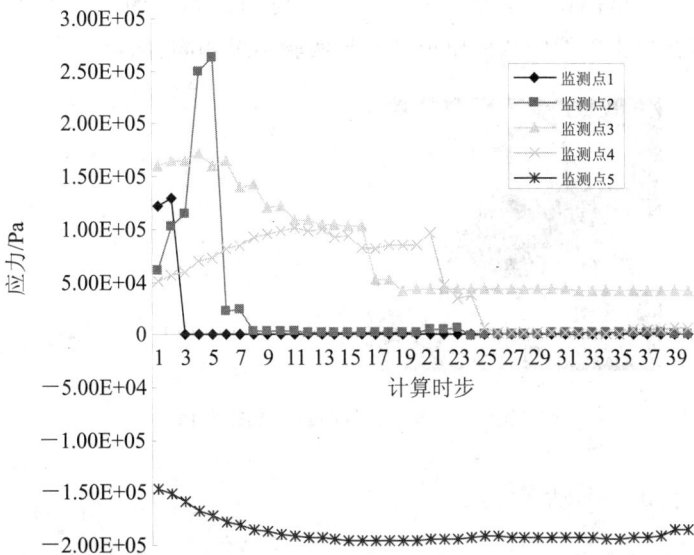

图 5-5　各个监测点主应力变化规律

(4)圆形硐室结构开裂结构演化过程。

拉张破裂的过程可分为三个阶段。第一阶段是破裂初始阶段。圆形硐室结构加载后，可以看出开裂前拉张破裂的第一主(拉)应力集中在圆孔的垂线方向上，最大拉应力出现在圆孔的底部，其首先开裂，随之应力释放并转移。第 2 步转到圆孔顶部出现最大拉应力，产生裂纹。在以后的第 3～16 步，裂纹出现在圆孔底部和顶部，交替开裂。第二阶段是积累阶段,也可称为对称破裂阶段。始于开裂的第 17 步,垂线方向的应力已经基本释放,转而在沿圆孔周围,与水平夹角 45°的方向上出现裂纹,第 17 步、第 18 步、第 20 步、第 22 步分别出现 4 道裂纹。在这个阶段中,裂纹出现的规律是环绕着圆孔出现,而且裂纹几乎是对称的。第三阶段是破坏阶段。试件圆孔周围的应力释放结束后,裂纹延着圆孔右上部的一条裂纹继续扩展,直至破坏。

5.1.3 结果分析

图 5-6 是圆形硐室模型的单轴受压试验图片与有限元软件模拟结果的对比照片,为了更好地对比结果,图中数值模拟的结果是 10 000 倍的变形图。从图 5-2 第一主(拉)应力云图与对应结构破裂演化过程分析可知,在加载过程中,圆形硐室结构起始破裂形成不连续面发生在圆孔的底部;随着破裂的继续,圆形硐室结构在垂径方向上的破裂发生到一定程度后,该部位承载能力迅速下降,转而在圆孔的周围形成不连续面。岩石拉张破裂的数值模拟结果与实验结果相吻合。

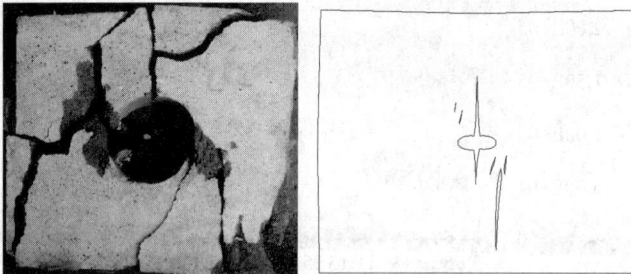

图 5-6 试验图片与数值模拟对比

5.1.4 小结

(1)经过理论推导,测压系数 $\lambda = \dfrac{1}{3}$,$\lambda = 3$ 是模型中是否出现拉破坏区域的临界值。

(2)在加载后,圆形硐室结构受拉应力作用发生破裂形成不连续面,不仅使圆形硐室的结构形式发生演化,同时也是应力调整、重新分布的过程,开裂点部位应力被释放,开裂点转移。

(3)圆形硐室破裂过程可概括为初始、积累和破坏三个阶段。

(4)应用拉张破裂有限元程序模拟岩石拉张破裂的整个过程,与实验结果基本吻合,这为研究圆形硐室的破坏机理、失稳形式及裂纹的扩展规律提供新的研究方法。

5.1.5　半圆形硐室破裂过程第一主(拉)应力云图演化过程

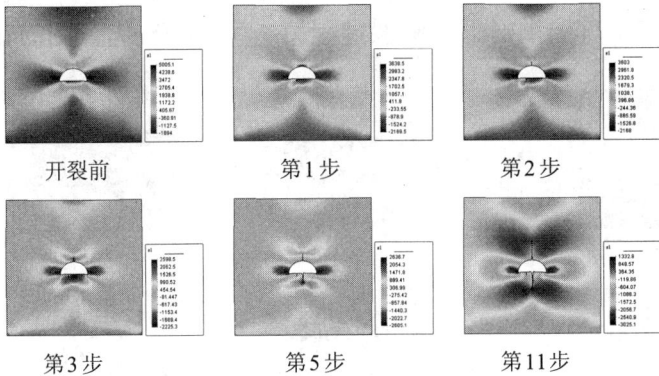

开裂前　　　　　　第1步　　　　　　第2步

第3步　　　　　　第5步　　　　　　第11步

图5-7　半圆形硐室第一主(拉)应力演化过程

开裂前最大的拉应力出现在硐室底部,硐室底部首先破裂,应力释放并转移。第3步,硐室顶部产生最大拉应力,第4~11步,裂纹一直交替发生在硐室顶、底部,硐室顶、底部应力仍在释放,裂纹继续扩展,最大拉应力一直发生在裂纹尖端。

5.1.6　长方形硐室破裂过程第一主(拉)应力云图演化过程

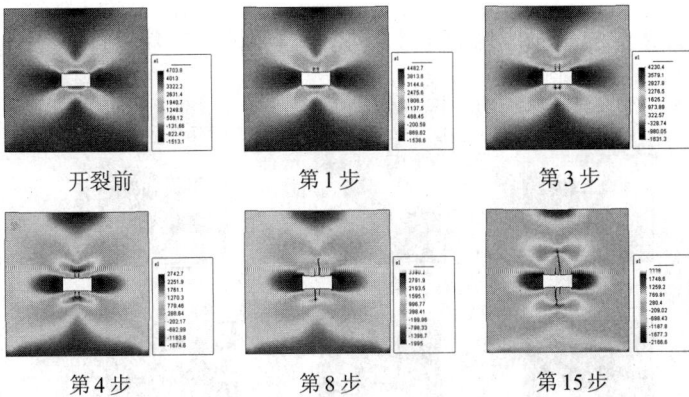

开裂前　　　　　　第1步　　　　　　第3步

第4步　　　　　　第8步　　　　　　第15步

图5-8　长方形硐室第一主(拉)应力演化过程

从第一主(拉)应力云图可以看出,开裂前最大的拉应力出现在长方形硐室顶部,长方形硐室顶部首先开裂,应力释放并转移。第3步转到长方形硐室底部产生最大拉应力，第 4～15 步，裂纹一直交替发生在硐室顶、底部，硐室顶、底部应力仍在释放，裂纹继续扩展，最大拉应力一直发生在裂纹尖端，直至破坏。

5.1.7　直墙拱形硐室破裂过程第一主(拉)应力云图演化过程

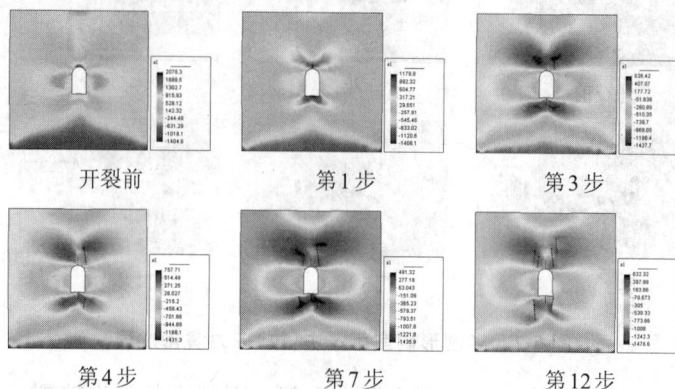

开裂前　　　　　　　　第1步　　　　　　　　第3步

第4步　　　　　　　　第7步　　　　　　　　第12步

图 5-9　直墙拱形硐室第一主(拉)应力演化过程

开裂前最大的拉应力出现在硐室顶部，顶部首先开裂，随之应力释放并转移。第 3 步，硐室底部产生最大拉应力，右上方出现裂纹。第 4～12 步，裂纹一直交替发生在硐室顶、底部，周边裂纹继续扩展，硐室顶、底部应力仍在释放，最大拉应力一直发生在裂纹尖端，直至破坏。

5.1.8　梯形硐室破裂过程第一主(拉)应力云图演化过程

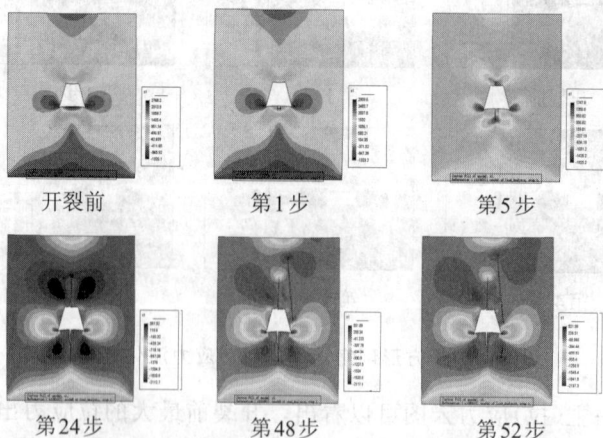

开裂前　　　　　　　　第1步　　　　　　　　第5步

第24步　　　　　　　　第48步　　　　　　　　第52步

图 5-10　梯形硐室第一主(拉)应力演化过程

　　根据加载后的第一主(拉)应力云图，开裂前最大的拉应力出现在硐室底部，硐室底部首先开裂，随之应力释放并转移。第 5 步，硐室底部产生最大拉应力；第 6～23 步，裂纹一直交替发生在硐室顶、底部；第 24 步，硐室右上方出现裂纹，硐室顶、底部应力仍在释放；第 25～48 步，硐室右上方的裂纹继续扩展；第 52 步，裂纹发生在硐室右下方，之后此裂纹继续破裂。

　　在梯形硐室的梯形上下角点分别布置监测点 1 和监测点 2，这两个监测点的应力的变化规律如图 5-11 和图 5-12 所示。

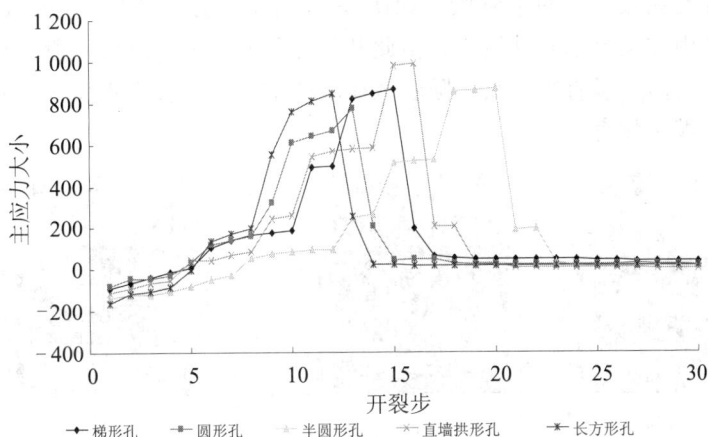

图 5-11　监测点 1 应力变化曲线

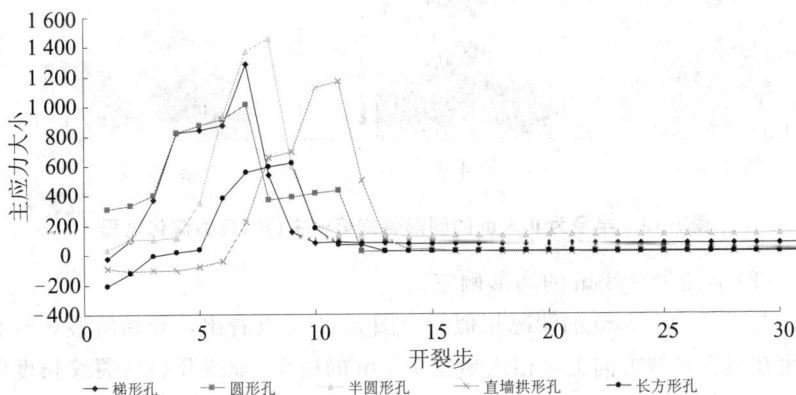

图 5-12　监测点 2 应力变化曲线

　　图 5-11、图 5-12 两图中的应力变化曲线都具有明显的台阶性，应力值呈台阶状增大，监测点总体先受压应力，随着裂纹的产生和扩展，

所承受的力很快变成拉应力，应力值增大的幅度越大，应力变化曲线的台阶越明显。监测点的拉应力达到一定值时，围岩破裂，同时释放了围岩破裂压域的应力，台阶急剧下降，最后应力稳定在某个值附近。

5.1.9　不同半径的圆形硐室拉张破裂有限元数值模拟

圆形硐室是弹性力学中对于地下硐室模型的简化和理论推导模型，根据半径的不同，以下分四种方案对圆形硐室进行模拟分析。

(1)半径为 0.5 m 的圆形硐室。

开裂大致分为两个阶段。如图 5-13 所示，开始阶段，由于最大主应力集中在硐室垂直轴线上，由此开裂并释放应力。发展阶段，在硐室周边出现多个垂直次裂纹，随着载荷步的增加，裂纹逐步深入，并沿着次裂纹继续发育。

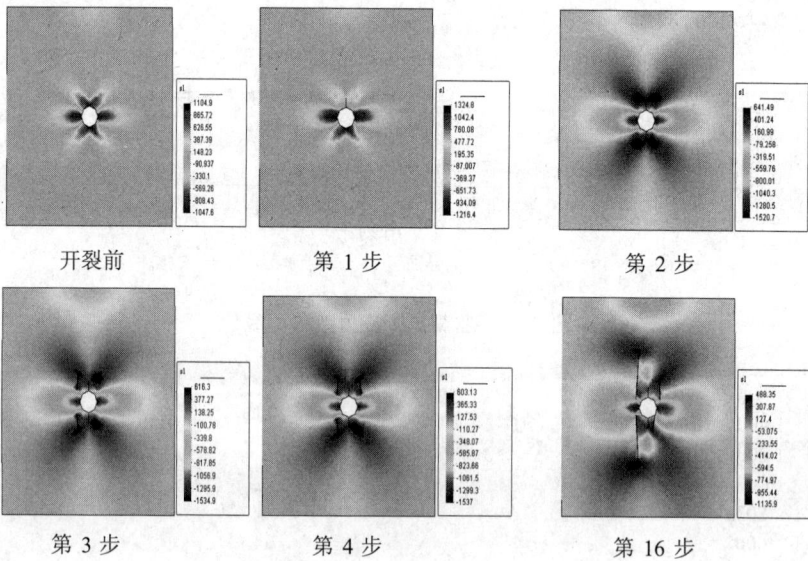

开裂前　　　　　　　　第 1 步　　　　　　　　第 2 步

第 3 步　　　　　　　　第 4 步　　　　　　　　第 16 步

图 5-13　半径为 0.5 m 的圆形硐室第一主(拉)应力演化过程

(2)半径为 0.8 m 的圆形硐室。

与半径为 0.5 m 的情况相似。由图 5-14 可以看出，开始阶段，开裂发生在竖直轴线方向上，相比半径 0.5 m 的模型，轴线开裂的裂纹长度明显增加。发展阶段，在硐室周边尤其顶部出现几条平行的次裂纹，随着载荷步的增加，裂纹逐步深入，并沿着次裂纹继续发育，比较 0.5 m 的模型，裂纹延伸更长，破坏的区域突发较明显，破坏面扩大。

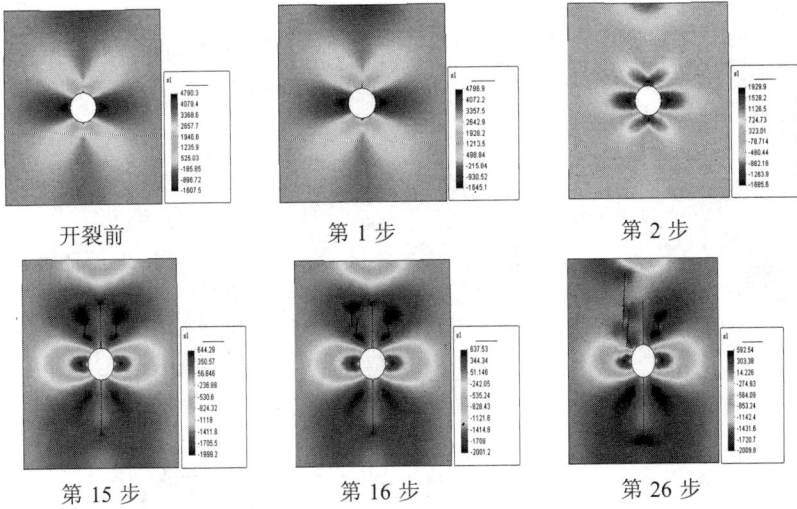

开裂前　　　　　　　第 1 步　　　　　　　第 2 步

第 15 步　　　　　　　第 16 步　　　　　　　第 26 步

图 5-14　半径为 0.8 m 的圆形硐室第一主(拉)应力演化过程

（3）半径为 1 m 的圆形硐室。

由图 5-15 可知，在轴线方向出现长裂纹，破裂深度加深，随着载荷步的增加，在破裂的最后阶段，模型底部出现开裂。

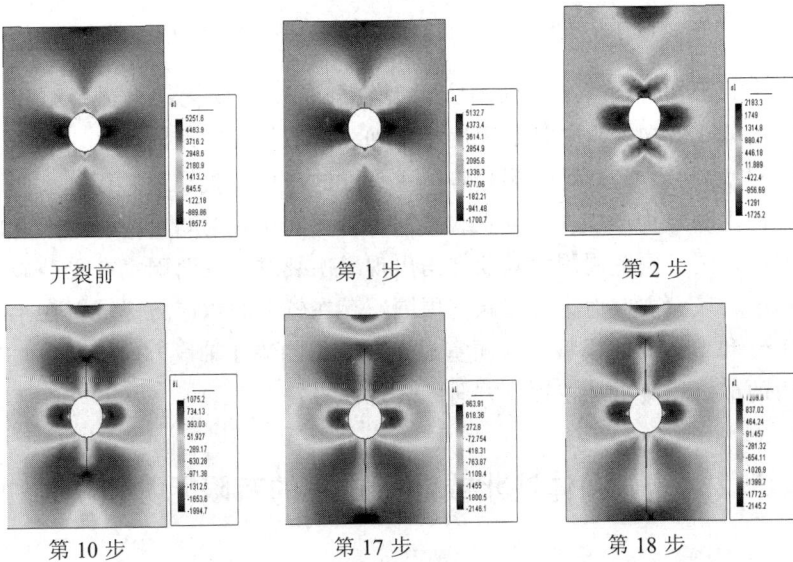

开裂前　　　　　　　第 1 步　　　　　　　第 2 步

第 10 步　　　　　　　第 17 步　　　　　　　第 18 步

图 5-15　半径为 1 m 的圆形硐室第一主(拉)应力演化过程

（4）半径为 1.2 m 的圆形硐室。

如图 5-16 所示，在轴线方向同样出现长裂纹，破裂深度进一步加深，随着载荷步的增加，模型底部出现几条次裂纹，并有和主裂纹贯通的趋势，模型破坏严重。

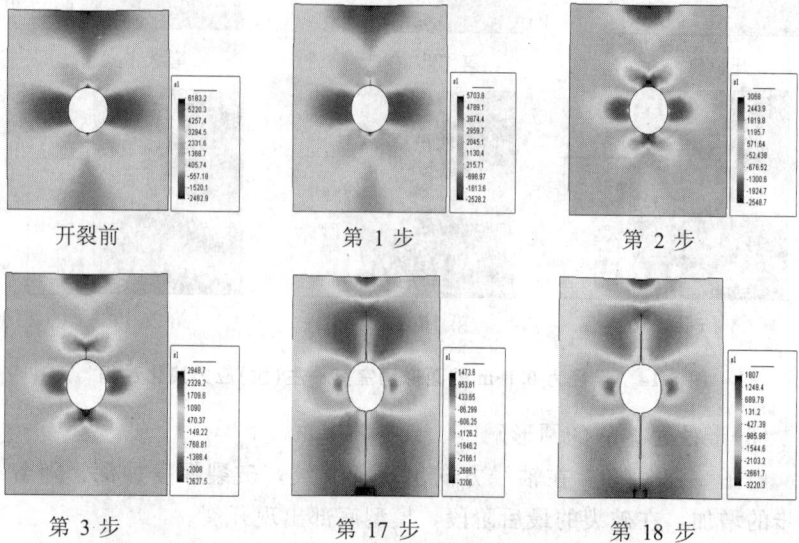

| 开裂前 | 第 1 步 | 第 2 步 |

| 第 3 步 | 第 17 步 | 第 18 步 |

图 5-16　半径为 1.2 m 的圆形硐室第一主(拉)应力演化过程

由此可知，随着半径的增大，裂纹分布发生变化，由圆形硐室周围，向轴线方向转移，裂纹深度逐步加深，破坏程度逐渐加大。以上的四个模型大致分为两种开裂趋势，主裂纹的产生和次裂纹的衍生。四种情况的主裂纹均产生在竖直轴线方向上。而在半径为 0.5 m 和 0.8 m 的模型中，圆形硐室周围尤其顶部均出现了次裂纹，说明硐室在受载破坏过程中，最大主应力集中在硐室周围，存在较大的拉应力区域。在半径为 1 m 和 1.2 m 的模型中，硐室的主要开裂趋势在轴线方向，这也是拉应力的最值轮流出现在轴线方向的表现。

5.2　岩(煤)体注水或注气过程的有限元数值模拟[47]

5.2.1　非均质围岩注水问题

模型见图 5-17、图 5-18，长 30 m，宽 10 m，左侧约束 x 方向，底部约束 y 方向，在二者的交点为 x，y 均约束。中间为 20 cm 的注水孔。

采用非均质材料，弹性模量在 0.5～1.5 GPa。

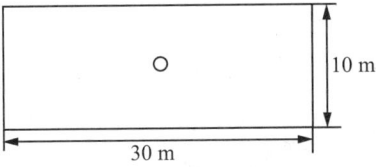

图 5-17　问题描述图

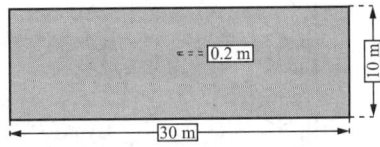

图 5-18　几何尺寸（单位：m）

5.2.1.1　模型和边界条件

在小孔内壁施加均布压力边界，$p=100$ Pa，见图 5-19、图 5-20。

图 5-19　位移边界

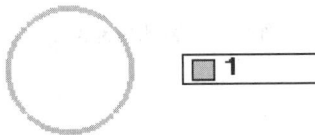

图 5-20　在 FEPG 中均布压力通过边界单元 fbc 来实现

5.2.1.2　材料参数

采用非均质材料，弹性模量在 0.5～1.5 GPa。均值为 1×10^9 Pa，标准差为 1×10^8 Pa。

经过随机正态分布，模型范围内实际弹性模量最大值是 1.305 GPa。实际弹性模量最小值是 0.639 GPa，见图 5-21。

图 5-21　材料非均匀分布

5.2.1.3 网格划分(图 5-22、图 5-23)

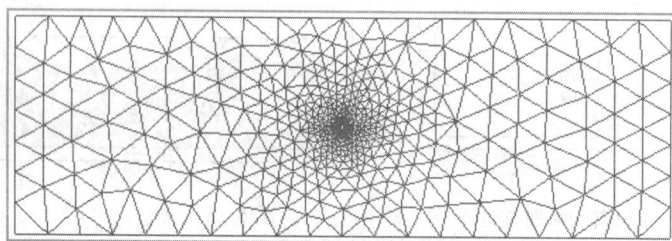

图 5-22 整体网格

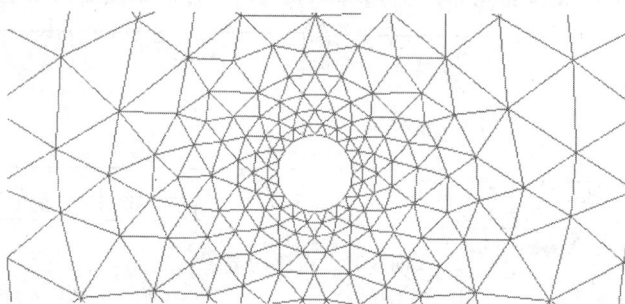

图 5-23 圆孔局部网格

5.2.1.4 计算结果

第 1 步,未开裂,见图 5-24~图 5-26。

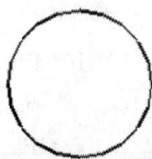

图 5-24 压力边界　　图 5-25 变形云图　　图 5-26 主应力矢量图

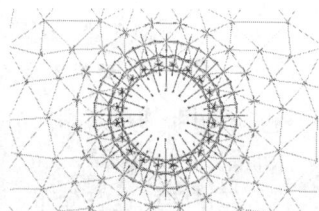

第 2 步,见图 5-27~图 5-29。

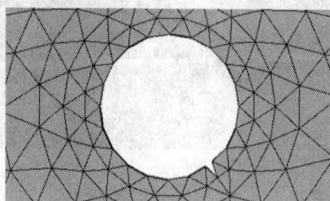

图 5-27 压力边界　　图 5-28 开裂变形　　图 5-29 主应力矢量图

第 3 步，见图 5-30～图 5-34。

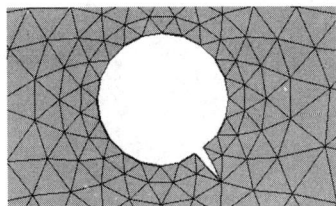

图 5-30　压力边界　　　图 5-31　开裂变形　　　图 5-32　主应力矢量图

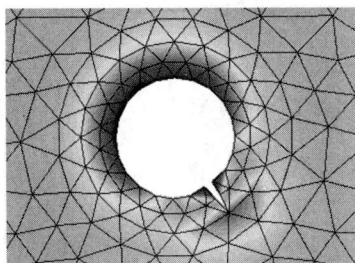

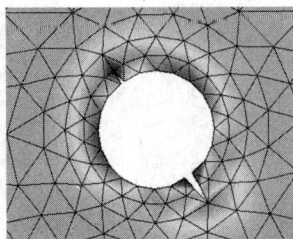

图 5-33　第一主应力云纹图　　　图 5-34　第三主应力云纹图

第 4 步，见图 5-35～图 5-38。

图 5-35　压力边界　　　　　　图 5-36　开裂变形

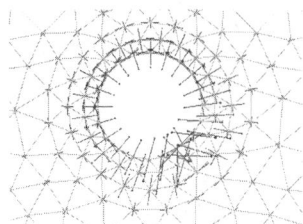

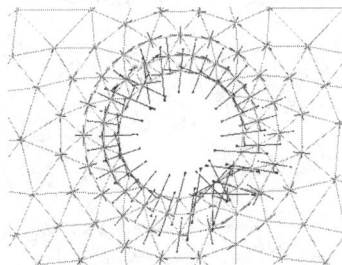

图 5-37　主应力矢量图(红色拉，蓝色压)　　　图 5-38　第一主应力云纹图

第 5 步，见图 5-39～图 5-42。

图 5-39　压力边界

图 5-40　开裂变形

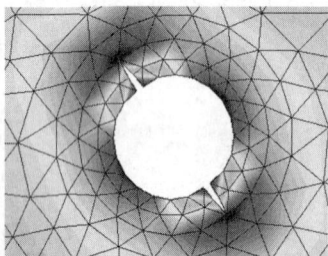

图 5-41　第一主应力云纹图

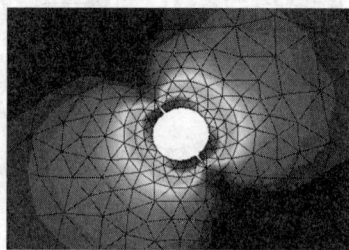

图 5-42　第三主应力云纹图

第 6 步，见图 5-43～图 5-46。

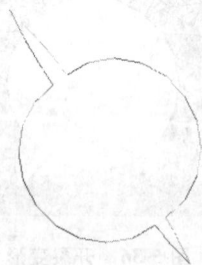

图 5-43　压力边界

图 5-44　非均质材料

图 5-45　开裂变形

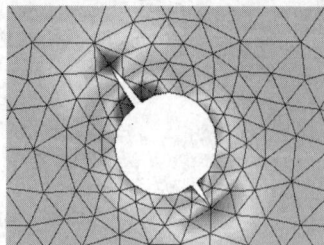

图 5-46　第一主应力云纹图

第 7 步，见图 5-47～图 5-49。

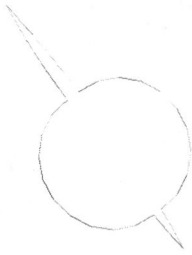

图 5-47 压力边界

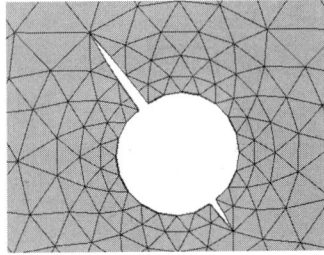

图 5-48 开裂变形

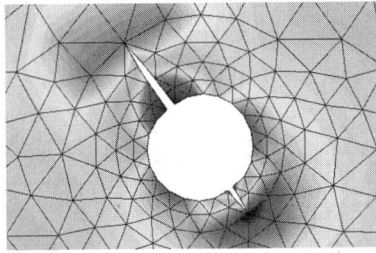

图 5-49 第一主应力云纹图

第 8 步，见图 5-50～图 5-52。

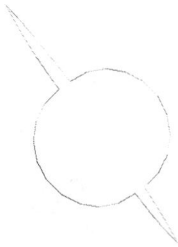

图 5-50 压力边界

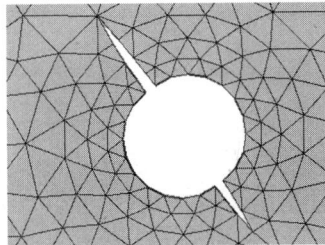

图 5-51 开裂变形

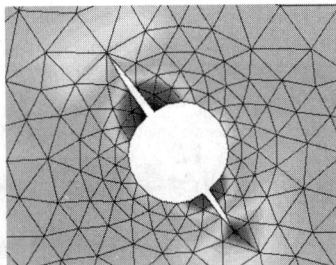

图 5-52 第一主应力云纹图

第 9 步,见图 5-53~图 5-56。

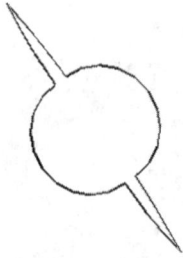

图 5-53 压力边界

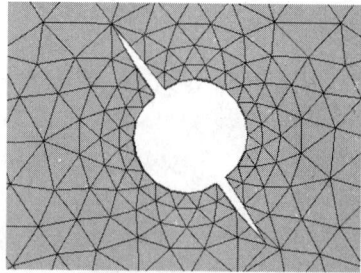

图 5-54 开裂变形

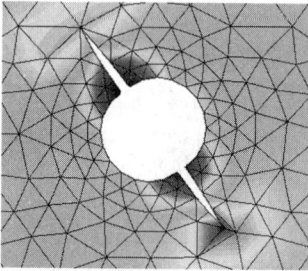

图 5-55 第一主应力云纹图

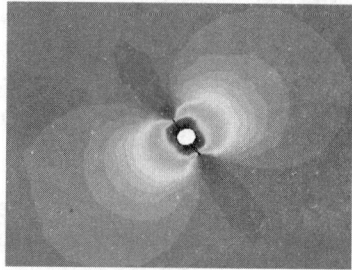

图 5-56 第三主应力云纹图

第 10 步,见图 5-57~图 5-59。

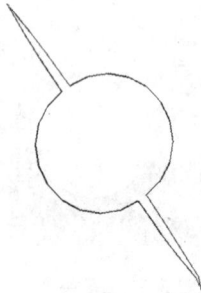

图 5-57 压力边界

图 5-58 开裂变形

图 5-59 整体位移

由于材质的不均质性，注水孔周围的应力处于非常复杂的分布状态，注水过程是围岩应力调整与拉张破裂相互调整的过程。

5.2.2 煤体注水(气)过程的有限元数值模拟

5.2.2.1 圆形注水(气)孔水力压裂过程的模拟

(1)建立模型、确定参数及网格划分。

如图 5-60 所示，模型为长 30 m，宽 10 m 的矩形采煤工作面，中间含有直径为 20 cm 的注水(气)孔。底边 y 方向位移约束，x 方向自由，其中对底边中点加 x，y 两个方向位移约束。模型的弹性模量为 1.5 GPa，抗拉强度为 0.8 MPa。

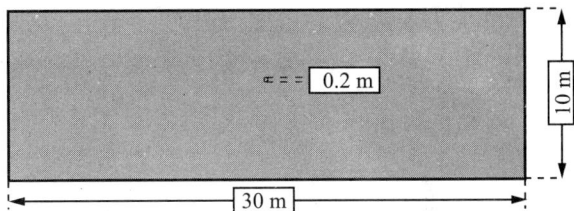

图 5-60　模型尺寸

垂直地应力为 2.3 MPa，水平地应力为 1.15 MPa，注水孔中水压为 6 MPa。

有限元计算网格的划分如图 5-61 所示。

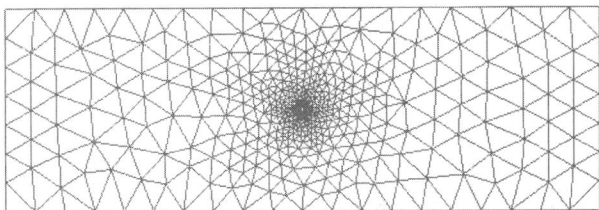

图 5-61　整体网格划分

(2)裂缝的起裂和扩展及应力分布模拟结果。

第 1 步：未开裂时的情况，此时注水孔水压为 6 MPa，孔边的最大应力值为 3.16 MPa。

由图 5-62 可见，在注水孔开裂之前由地应力和水压引起的拉应力近似与水压垂直，最大拉应力集中在上下两个端点位置处，由此两点向两侧应力值逐步减小，直至为零并且转为负值，即产生压应力。

第 2 步：由于煤岩体的抗拉强度远小于其抗压强度，其比值约为 0.1，所以在煤岩注水下的破坏是在拉应力作用下的张开破坏。注水孔在上下两个拉应力最大值的地方开裂，注水孔水压降为 5.99 MPa。裂缝的扩展方向是与裂纹方向成 0°的方向。由于开裂的影响，立即引起了注水孔周围应力场的变化，在裂缝的裂尖处产生应力集中现象，应力值

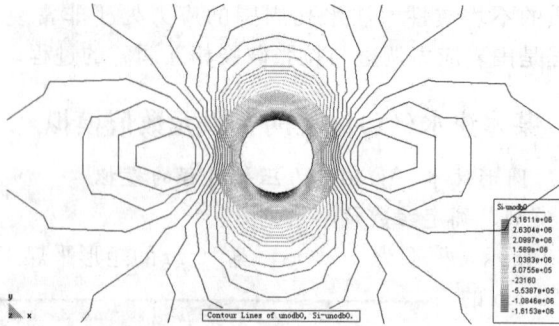

图 5-62　第 1 步

为 3.80 MPa，如图 5-63 所示。

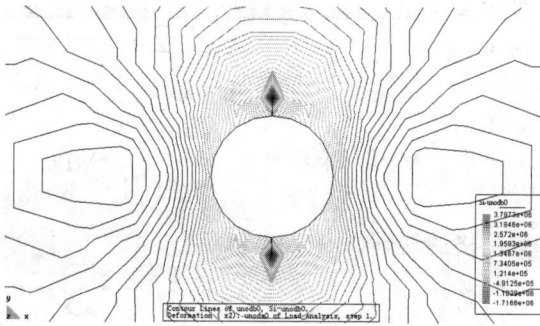

图 5-63　第 2 步

第 3 步：裂缝继续沿着拉应力最大的裂缝的裂尖方向扩展，注水孔水压降为 5.97 MPa，裂缝扩展方向没有变化。随着裂缝的进一步开裂，尖端的应力释放较大，其值降为 1.95 MPa，但裂尖处仍为拉应力最大点，如图 5-64 所示。

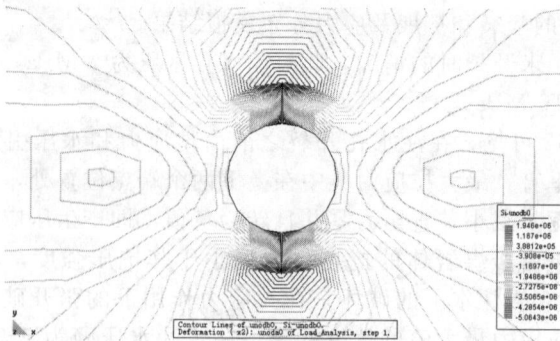

图 5-64　第 3 步

第4步：裂缝继续扩展，此时注水孔水压力降为 5.94 MPa，裂缝扩展方向不变。由于模型几何结构随着开裂的影响而产生变化，裂缝尖端应力集中现象再次产生，裂缝尖端的应力值为 4.19 MPa，如图 5-65 所示。

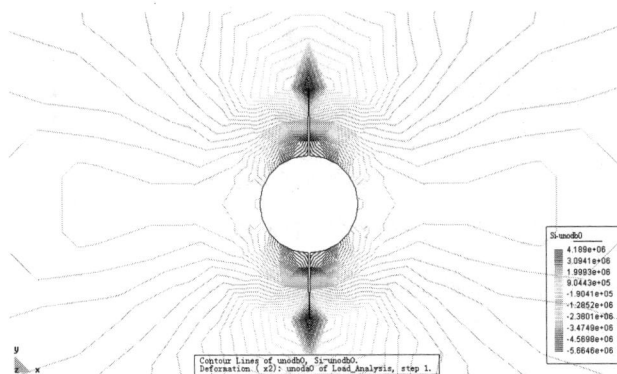

图 5-65　第 4 步

第5步：裂缝继续扩展，注水孔水压降为 5.88 MPa，裂缝扩展方向不变。裂缝尖端的应力值由于裂缝开裂应力释放，其值降到约为 1.85 MPa，但此时最大拉应力值仍然大于煤的抗拉强度 0.8 MPa，如图 5-66 所示。

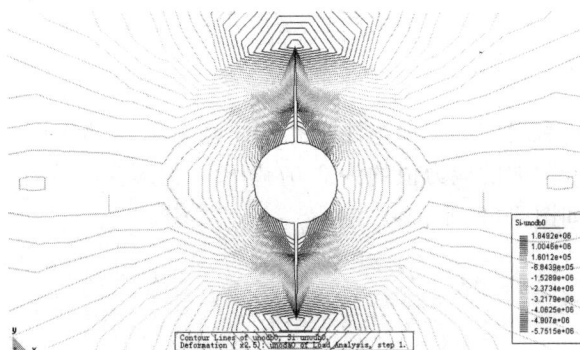

图 5-66　第 5 步

第6步：裂缝继续扩展，注水孔水压力降为 5.76 MPa，裂缝扩展方向不变。裂缝尖端重新产生应力集中，应力值为 3.85 MPa，如图 5-67 所示。

第7步：裂缝继续扩展，注水孔水压降为 5.25 MPa，裂缝扩展方向不变。此时裂缝尖端的应力值约为 1.44 MPa，仍大于煤体的抗拉强

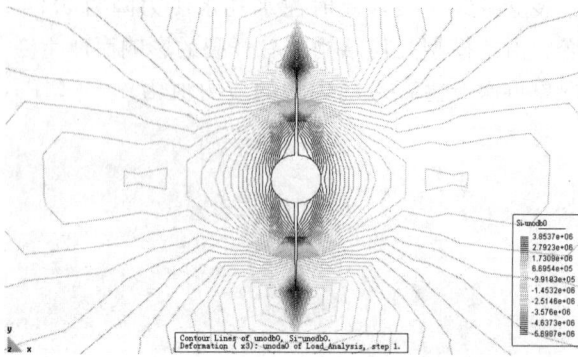

图 5-67   第 6 步

度，所以继续开裂，如图 5-68 所示。

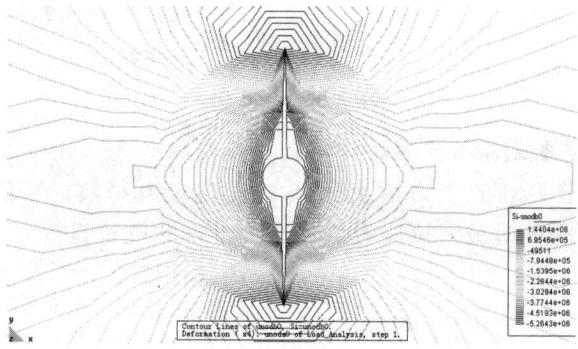

图 5-68   第 7 步

第 8 步：裂缝继续扩展，注水孔水压降为 4.64 MPa，裂缝扩展方向不变。裂缝尖端的应力值约为 2.67 MPa，但裂尖仍为孔边界的拉应力最大点，如图 5-69 所示。

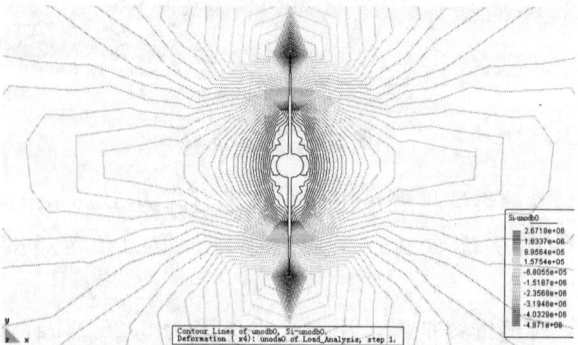

图 5-69   第 8 步

第 9 步：裂缝继续扩展，注水孔水压降为 4.06 MPa，裂缝尖端的应力值约为 0.66 MPa，裂缝仍是向与裂纹成 0°的方向扩展。此时，最大拉应力已经小于煤体的抗拉强度，下一步计算裂缝即停止扩展，如图 5-70 所示，x，y 方向的位移云图分别如图 5-71、图 5-72 所示。

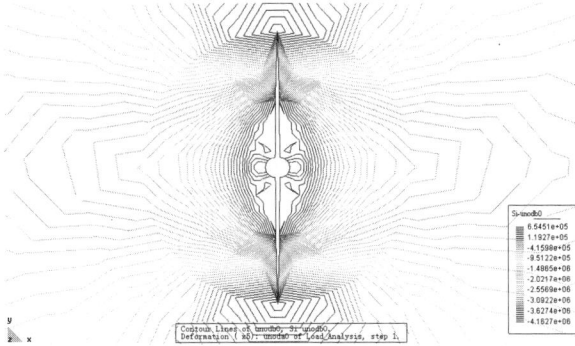

图 5-70　第 9 步

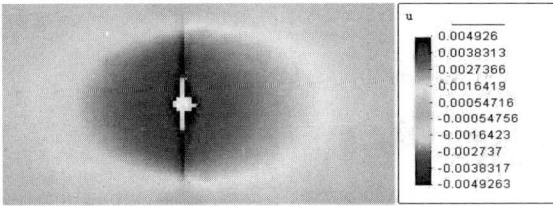

图 5-71　开裂后 x 方向的位移图

图 5-72　开裂后 y 方向的位移图

5.2.2.2　注水孔纵向水力压裂模拟

由采煤工作面的纵向注水对煤层水力压裂进行数值模拟，模型长 50 m，高 10 m，在工作面中心开直径为 20 cm 的注水孔，打孔长 10 m，封堵 5 m，其他条件如图 5-73 所示模型。

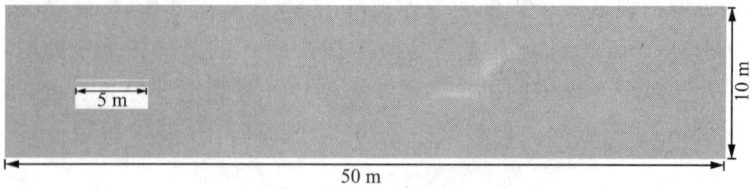

图 5-73　纵向模型图

由注水孔纵向注水压裂数值模拟可知，由于地应力与注水压力的作用，在长孔的四个角点处产生应力集中现象，四个角点的拉应力值最大，注水孔的中间位置处大部分处于压应力状态，所以开裂由四个角点开始，经过第一次开裂后(图 5-74)，模型下方的两个角点处产生的应力集中很大，远超过其他地方的拉应力值，注水孔中间位置处仍然处于压应力状态，所以第二步开裂由下侧两个角点处继续开裂(图 5-75)。此后，裂缝继续在下侧两个角点处裂开(图 5-76)，开裂至第六步的裂缝如图 5-77 所示。

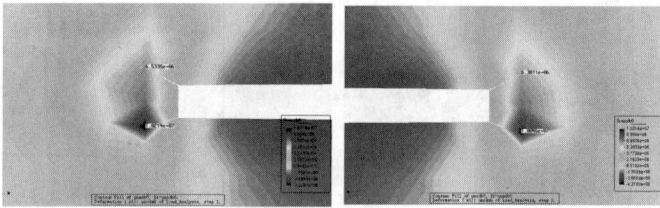

图 5-74　开裂第一步

图 5-75　开裂第二步

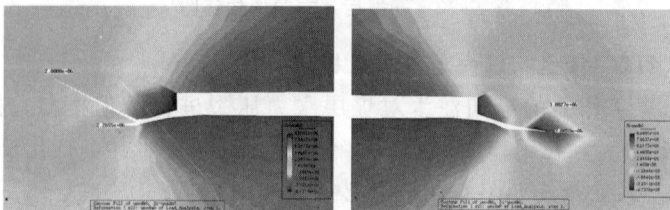

图 5-76　开裂第五步

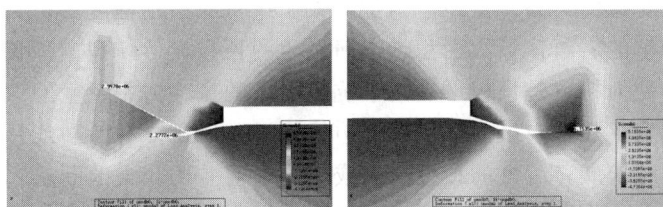

图 5-77　开裂第六步

　　由此模拟可以得出，长缝形注水孔在进行水力压裂过程中，长孔两端的四个角点处易产生应力集中，开裂由此开始并继续下去。在孔中间位置处基本上处于压应力状态，因此在长孔中间位置处不会产生裂缝。

5.2.3　小结

　　煤岩在破裂过程中，裂纹的裂尖处会产生应力集中，这导致煤岩裂纹进一步扩展，并与经典线弹性断裂力学中Ⅰ型裂纹扩展方向一致。在注水孔纵向进行模拟时，注水孔两端的四个角点处拉应力值最大而开裂，然后沿着下侧的两角点继续开裂，而注水孔中间部分则为压应力区域，不会发生开裂现象。模拟结果表明，此方法进行水力压裂过程的数值模拟是可行的，在进行开裂模拟时能达到较理想的效果。

5.3　拉张型冲击地压的有限元数值模拟

　　冲击地压是世界范围内煤矿矿井中最严重的自然灾害之一。灾害是以突然、急剧、猛烈的形式释放煤岩变形能，发生过程中煤岩被抛出，造成支架损坏，巷道堵塞，并产生巨大的响声和岩体震动，震动时间从几秒到几十秒，冲出的煤岩从几吨到几百吨，记录到的矿山最大震级已超过里氏5级。冲击地压由于发生的原因极为复杂、影响因素颇多、灾害严重而成为岩石力学研究中的一个重大问题。我国绝大多数矿山的煤层与岩层都具有强烈或明显的冲击倾向性，在一定的临界深度下煤岩冲击极为严重。冲击地压作为岩石力学的重大难题之一，各国学者对冲击地压从不同角度提出了一系列的重要理论，如强度理论、刚度理论、能量理论、冲击倾向性理论、三准则理论和失稳理论等。

　　根据煤岩体的受力状况，采掘诱发冲击地压一般可分为四类，即采掘诱发的煤（岩）体压应力型冲击地压、顶底板受拉应力型冲击地压、断层走滑受剪型冲击地压及连锁式复合型冲击地压。

顶板受拉应力型冲击地压是指当采矿进行到一定程度后,具有坚硬的厚而完整的岩石顶板大面积悬空而发生的顶板突然断裂。顶板冲击地压发生的受力特点是顶板承受大于抗拉强度的拉应力,发生的位置特征是,一般发生在采空区中部或煤柱边缘附近,或沿原有断裂线、弱面继续开裂失稳扩展;后方的顶板断裂或后方为落差比较大的断层,其发生的位置转向工作面的前方。顶板冲击地压发生的强度特征是,老顶厚度越大,完整性越好,发生的最高震级也越大。我国的北京门头沟矿、城子矿,山西大同矿区等发生的采矿诱发地震就属于此类。如1987年3月31日,北京矿务局门头沟矿在二槽开采时发生了该矿历史上强度最大的里氏3.9级顶板冲击地压,有感震动范围达到了10 000 m。高强度的冲击地压不仅导致大量的煤体抛出,而且导致顶板在可见范围内出现了一条几十米长的淋水线,而门头沟矿致密厚层的砂岩顶板一般是不导水的,显然是出现了裂缝才发生淋水。

5.3.1 坚硬顶板拉张型冲击地压发生机理

顶板受拉应力型冲击地压的主要原因是:开采后顶板大面积悬空;大量回收煤柱;遇到断层使顶底板不连续;放炮、行车甚至地震等强扰因素。

顶板的稳定性,主要受拉应力控制。一般来说,岩石抗压不抗拉,抗拉强度仅为抗压强度的1/10,岩体的抗拉能力比较低,根据前人的研究,岩石微破裂的发生发展均是拉伸破裂的结果,每一个拉伸破裂的发生都是一次拉伸失稳释放能量的过程,从而产生微震。其释放能量很小时,有的只能通过专门仪器才能得到记录,只有当震动超过一定强度才能为人所感觉到,在井下回采工作面经常可以感觉到这类拉伸失稳而产生的震动。在一定条件下特别是厚而坚硬且完整的岩层易出现较大范围的拉伸应力区,虽然当时并未达到抗拉强度,处于稳定平衡状态。由于煤岩体是不均匀的,煤体首先在抗拉强度低、拉应力超过抗拉强度的微小区域发生微破裂。此微小区域破裂后,原有的剪应力为其周围抗拉强度大、拉应力水平相对较低的煤岩体所承担,此时平衡状态是稳定的。由于不断受到扰动,微破裂不断增加,则整个岩层的宏观抗拉强度减弱,平衡状态的稳定性逐渐减小,当最后处于稳定平衡的极限状态时,微小扰动引起微破裂使载荷转移造成雪崩式的连锁反应,发生拉伸失稳破坏。顶板岩层突然裂开,产生宏观裂缝,使得系统储存的弹性能量迅速释放而发生冲击地压,如图5-78所示。煤矿开采中顶板有几种常见的悬顶方式,一是四周固支的悬板,另一是一侧固支而另一侧悬空的悬板,还有一种是四周都是简支的悬板。

图 5-78　采空区上覆顶板岩层破坏形式

顶底板主要承受的内力是弯矩作用，弯矩使顶底板岩石的一侧受拉应力，另一侧受压应力。由于岩石的抗拉强度较低，当受拉应力区域达到一定的范围时，拉应力型冲击地压便发生。则顶底板受拉应力型冲击地压发生条件为

$$\sigma_m \geqslant \sigma_t$$

式中：σ_m 为岩石的等效拉应力；σ_t 为顶底板岩体的抗拉强度。

5.3.2　模型选取

选取模型尺寸为 600 m×560 m，上覆岩层 500 m，基岩 50 m，煤层厚 10 m，采空区长 150 m。采空区上覆层状岩层：层厚 5 m，共设置 15 层。

四种不同的材料区域：绿色——上覆岩层；蓝色——煤层；白色——采空区；黄色——基岩（图 5-79）。

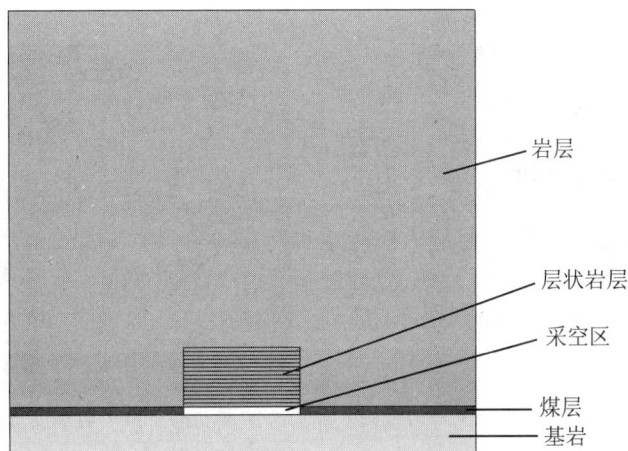

图 5-79　材料分区

模型采用线弹性体，二维平面应变模型，三节点三角形单元。预设可能发生离层的点 128 个。设定层间抗拉强度为 100 kPa，层内抗拉强度为 200 kPa。

5.3.3 过程分析(图 5-80～图 5-97)

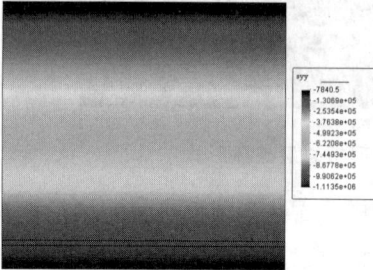

图 5-80 开采前区域内(垂直)地应力

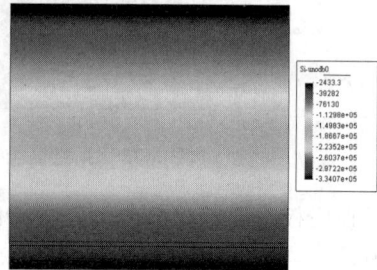

图 5-81 开采前区域内第一主应力

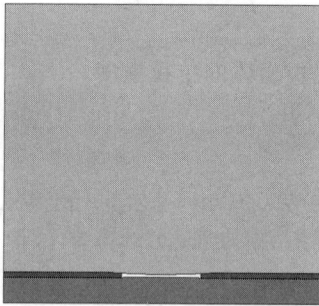

图 5-82 采空瞬时变形图

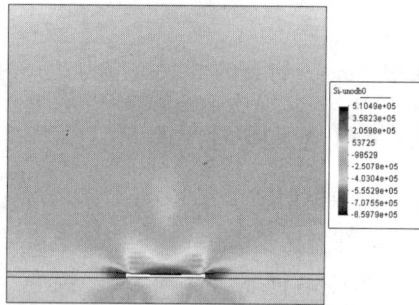

图 5-83 采空瞬时第一主应力云图

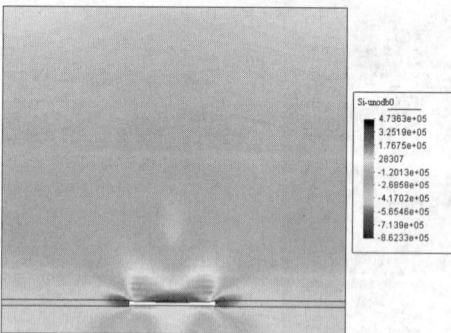

图 5-84 第 1 时步第一主应力云图

图 5-85 第 1 时步变形图

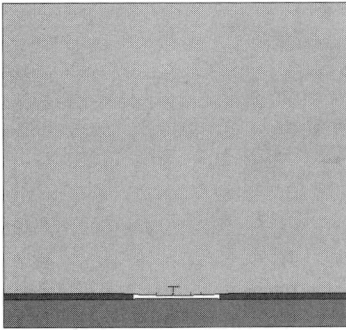
图 5-86　第 6 时步变形图

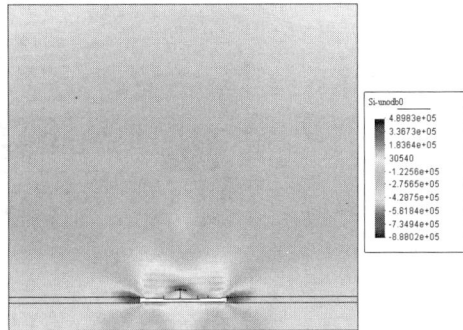
图 5-87　第 6 时步第一主应力云图

图 5-88　第 10 时步变形图

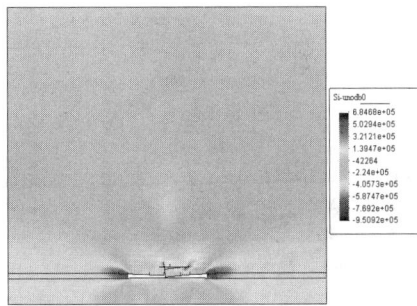
图 5-89　第 10 时步第一主应力云图

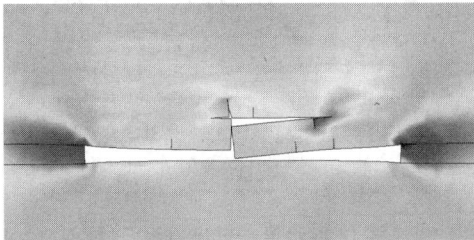
图 5-90　第 10 时步第一主应力云图(局部放大)

图 5-91　第 15 时步变形图

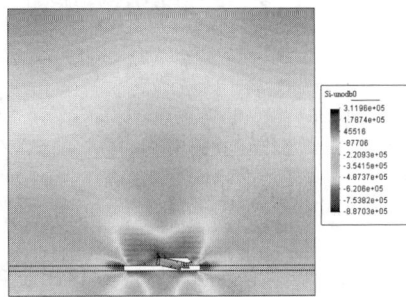
图 5-92　第 15 时步第一主应力云图

图 5-93　第 15 时步第一主应力云图(局部放大)

图 5-94　第 18 时步变形图　　　　图 5-95　第 18 时步第一主应力云图

图 5-96　第 18 时步第一主应力云图(局部放大)

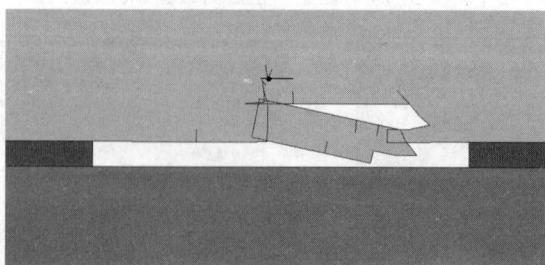

图 5-97　第 18 时步变形图(局部放大)

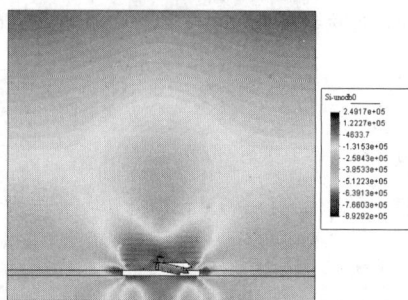

从上述演化过程可以看出，开始首先层内开裂，采空区上部开裂；在第 6 时步，层间开裂，之后层内层间同时开裂；在第 15 时步，上覆岩层冒落，之后上覆岩层继续开裂；在第 18 时步，大于层内抗拉强度 200 kPa 的点只有图 5-97 上的红点所示点。此点为凌空点，程序设定不开裂，而设定的可能发生层间开裂的点，都小于抗拉强度 100 kPa，层间也不开裂，所以计算到此结束。

从第一主应力的演化来看，随着裂纹扩张应力被释放，应力重新分布，在裂纹尖端形成应力集中。

5.3.4 小结

顶板岩石每一次微破裂都是拉伸破裂的结果。

顶板岩层的破裂释放弹性能是微破裂积累到一定程度、宏观抗拉强度减弱；微小扰动引起的雪崩式的连锁反应。

顶板发生拉张破裂后，应力被释放，重新分布，形成新的应力集中。

可以为顶板冲击地压的预测、预报提供理论基础。

5.4 孤岛煤柱拉张型冲击地压的发生机理及数值模拟

近十多年来，孤岛煤柱高应力冲击地压发生的灾害性破坏越来越严重，如新汶的华丰矿、微山的欢城矿、兖矿的东滩矿、枣庄的八一矿等都在孤岛煤柱高应力区发生了不同程度的灾害性冲击。孤岛煤柱高应力冲击地压问题日益凸显，但到目前为止，对孤岛煤柱高应力冲击地压的研究还没有建立符合实际的冲击地压发生及破坏过程的理论，影响了对孤岛煤柱高应力冲击地压的预测、预报及防治。因此研究孤岛煤柱冲击地压的发生机理就显得尤为迫切。本节主要研究孤岛煤柱拉张型冲击地压的发生机理及孤岛煤柱在上覆顶板岩层的作用下，煤柱内部的破裂、演化规律，为孤岛煤柱冲击地压的预测预报提供理论依据。

5.4.1 孤岛煤柱拉张型冲击地压发生机理

对于孤岛煤柱，煤体的强度一般低于顶底板岩石的强度，在同样的应力状态下煤体破坏几率大。对于孤岛煤柱冲击地压的发生可以分为两个过程：孤岛煤柱受顶底板的压力而在其垂直方向上受拉应力作用，由于煤体的抗拉强度低，一般仅为单轴抗压强度的 1/10，所以煤体内部首先发生拉破坏，形成松散破碎区，这是第一个过程。紧接着发生第二个过程，由于长期的地质活动，煤体与顶、底板间的摩擦阻力较小，拉断或破碎后的煤体在外界扰动等情况下立即沿顶、底板向采空区滑动，直至全部或部分能量释放，使系统重新平衡。

5.4.2 孤岛煤柱覆岩支承压力

根据实验及现场监测，孤岛煤柱在顶部中心部位应力最大，压力分布如图 5-98(a)所示，为了简化计算，将孤岛煤柱覆岩支承压力简化为三角形荷载如图 5-98(b)所示。最大值的计算根据以下公式：

$$P = \rho g h$$

其中：P 为支承压力；ρ 为上覆岩层的平均密度；g 为重力加速度，取 $10 \ \mathrm{m/s^2}$；h 为上覆岩层厚度。

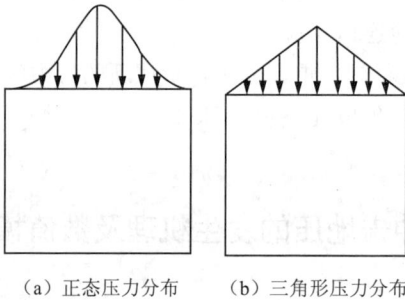

(a) 正态压力分布　　(b) 三角形压力分布

图 5-98 煤柱压力分布　　　　**图 5-99 煤柱模型**

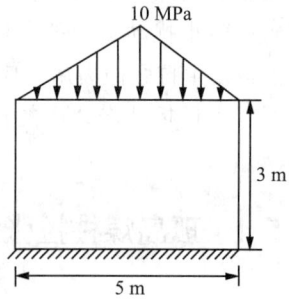

5.4.3 模型的选取

选取单一的孤岛煤柱长 5 m，高 3 m，顶部施加三角形荷载，底部固定约束，如图 5-99 所示。网格划分如图 5-100 所示，共剖分 3 348 个三角形单元，1 755 个节点。选取 4 个监测点，监测其在破裂过程中第一主(拉)应力的变化。

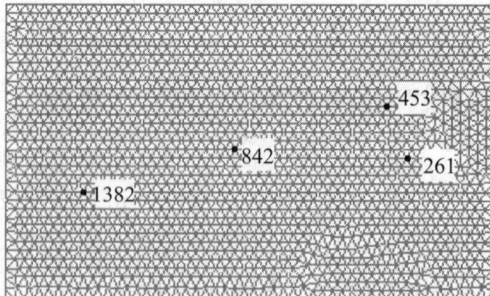

图 5-100 网格划分及监测点的选取

5.4.4 拉张破裂演化过程及结果分析

采用拉张破坏有限元模拟软件模拟了煤柱在上覆岩层的压力作用下的拉张破裂演化过程，如图 5-101 所示。图中的变形放大倍数为 2。

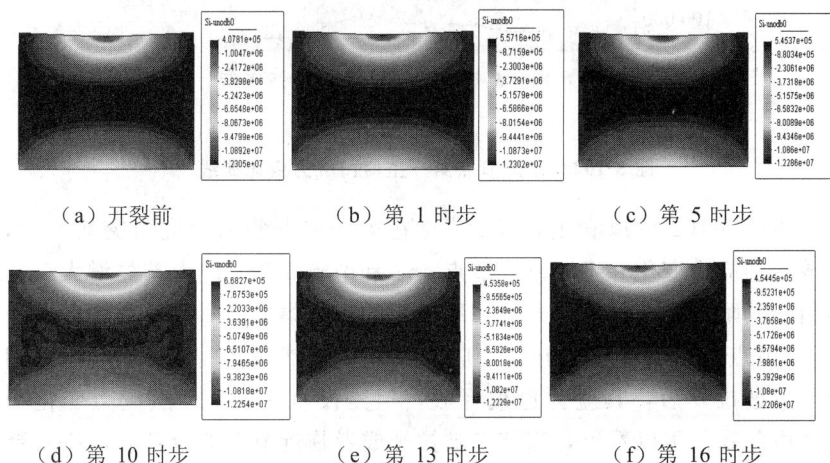

（a）开裂前　　　　　（b）第 1 时步　　　　　（c）第 5 时步

（d）第 10 时步　　　　（e）第 13 时步　　　　（f）第 16 时步

图 5-101　煤柱破裂演化过程

由图 5-101 可以看出，在开裂前煤柱顶部中间部位受压，但是煤柱中心部位受拉应力的作用，如图 5-101（a）所示，又由于底部约束的影响，所以拉张破裂首先在中心部位两侧拉开，如图 5-101（b）所示，然后裂纹分别向斜上方和下方延伸，如图 5-101（c）～（d）所示。裂纹开裂后，应力被释放，重新分布，形成新的应力集中，然后在新的应力集中处继续开裂，延伸、扩展。当来压的步距足够小、来压的速度足够大的时候，煤柱在长期的顶底板作用过程中，摩擦力减小，松散区两侧煤体被抛出，形成级数较大的冲击地压。

图 5-101 正好验证了前面分析的孤岛煤柱冲击地压产生的两个过程，第一煤柱在中心部位沿近似水平方向被拉开，裂纹延伸，在两侧形成松散区。第二步是由于长期的顶底板相互作用和其他地质活动，导致煤柱与顶底板的摩擦力减小，两侧煤柱向左右两侧的采空区移动，直到积聚的弹性能全部释放，达到新的平衡。

5.4.5 监测点第一主（拉）应力变化曲线

选取如图 5-100 所示的 4 个监测点，监测其第一主（拉）应力的变化，变化曲线如图 5-102 所示。

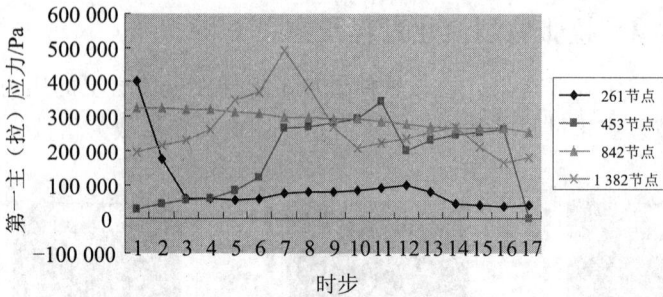

图 5-102　监测节点第一主(拉)应力变化曲线

由图 5-102 可以看出，261 节点在第 1 步开裂后，应力突然释放，释放后的应力变化并不明显。节点 453 和节点 1 382 应力首先增大，这是由于其附近的其他节点开裂，形成新的应力集中，所以应力增大，当 1 382 节点在第 7 步被拉开后，应力被释放突然减小。842 节点当其相邻节点被拉开后，其应力也被释放，但是没有 1 382 节点应力变化明显。由此我们可以看出，当节点被拉开或者临近节点被拉开后，应力释放，重新分布，形成新的应力集中。此开裂点的应力发生突变，之后变化不明显，趋于平稳。

5.4.6　小结

(1)孤岛煤柱冲击地压的发生主要有两个过程，即拉开和抛出。即水平方向上的拉伸破坏过程和煤体向采空区的滑移过程。

(2)拉张破裂后煤体内的应力被释放，重新分布，并形成新的应力集中。

(3)可以为孤岛煤柱冲击地压的预测预报提供理论依据。

5.5　煤层开采后顶板及地表拉张破裂的数值模拟

随着煤炭开采量不断增加，地下采空区急剧扩大，采煤沉陷已成为煤矿区危害范围最广、影响程度最大的一种工程灾害，对地表自然环境和社会环境都产生了严重的影响。

山西省有 2/3 的县(区)建有煤矿，煤矿星罗棋布。采煤造成的地裂缝是最主要的地质灾害类型，给当地居民生活和生产带来很大的威胁。从全省已进行过县(市)地质灾害调查与区划工作的 32 个县(市)地质灾害调查统计情况来看，发生地面裂缝地质灾害 1 137 起，其中地下采空型地表裂缝 1 132 起，占总数的 99.6%，构造型地表裂缝 5 起，占总数的 0.4%；各类地表裂缝造成的经济损失为 38 645.7 万元，占各类地质灾害造成经济损失的 41.2%。地裂缝的主要受灾体是房屋和耕地；地下水资源损失、水利设施破坏是仅次于前两者的受灾体；公路与铁路遭受的损失相对较轻。煤矿地裂缝在山西全省广泛分布，与地下采空区相对应，裂缝分布具有一定的规律性，同时还具有突发性与持续性特点。这种类型的地裂缝给当地造成的经济损失巨大。其发生之处破坏性甚强，它们穿越厂房、民居，横切地下洞室、路基，造成建筑物损坏、机器停转、道路变形、管道破裂，危及矿区建设与人民生活，它们破坏堤坝水渠，使民房窑洞坍塌，农田开裂漏水，造成农业减产，直接影响工农业生产，成为名副其实的地质灾害，给当地造成极大的直接经济损失。同时它还破坏地表、地下水资源，使土地沙漠化，加剧水土流失，给当地造成的间接经济损失难以估计。

5.5.1 水平煤层开采地表拉张破裂数值模拟

5.5.1.1 模型及材料参数的选取

模型选取宽 1 500 m，顶板 100 m，底板 100 m，煤厚 20 m。材料参数如表 5-1 所示。

表 5-1

	弹性模量/MPa	泊松比	密度/(kg·m^{-3})
顶板	1 000	0.3	2 700
煤层	10	0.34	2 500
底板	10 000	0.31	2 700

5.5.1.2 开采范围不同

(1)条带开采(采留比 2:1)。

从图 5-103 可以看出，煤层开采后在其顶部和地表处产生拉应力，形成拉应力区域，随着采空区范围的扩大，拉应力区域逐渐增大。当采空区小于 100 m 的时候，地表的拉应力区域和采空区顶部的拉应力区域互不搭接，当采空区大于等于 100 m 的时候拉应力相互搭接，形成一个近似漏斗形状的拉应力区域。在采空区底部，也有拉应力引起的底鼓。最大拉应力出现在采空区的顶部，随着开采范围的增大，地表处的拉应力也增大。孤岛煤柱左右两侧的采空区顶部拉应力最大。

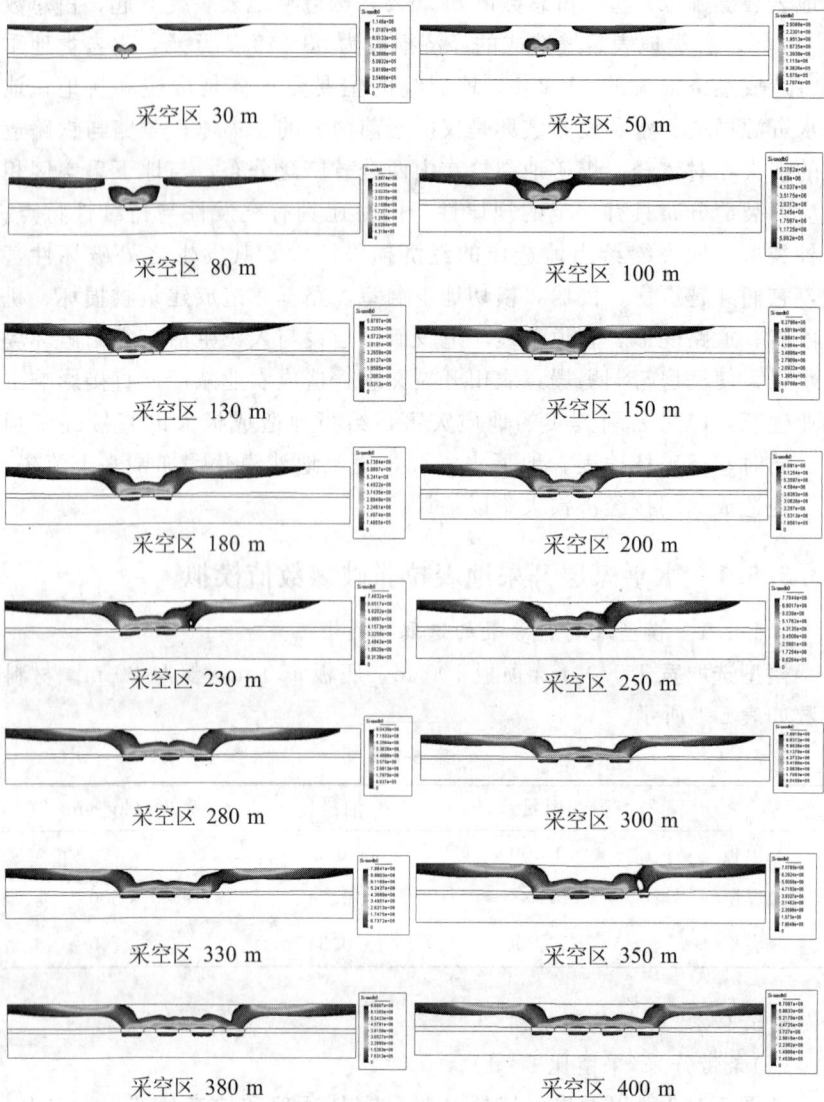

图 5-103　条带开采不同采空区范围的拉破坏区域

（2）直接开采。

从图 5-104 可以看出，随着开采范围的增大，拉应力区域也逐渐增大，拉应力区域的形状近似漏斗形。随着开采范围的增大，最大拉应力的值也逐渐增大。

5.5.1.3　采空区范围不同，抗拉强度相同

在抗拉强度 2.0×10^7 Pa 的情况下，考虑采空区范围分别为 100 m、

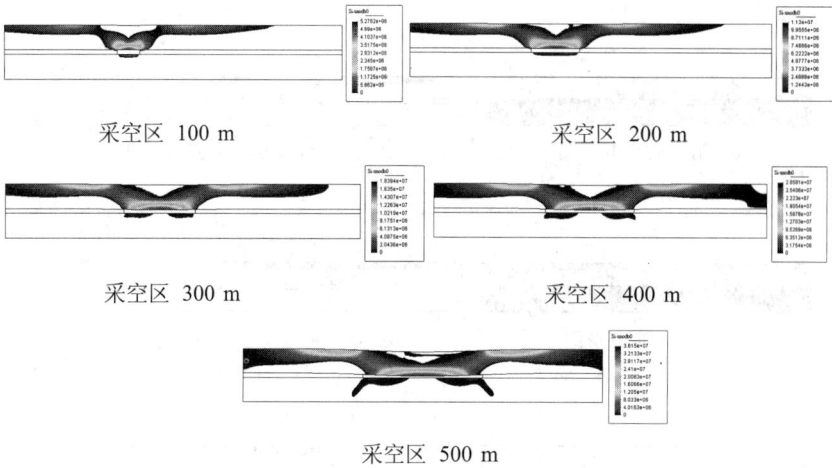

采空区 100 m

采空区 200 m

采空区 300 m

采空区 400 m

采空区 500 m

图 5-104 直接开采不同采空区范围的拉破坏区域

200 m、300 m、400 m、500 m 五种方案。

(1)采空区 100 m。

煤层开采后在其顶部和地表处产生拉应力，形成拉应力区域。采空区顶部先破裂，当应力释放完全后，最大拉应力发生转移，一定程度后，地表才出现裂缝。当开裂到第 8 时步，最大拉应力小于抗拉强度，应力释放完全，此过程中结构本身的应力不断调整，达到新的平衡状态，所以不再开裂(图 5-105)。

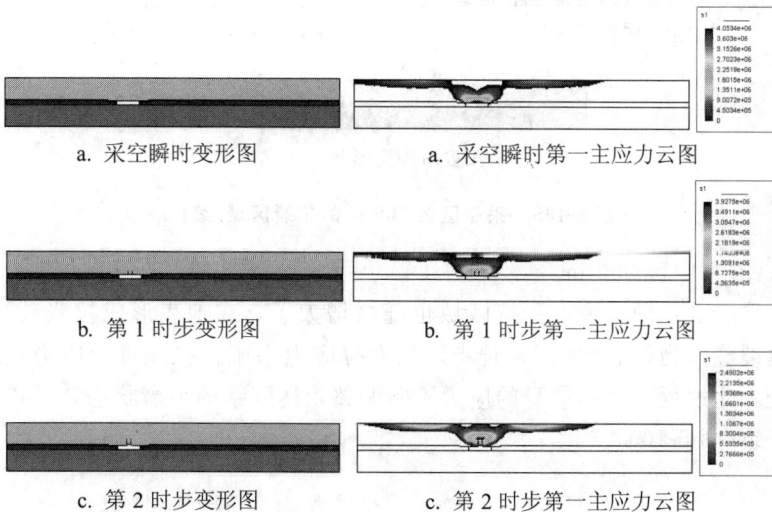

a. 采空瞬时变形图

a. 采空瞬时第一主应力云图

b. 第 1 时步变形图

b. 第 1 时步第一主应力云图

c. 第 2 时步变形图

c. 第 2 时步第一主应力云图

图 5-105 采空区为 100 m 的破裂区域

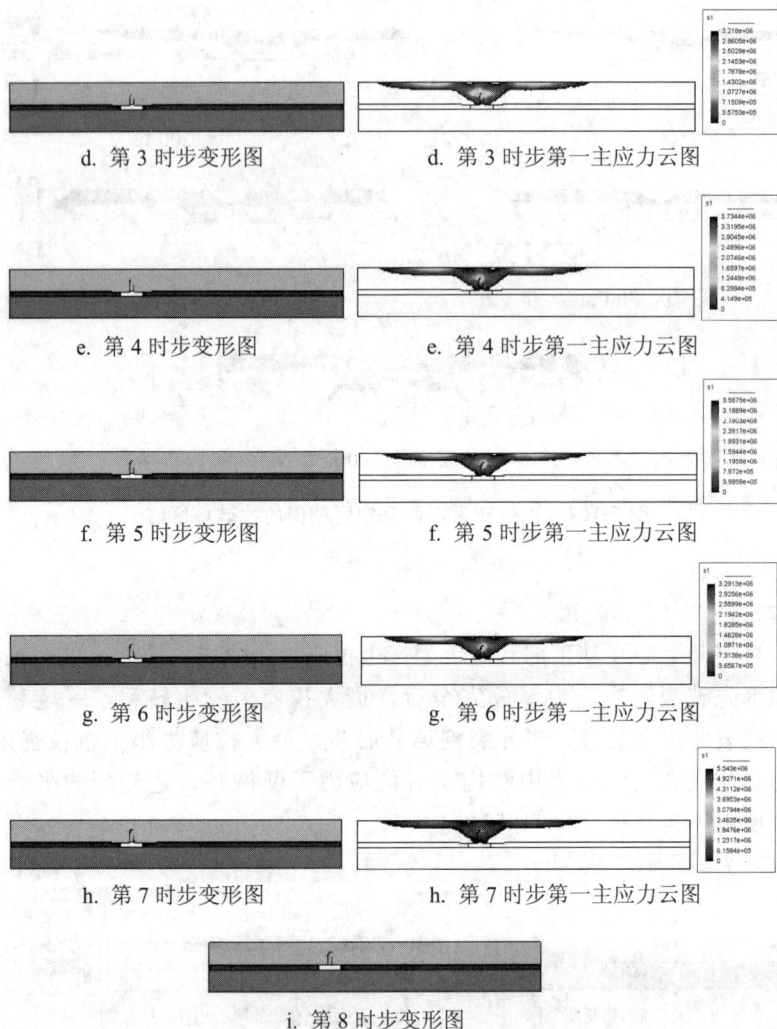

d. 第 3 时步变形图　　　　　d. 第 3 时步第一主应力云图

e. 第 4 时步变形图　　　　　e. 第 4 时步第一主应力云图

f. 第 5 时步变形图　　　　　f. 第 5 时步第一主应力云图

g. 第 6 时步变形图　　　　　g. 第 6 时步第一主应力云图

h. 第 7 时步变形图　　　　　h. 第 7 时步第一主应力云图

i. 第 8 时步变形图

图 5-105　采空区为 100 m 的破裂区域(续)

(2)采空区 200 m。

采空区范围增大，受拉区域也随之增大了，在地表形成拉张破裂，即地裂缝。当开裂到第 13 时步，最大拉应力小于抗拉强度，应力释放完全，此过程中结构本身的应力不断调整，达到新的平衡状态，所以不再开裂(图 5-106)。

a. 采空瞬时变形图　　　　　　a. 采空瞬时第一主应力云图

b. 第 1 时步变形图　　　　　　b. 第 1 时步第一主应力云图

c. 第 2 时步变形图　　　　　　c. 第 2 时步第一主应力云图

d. 第 3 时步变形图　　　　　　d. 第 3 时步第一主应力云图

e. 第 4 时步变形图　　　　　　e. 第 4 时步第一主应力云图

f. 第 5 时步变形图　　　　　　f. 第 5 时步第一主应力云图

g. 第 6 时步变形图　　　　　　g. 第 6 时步第一主应力云图

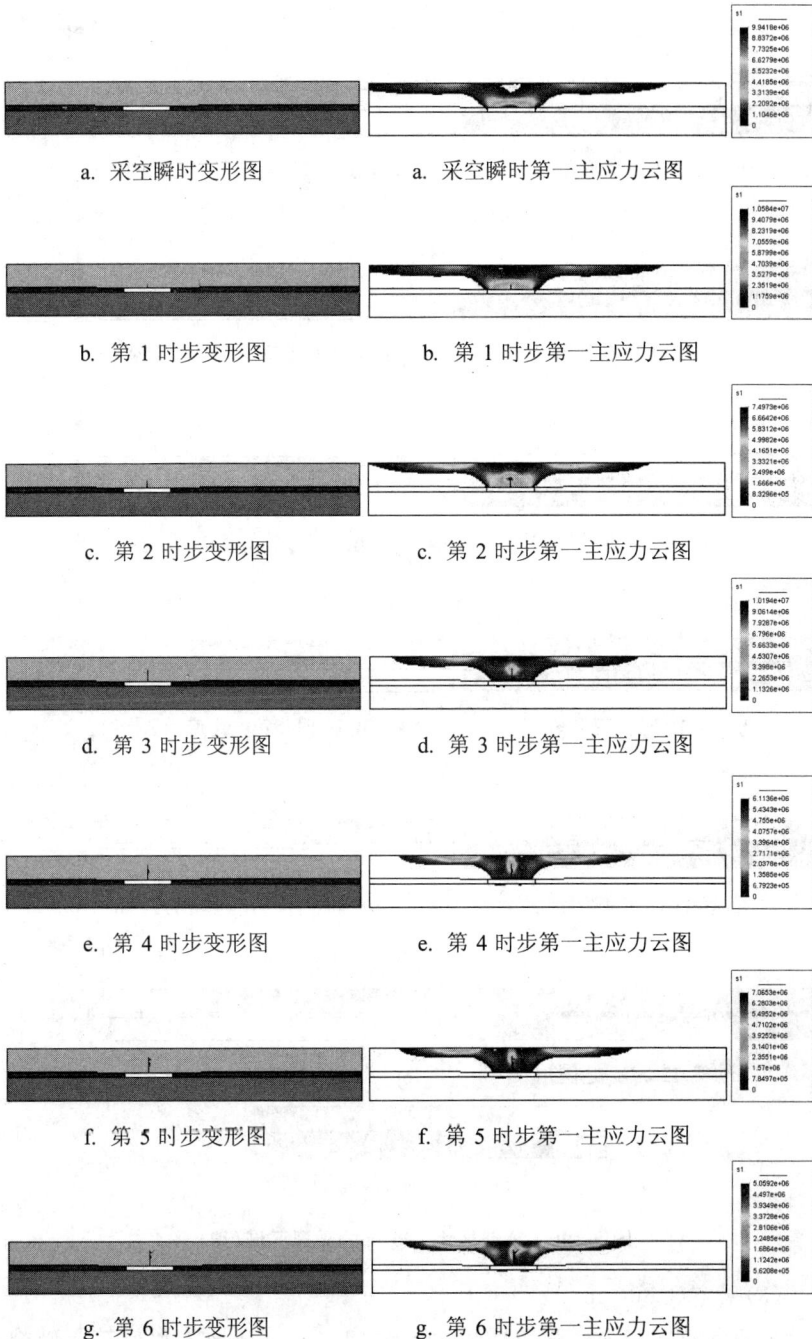

图 5-106　采空区为 200 m 的破裂区域

h. 第 7 时步变形图　　　　　　h. 第 7 时步第一主应力云图

i. 第 8 时步变形图　　　　　　i. 第 8 时步第一主应力云图

j. 第 9 时步变形图　　　　　　j. 第 9 时步第一主应力云图

k. 第 10 时步变形图　　　　　　k. 第 10 时步第一主应力云图

l. 第 11 时步变形图　　　　　　l. 第 11 时步第一主应力云图

m. 第 12 时步变形图　　　　　　m. 第 12 时步第一主应力云图

n. 第 13 时步变形图

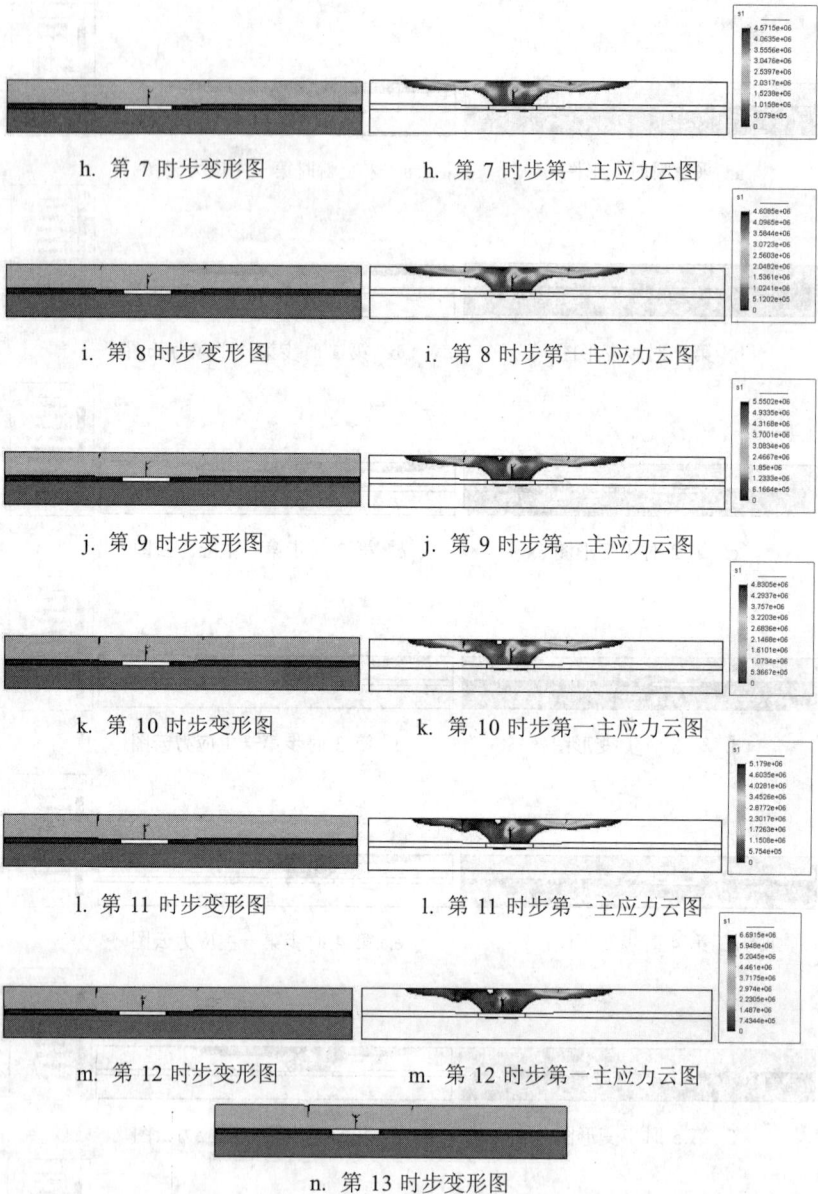

图 5-106　采空区为 200 m 的破裂区域(续)

(3)采空区 300 m。

采空区范围增大,受拉区域也随之增大了,在地表形成拉张破裂,即地裂缝。当开裂到第 13 时步,最大拉应力小于抗拉强度,应力释放完全,此过程中结构本身的应力不断调整,达到新的平衡状态,所以不再开裂(图 5-107)。

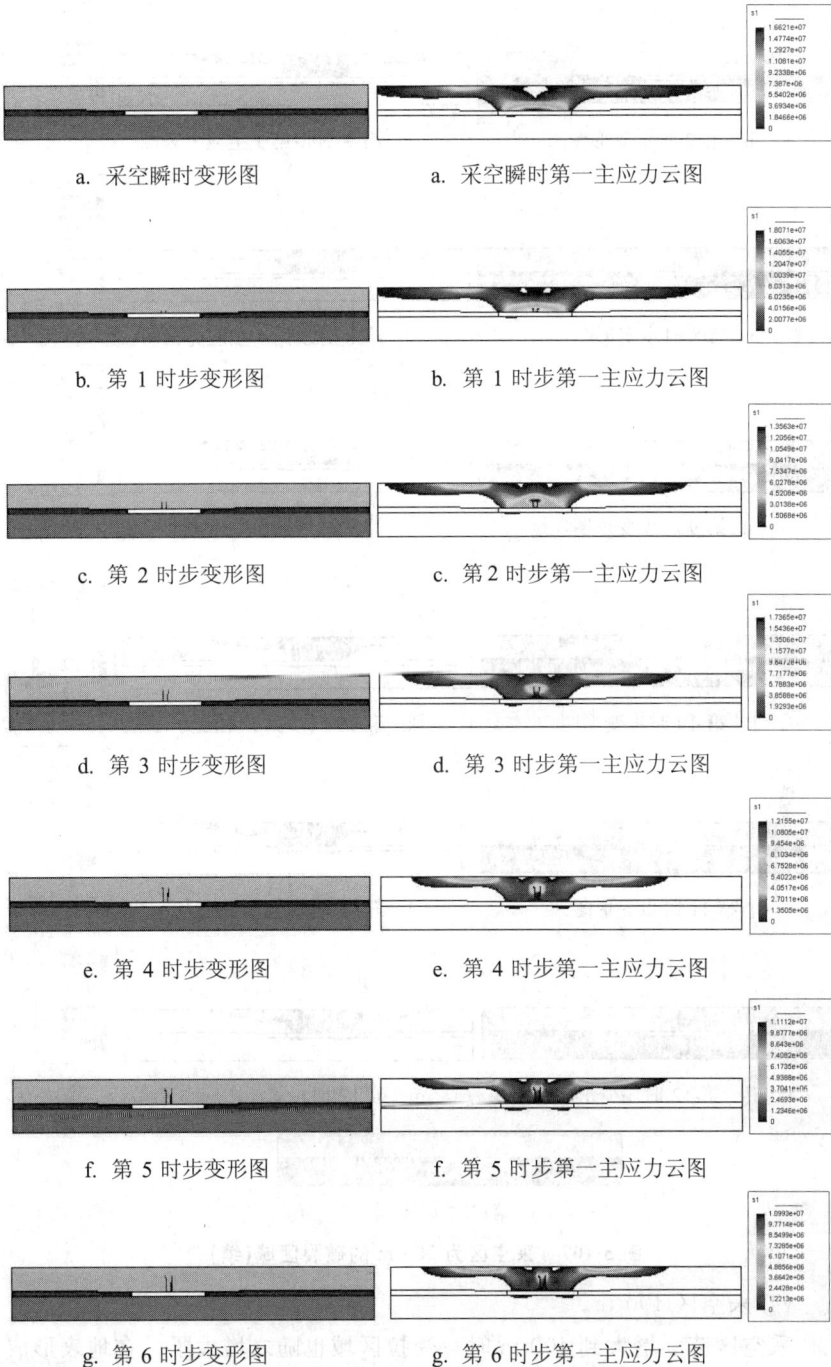

a. 采空瞬时变形图　　　　　　a. 采空瞬时第一主应力云图

b. 第 1 时步变形图　　　　　　b. 第 1 时步第一主应力云图

c. 第 2 时步变形图　　　　　　c. 第 2 时步第一主应力云图

d. 第 3 时步变形图　　　　　　d. 第 3 时步第一主应力云图

e. 第 4 时步变形图　　　　　　e. 第 4 时步第一主应力云图

f. 第 5 时步变形图　　　　　　f. 第 5 时步第一主应力云图

g. 第 6 时步变形图　　　　　　g. 第 6 时步第一主应力云图

图 5-107　采空区为 **300 m** 的破裂区域

h. 第 7 时步变形图　　　　　　h. 第 7 时步第一主应力云图

i. 第 8 时步变形图　　　　　　i. 第 8 时步第一主应力云图

j. 第 9 时步变形图　　　　　　j. 第 9 时步第一主应力云图

k. 第 10 时步变形图　　　　　　k. 第 10 时步第一主应力云图

l. 第 11 时步变形图　　　　　　l. 第 11 时步第一主应力云图

m. 第 12 时步变形图　　　　　　m. 第 12 时步第一主应力云图

n. 第13时步变形图

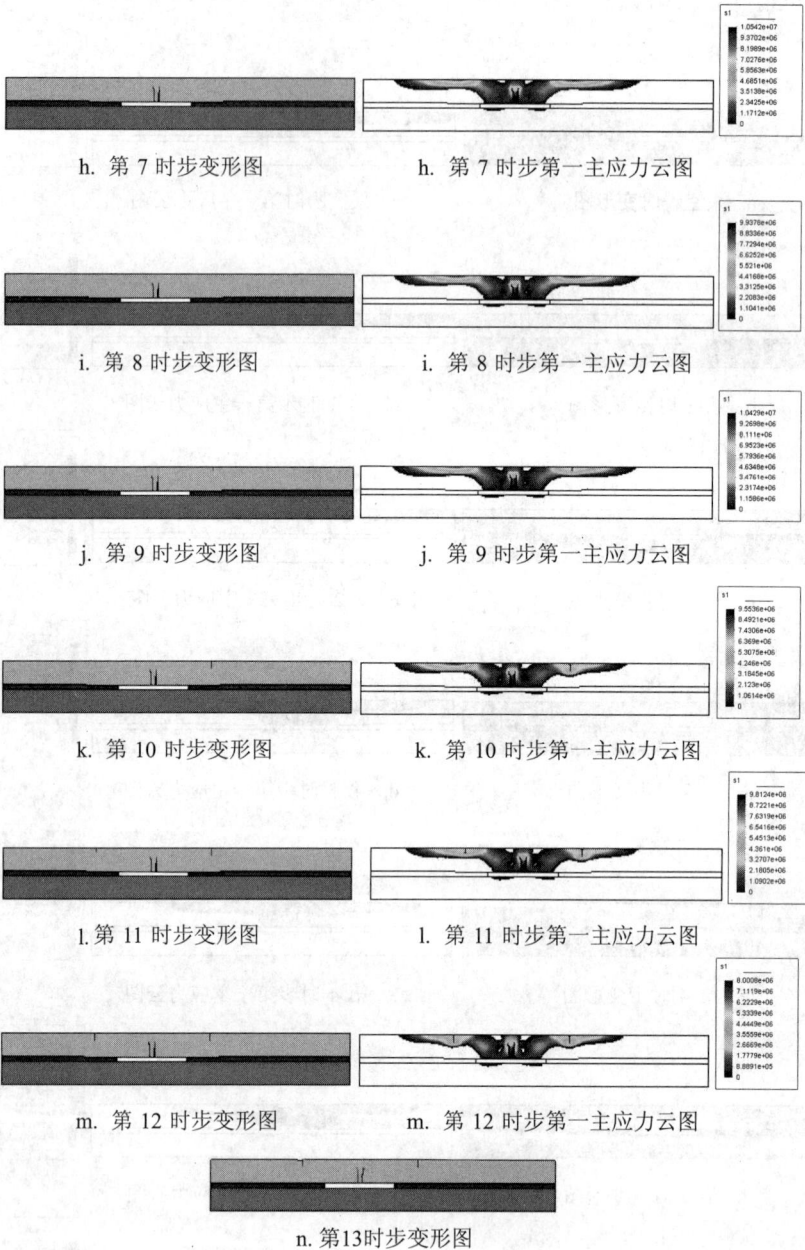

图 5-107　采空区为 300 m 的破裂区域(续)

(4)采空区 400 m。

　　采空区范围增大到 400 m 时，受拉区域也随之增大了，在地表形成拉张破裂，出现地裂缝的条数增多。当开裂到第 9 时步，最大拉应力小于抗拉强度，应力释放完全，此过程中结构本身的应力不断调整，达到新的平衡状态，所以不再开裂(图 5-108)。

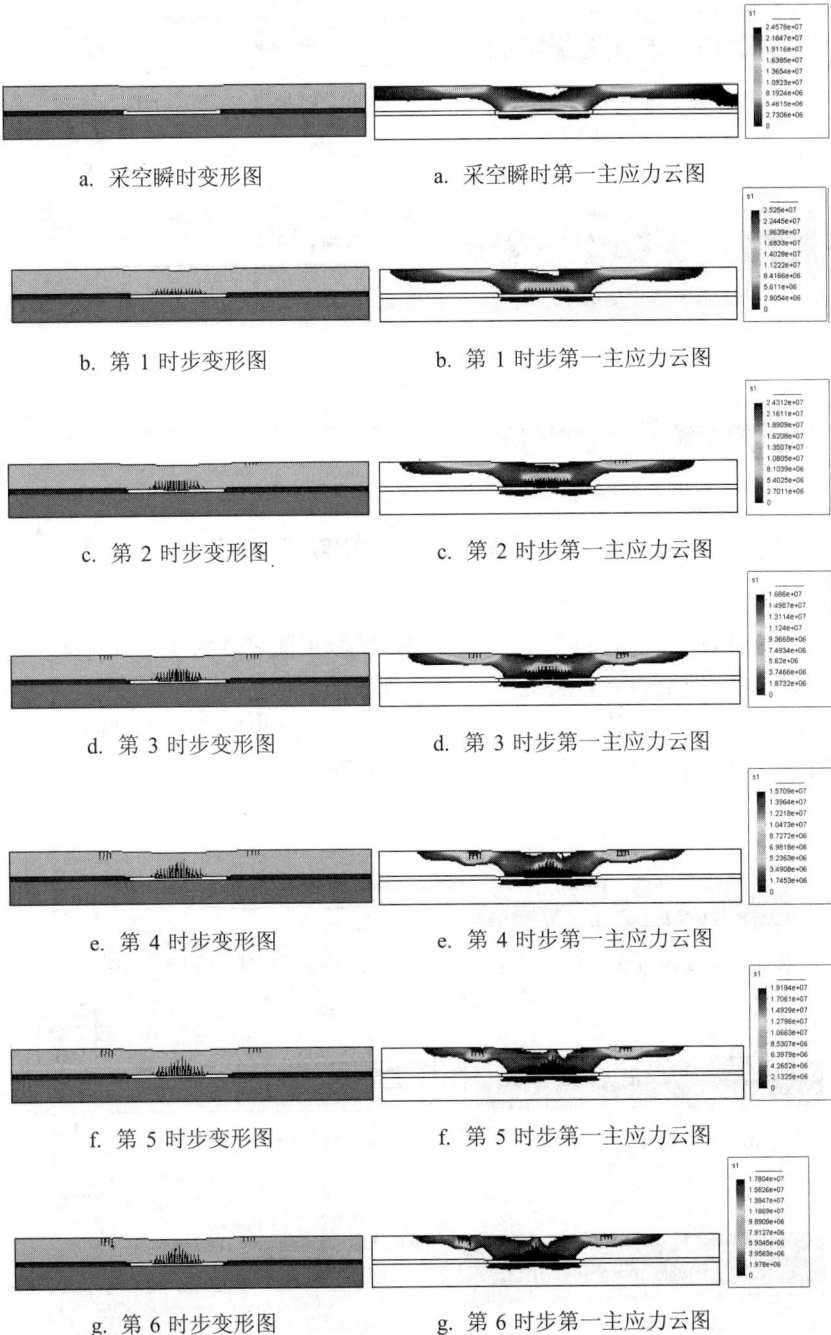

a. 采空瞬时变形图　　　a. 采空瞬时第一主应力云图

b. 第 1 时步变形图　　　b. 第 1 时步第一主应力云图

c. 第 2 时步变形图　　　c. 第 2 时步第一主应力云图

d. 第 3 时步变形图　　　d. 第 3 时步第一主应力云图

e. 第 4 时步变形图　　　e. 第 4 时步第一主应力云图

f. 第 5 时步变形图　　　f. 第 5 时步第一主应力云图

g. 第 6 时步变形图　　　g. 第 6 时步第一主应力云图

图 5-108　采空区为 400 m 的破裂区域

h. 第 7 时步变形图   h. 第 7 时步第一主应力云图

i. 第 8 时步变形图   i. 第 8 时步第一主应力云图

j. 第 9 时步变形图   j. 第 9 时步第一主应力云图

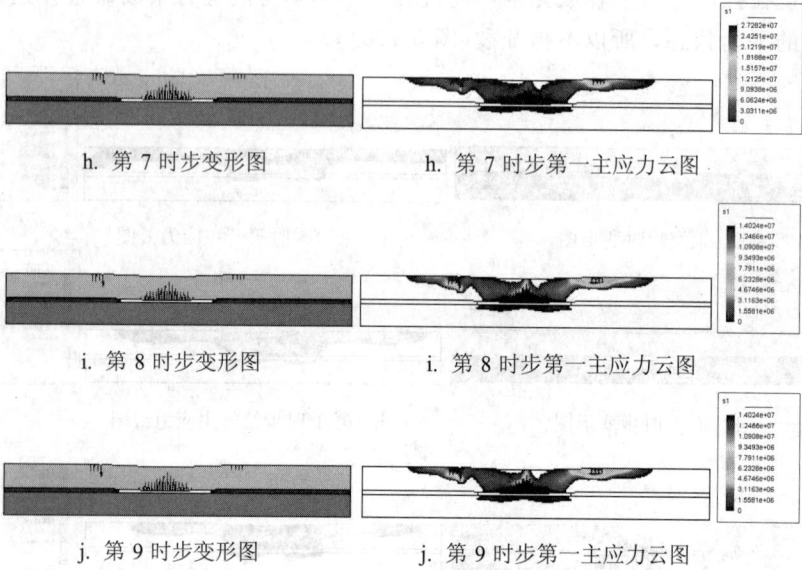

图 5-108 采空区为 400 m 的破裂区域(续)

(5)采空区 500 m。

采空区范围增大到 500 m 时，受拉区域也随之增大了，在地表形成拉张破裂，即地裂缝，裂缝深度大，且破裂严重。当开裂到第 5 时步，最大拉应力小于抗拉强度，应力释放完全，此过程中结构本身的应力不断调整，达到新的平衡状态，所以不再开裂(图 5-109)。

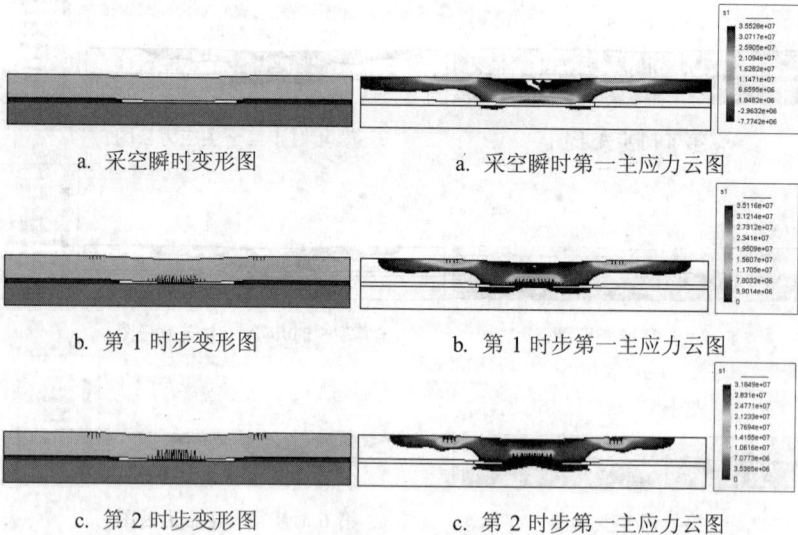

a. 采空瞬时变形图   a. 采空瞬时第一主应力云图

b. 第 1 时步变形图   b. 第 1 时步第一主应力云图

c. 第 2 时步变形图   c. 第 2 时步第一主应力云图

图 5-109 采空区为 500 m 的破裂区域

d. 第 3 时步变形图　　　　　　d. 第 3 时步第一主应力云图

e. 第 4 时步变形图　　　　　　e. 第 4 时步第一主应力云图

f. 第 5 时步变形图　　　　　　f. 第 5 时步第一主应力云图

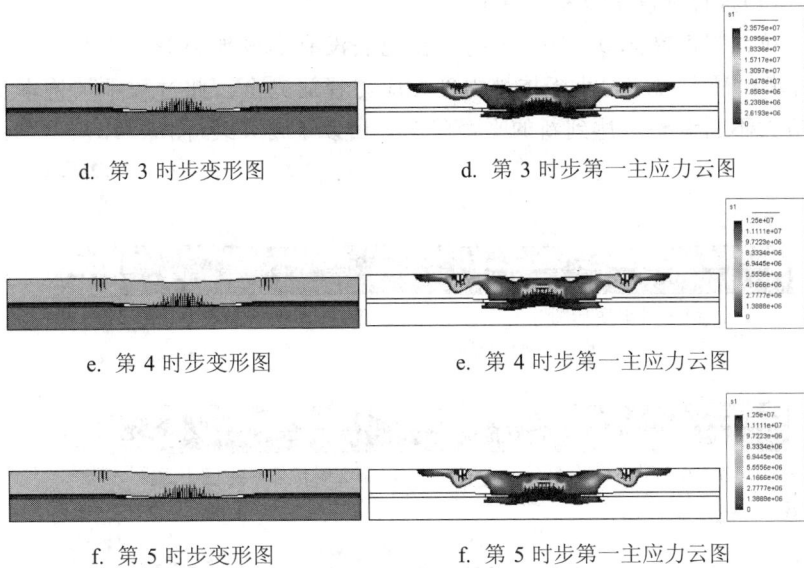

图 5-109　采空区为 500 m 的破裂区域(续)

小结：从图 5-103～图 5-109 可以看出，煤层开采后在其顶部和地表处产生拉应力，形成拉应力区域，随着采空区范围的扩大，拉应力区域逐渐增大，对地表的影响也逐渐增大，拉应力区域的形状为近似漏斗形。最大拉应力出现在采空区的顶部，随着开采范围的增大地表处的拉应力随之增大，地表也越容易出现裂缝，破裂情况也更为严重。

5.5.1.4　采空区范围相同，抗拉强度不同

选取采空区范围为 500 m，抗拉强度分别考虑 3.0×10^7 Pa、2.5×10^7 Pa、2.0×10^7 Pa、1.5×10^7 Pa、1.0×10^7 Pa。

图 5-110　几何模型图

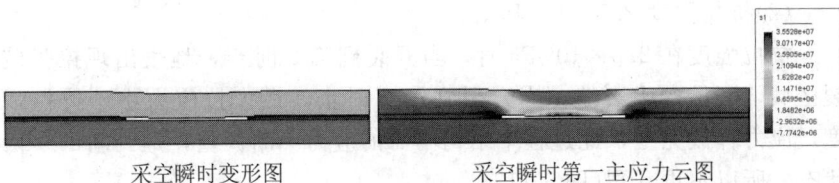

采空瞬时变形图　　　　　　采空瞬时第一主应力云图

图 5-111　采空区瞬时变形

(1)抗拉强度 3.0×10^7 Pa。

抗拉强度在 3.0×10^7 Pa 时，在地表没有形成地裂缝。当开裂到第6时步，最大拉应力小于抗拉强度，应力释放完全，此过程中结构本身的应力不断调整，达到新的平衡状态，所以不再开裂(图5-112)。

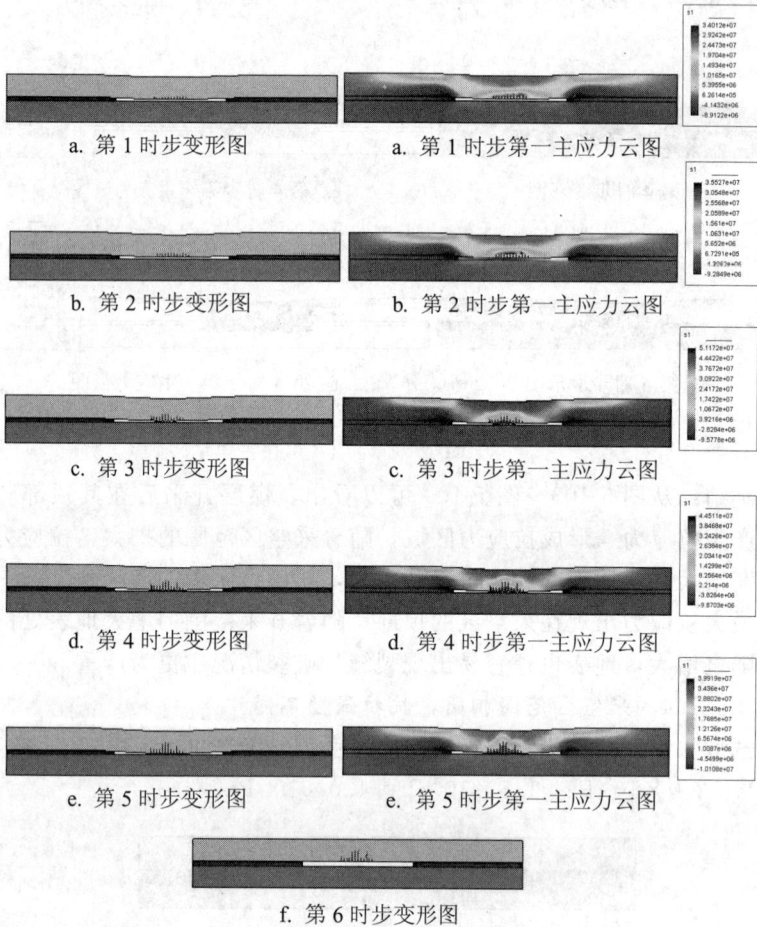

a. 第1时步变形图　　　　a. 第1时步第一主应力云图

b. 第2时步变形图　　　　b. 第2时步第一主应力云图

c. 第3时步变形图　　　　c. 第3时步第一主应力云图

d. 第4时步变形图　　　　d. 第4时步第一主应力云图

e. 第5时步变形图　　　　e. 第5时步第一主应力云图

f. 第6时步变形图

图5-112　抗拉强度为 3.0×10^7 Pa 时岩层破裂区域

(2)抗拉强度 2.5×10^7 Pa。

抗拉强度在 2.5×10^7 Pa 时，当开裂到第2时步，地表出现拉张破裂区域，开始产生裂缝。当开裂到第7时步，最大拉应力小于抗拉强度，应力释放完全，此过程中结构本身的应力不断调整，达到新的平衡状态，所以不再开裂(图5-113)。

a. 第 1 时步变形图

a. 第 1 时步第一主应力云图

b. 第 2 时步变形图

b. 第 2 时步第一主应力云图

c. 第 3 时步变形图

c. 第 3 时步第一主应力云图

d. 第 4 时步变形图

d. 第 4 时步第一主应力云图

e. 第 5 时步变形图

e. 第 5 时步第一主应力云图

f. 第 6 时步变形图

f. 第 6 时步第一主应力云图

g. 第 7 时步变形图

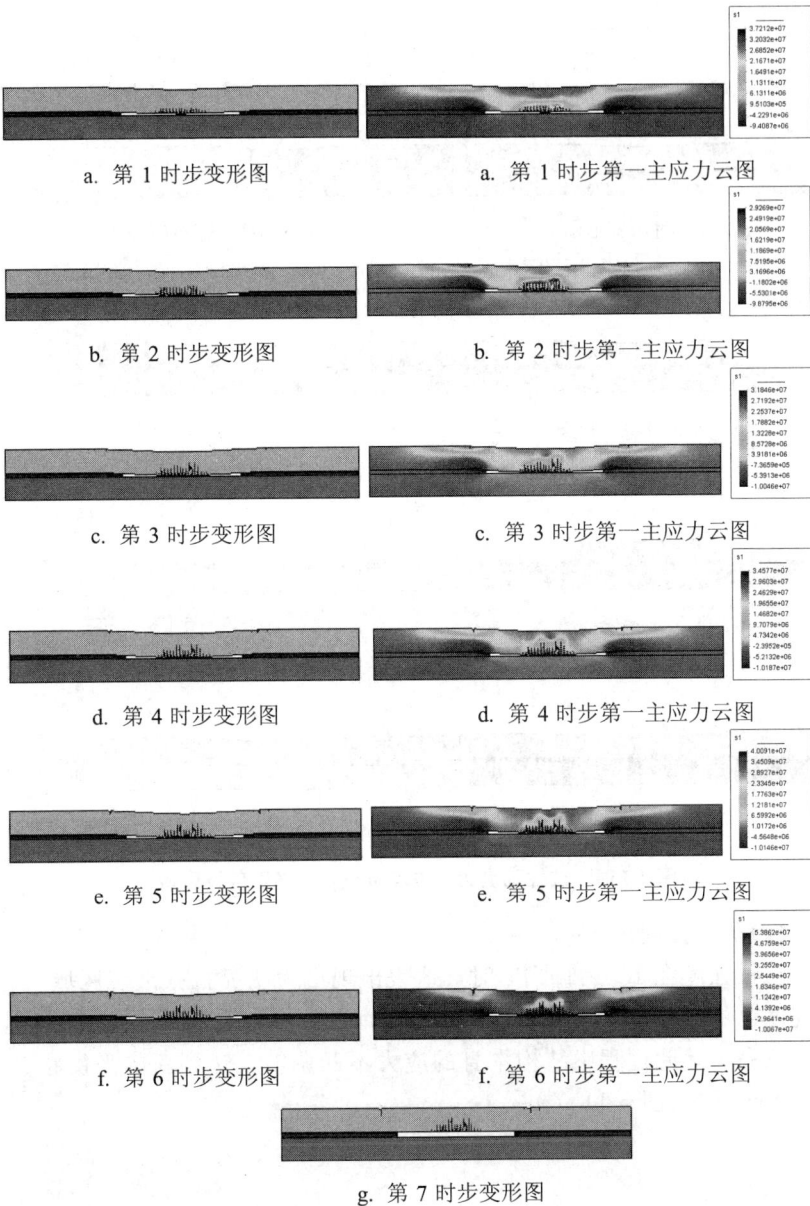

图 5-113　抗拉强度为 2.5×10⁷ Pa 时岩层破裂区域

（3）抗拉强度 2.0×10^7 Pa。

抗拉强度在 2.0×10^7 Pa 时，地表出现较为明显拉张破裂区域，产生明显地裂缝。当开裂到第 4 时步，最大拉应力小于抗拉强度，应力释放完全，此过程中结构本身的应力不断调整，达到新的平衡状态，所以不再开裂(图 5-114)。

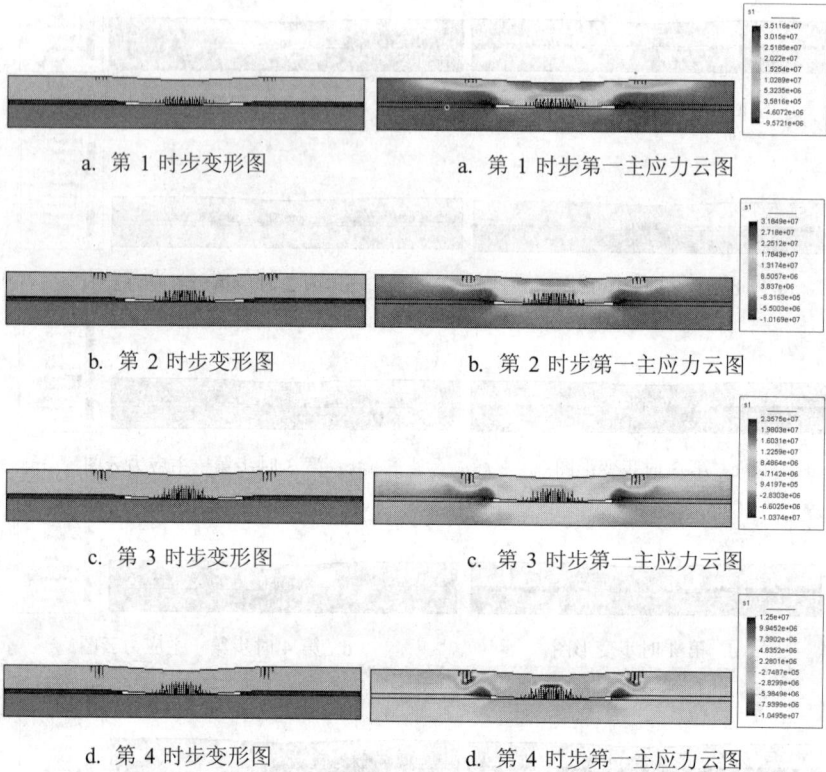

a. 第 1 时步变形图   a. 第 1 时步第一主应力云图

b. 第 2 时步变形图   b. 第 2 时步第一主应力云图

c. 第 3 时步变形图   c. 第 3 时步第一主应力云图

d. 第 4 时步变形图   d. 第 4 时步第一主应力云图

图 5-114　抗拉强度为 2.0×10^7 Pa 时岩层破裂区域

(4)抗拉强度 1.5×10^7 Pa。

抗拉强度在 1.5×10^7 Pa 时,地表出现更为明显拉张破裂区域,裂缝程度也更为严重。当开裂到第 4 时步,最大拉应力小于抗拉强度,应力释放完全,此过程中结构本身的应力不断调整,达到新的平衡状态,所以不再开裂(图 5-115)。

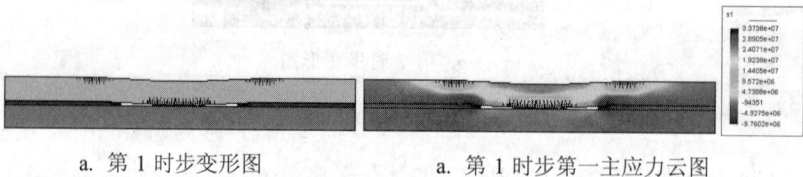

a. 第 1 时步变形图   a. 第 1 时步第一主应力云图

图 5-115　抗拉强度为 2.0×10^7 Pa 时岩层破裂区域

b. 第 2 时步变形图   b. 第 2 时步第一主应力云图

c. 第 3 时步变形图   c. 第 3 时步第一主应力云图

d. 第 4 时步变形图   d. 第 4 时步第一主应力云图

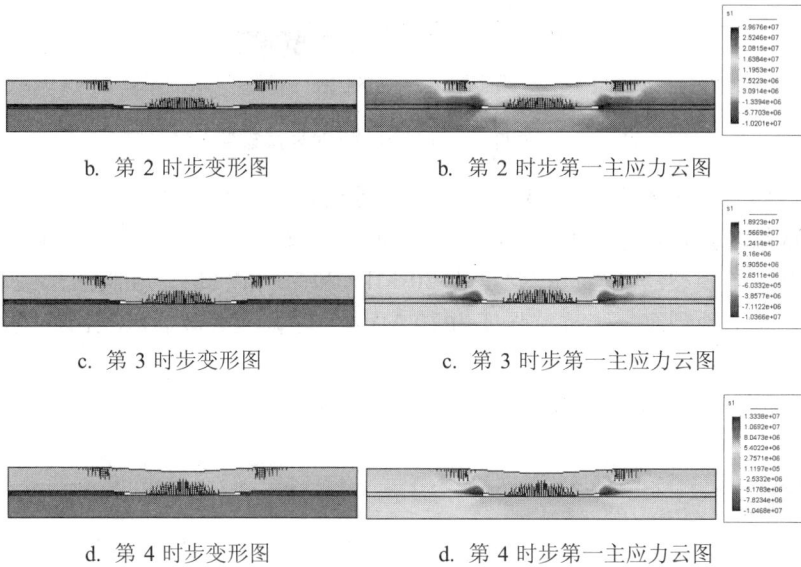

图 5-115 抗拉强度为 2.0×10^7 Pa 时岩层破裂区域(续)

(5)抗拉强度 1.0×10^7 Pa。

抗拉强度在 1.0×10^7 Pa 时,地表出现大面积拉张破裂区域,形成了地表的塌陷(图 5-116)。

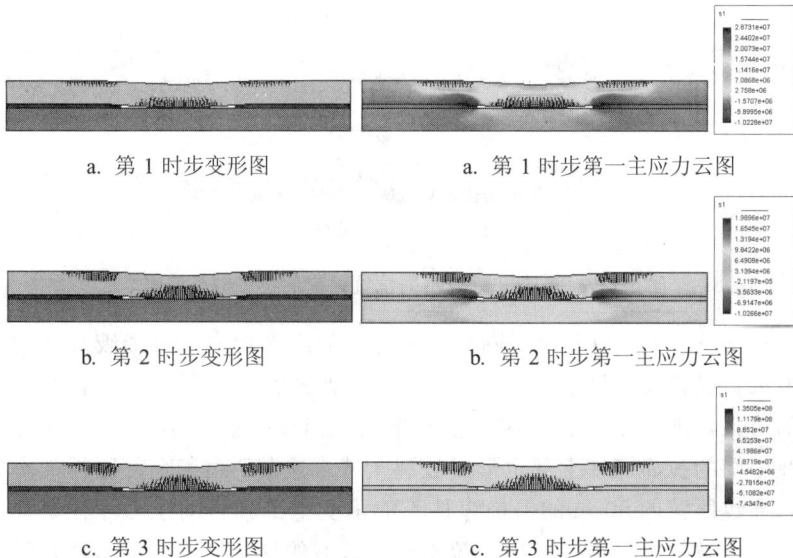

a. 第 1 时步变形图   a. 第 1 时步第一主应力云图

b. 第 2 时步变形图   b. 第 2 时步第一主应力云图

c. 第 3 时步变形图   c. 第 3 时步第一主应力云图

图 5-116 抗拉强度为 1.0×10^7 Pa 时岩层破裂区域

d. 第 4 时步变形图

图 5-116   抗拉强度为 1.0×10⁷ Pa 时岩层破裂区域(续)

小结:从图 5-111~图 5-116 可以看出,抗拉强度越小,拉张破裂的区域越大,对地表的影响范围也越大。当抗拉强度为 25 MPa 时,地表开始出现裂缝。当抗拉强度为 20 MPa 和 15 MPa 时,在地表形成较为严重的地裂缝,当抗拉强度为 10 MPa 的时候地表破裂区域已经比较大,形成地表塌陷。

5.5.1.5   条带开采(采留比 2∶1)

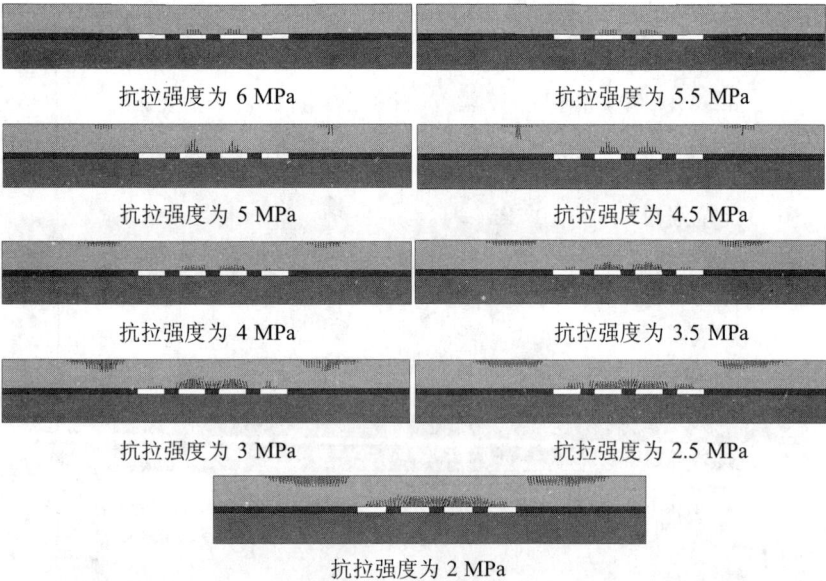

抗拉强度为 6 MPa   抗拉强度为 5.5 MPa

抗拉强度为 5 MPa   抗拉强度为 4.5 MPa

抗拉强度为 4 MPa   抗拉强度为 3.5 MPa

抗拉强度为 3 MPa   抗拉强度为 2.5 MPa

抗拉强度为 2 MPa

图 5-117   条带开采时不同抗拉强度的拉张破裂区域

从图 5-117 可以看出,随着开采范围的逐渐增大,拉张破裂区域逐渐增大,当抗拉强度小于 5 MPa 的时候地表形成地裂缝。随着开采范围的增大,地表的破裂区域也逐渐增大。当抗拉强度小于 3 MPa 的时候在中间的孤岛煤柱上部也形成破裂区域。这说明由于上部顶板强度太低,导致所留的 50 m 的保护煤柱不能承受上部顶板的压力,在煤柱上部顶板也被拉裂,最终破坏;拉张破坏区域的形状近似漏斗形;开采范围越大,拉张破裂的区域越大。

5.5.2 不同深度倾斜煤层开采诱发地裂缝数值模拟

5.5.2.1 工程背景

斜煤层开采后，在重力沿倾斜方向的分量作用下，顶板岩层发生变形和滑移。岩层移动的特征与水平煤层开采岩层移动的特征有所不同，导致地表破坏的长度和形态也与水平煤层破坏的形态不同。地表的移动变形问题，都是岩层运动的结果，都具有一定的力学结构，所以应该从力学角度研究采矿诱发地裂缝问题，得出地表变形破坏的机理。尽管倾斜煤层开采引起的地表移动破坏的规律很复杂，但它也有自身的变形规律，是可以从力学角度进行分析的。

5.5.2.2 模型及边界条件的选取

开裂准则：在第一主应力大于开裂应力（抗拉强度）的节点处开裂。

模型尺寸 5 500 m×1 300 m，模型两侧施加 x 方向约束，底边施加固定约束。煤层倾角 30°，煤层水平厚度 30 m，自上而下开采，开采深度 −300 m 水平至 −1 000 m 水平，每阶段高程 100 m 左右，岩层抗拉强度 1.5×10^6 Pa，计算自重应力下地表破裂结果。材料参数见表 5-2。

表 5-2 材料参数表

	弹性模量/GPa	泊松比	密度/(kg·m⁻³)
顶板	16.8	0.23	2 700
煤层	2.6	0.36	1 800
底板	15.9	0.21	2 500

从图 5-118 可以看出，高程为 100 m 时，采空区上边界均受拉应力，采空区斜上方对应地表受拉应力作用，主要是自重应力的影响，采空区对地表影响很小。高程超过 100 m 时，采空区上方受拉区主要集中在上边界，上煤柱附近尤为显著。这是由于岩层的移动使采空区上山方向的岩层发生拉伸，说明顶板上端更容易被拉裂。随着高程的增加，采空区对地表的影响越显著。

从图 5-119 可以看出，高程 100 m 时，采空区和地表都没有破裂。高程 200～400 m 时，只有采空区破裂。高程 500 m 时，采空区左斜上方对应地表形成多条地裂缝，对应的右侧只有一条地裂缝。高程 700 m 时，地裂缝与采空区的裂缝几乎贯通，形成漏斗状的塌陷坑。高程 500～700 m 时，地表左侧的地裂缝都比右侧的地裂缝多，这是由于采空区上方的覆岩厚度不同导致的。

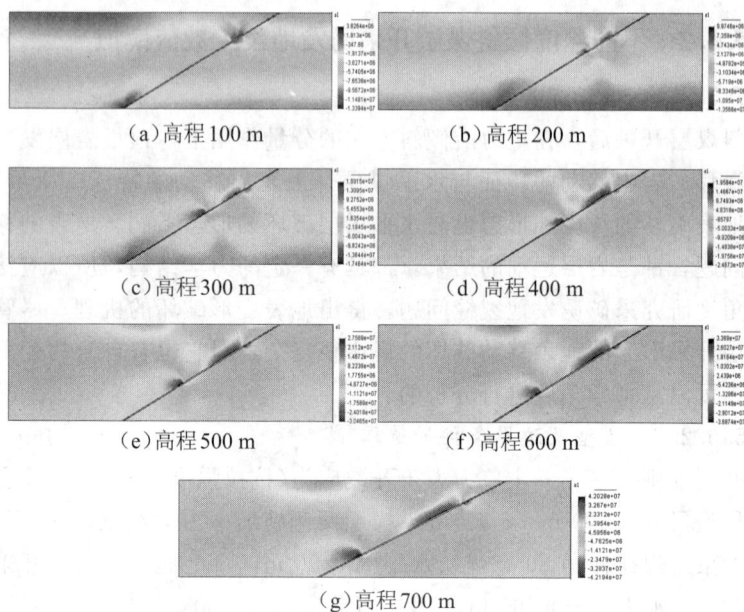

(a)高程100 m　　　　　　(b)高程200 m

(c)高程300 m　　　　　　(d)高程400 m

(e)高程500 m　　　　　　(f)高程600 m

(g)高程700 m

图 5-118　倾斜煤层开采后第一主应力云图

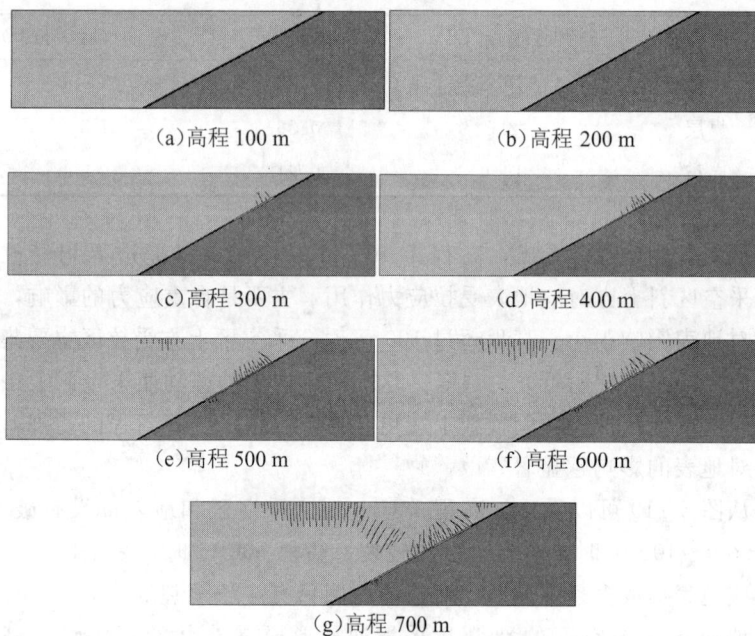

(a)高程100 m　　　　　　(b)高程200 m

(c)高程300 m　　　　　　(d)高程400 m

(e)高程500 m　　　　　　(f)高程600 m

(g)高程700 m

图 5-119　倾斜煤层开采引起地表破坏结果

5.5.2.3 结果分析

受岩层自重应力的作用，覆岩沿着采空区向下山方向滑移，引起地表受拉应力的作用而产生地裂缝。上山方向对应的地表裂缝少于下山方向对应的地裂缝。随着开采高程的增加，地表受采空区的影响越严重，越容易形成地裂缝，甚至形成地面塌陷。当高程达到一定高度时，原先裂缝位置的距离超过了开采影响的长度，进而随着地表的移动变形产生一定闭合。拉张破裂的有限元程序可以模拟地裂缝的形成过程，为研究地裂缝的扩展和分布规律提供新的方法。

5.5.3 倾斜煤层开采诱发地裂缝演化过程模拟

开裂准则：在整个模型中应力最大的节点处开裂。

模型尺寸 5 500 m×1 300 m，模型两侧施加 x 方向约束，底边施加固定约束。煤层倾角30°，煤层水平厚度30 m，开采深度−300 m 水平至−800 m 水平，开采高程500 m，选取5个监测点，如图5-120所示。计算自重应力下地表破裂演化结果，如图5-121所示。材料参数如表5-3所示。

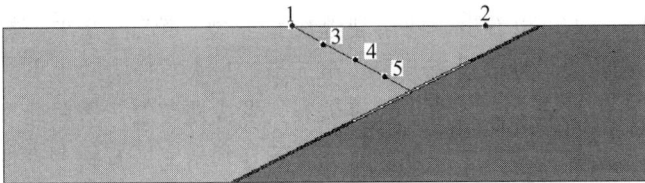

图 5-120 模型

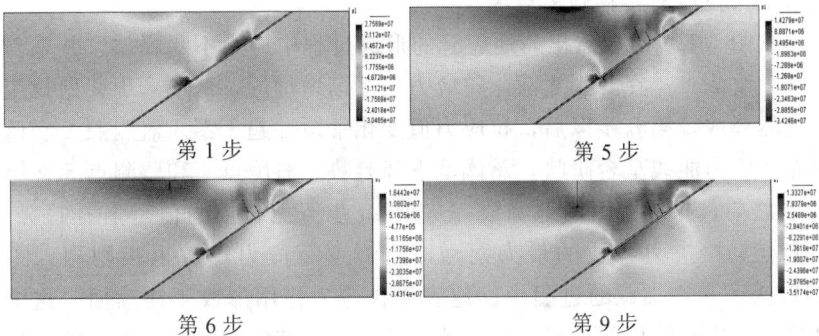

第1步 　　　　第5步

第6步 　　　　第9步

图 5-121 第一主(拉)应力演化结果

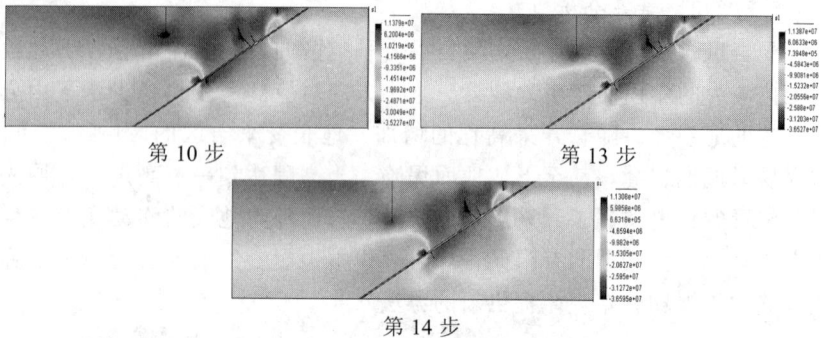

第 10 步   第 13 步

第 14 步

图 5-121 第一主(拉)应力演化结果(续)

表 5-3 材料参数表

	弹性模量/GPa	泊松比	密度/(kg·m⁻³)
顶板	16.8	0.23	2 700
煤层	2.6	0.36	1 800
底板	15.9	0.21	2 500

从图 5-121 可以看出,两条裂缝交替开裂。第 1~5 步,都是采空区上边界被拉裂,地表没有开裂。第 5 步,最大拉应力从地下转移到采空区左斜上方地表。第 6 步,地表破裂,形成地裂缝,之后此裂缝一直向深处扩展,直到第 9 步,最大拉应力转移到采空区右斜上方地表。第 10 步,采空区右斜上方对应地表第二条裂缝。第 11~13 步,最大拉应力地裂缝转移到第一条裂缝尖端。第 14 步,第二条地裂缝又继续扩展,最后最大拉应力转移到采空区。

从图 5-122 可以看出,地裂缝的形成过程中应力不断释放,并重新调整。监测点 1 在开裂之前,拉应力是逐渐增加的,从第 6 步开始拉应力突然释放,第 8 步以后,拉应力值变化平缓并趋于零。监测点 2 和监测点 3 应力曲线呈台阶状,总体呈下降趋势。监测点 4 和监测点 5 在第 15 步之前,拉应力不断地释放,从第 15 步开始拉应力值呈上升趋势。监测点 1 拉应力释放的最为剧烈,监测点 2 应力释放也很剧烈。图 5-122 表明,在加载的过程中,地表受拉应力作用形成不连续面,这个过程是形成新结构的过程,相应的导致应力状态的调整和改变,地表拉张破裂后,裂纹周围应力状态发生改变,拉裂的部位应力被释放,应力重新分布,在裂纹尖端处形成新的应力集中,应力最大值发生相应的改变,应力发生转移。

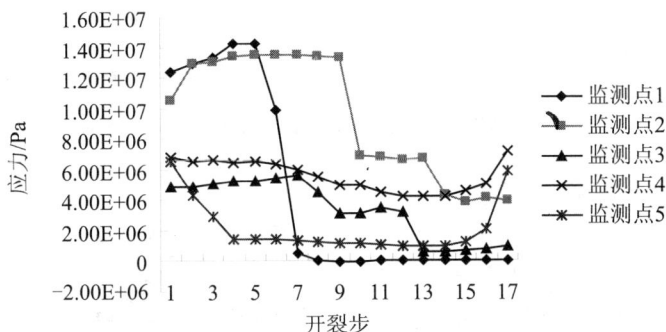

图 5-122　各个监测点第一主(拉)应力随加载步变化规律

从图 5-123 可看出，监测点 1 在第 6 时步发生破裂，该节点分裂为两个节点，x 方向位移至此分叉，发生分离，并随着加载步的增加，分离量增加。监测点 2 在第 10 时步破裂，分裂为两个节点，随着加载步的增加，两个节点的分离量增加。分裂的两节点最后一步的 x 方向位移差就是地裂缝的宽度。比较两个曲线的张开度，可以很明显地看出，监测点 1 处地裂缝的宽度远大于监测点 2 处地裂缝的宽度。

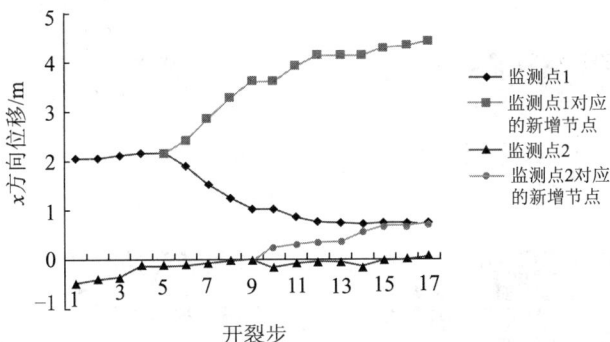

图 5-123　监测点 1、2 分离后 x 方向位移随加载步变化规律

5.5.4　急倾斜煤层开采诱发地裂缝演化过程模拟

模型尺寸 5 500 m×1 300 m，模型两侧施加 x 方向约束，底边施加固定约束。煤层倾角 75°，煤层水平厚度 30 m，开采标高为－300 m 水平至－800 m 水平，开采高程 500 m。

计算自重应力下地表破裂演化结果，如图 5-124 所示。材料参数如表 4.4 所示。

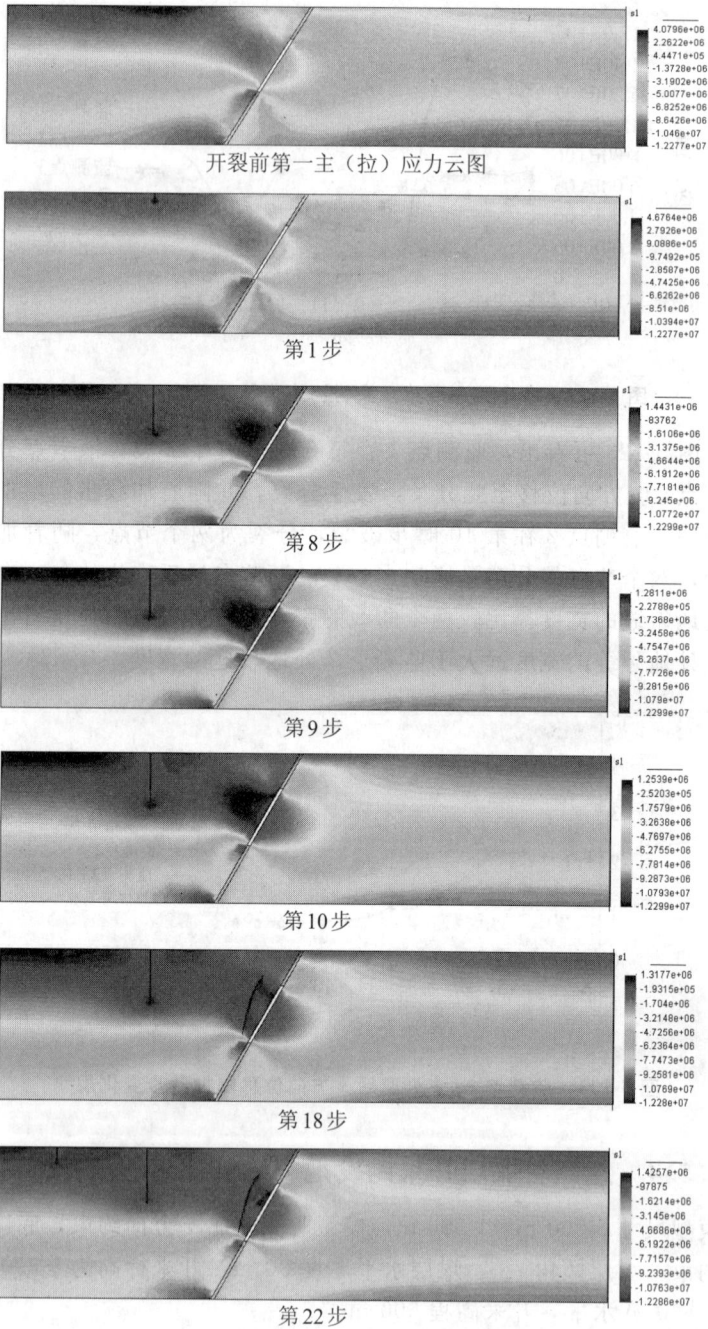

开裂前第一主(拉)应力云图

第1步

第8步

第9步

第10步

第18步

第22步

图 5-124　第一主(拉)应力演化结果

从图 5-124 可以看出，煤层倾角为 75°时，开裂前第一主(拉)应力与水平煤层、煤层倾角 30°时的不同：煤层水平和煤层倾角 30°时，最大拉应力都集中在采空区上方；煤层倾角为 75°时，最大拉应力集中在地表。第 1~7 时步，地表先裂开，应力释放，此裂缝一直破裂直到第 7 时步。在第 8 时步，最大拉应力转移到采空区，采空区破裂。第 9 时步，最大拉应力转移到地裂缝，地裂缝继续破裂。第 10~17 时步，采空区拉应力集中，继续破裂。第 18 时步，地表形成第 2 条地裂缝。地裂缝形成的整个过程说明，拉应力集中，岩石破裂，拉应力释放，然后拉应力重新集中，再释放，导致地表破裂，形成地裂缝，这个过程不断重复，致使裂缝不断扩展。

5.6 软岩边坡拉张破坏的有限元数值模拟

露天矿开采过程中，边坡极其不稳定，很容易发生滑塌。随着露天矿开采深度的增加，底部软岩边坡的蠕动同时引起顶部岩层和坡面的拉裂，形成地裂缝。如内蒙古胜利一矿(图 5-125)、白音华二矿(图 5-126)等。以前的有限元软件只能模拟边坡在重力等的作用下的应力、位移等的分布情况，并不能模拟整个破裂过程。本节采用拉张破裂有限元程序模拟了边坡底部软岩在重力作用下对边坡顶部岩层、坡面拉裂，形成地裂缝的演化过程。

图 5-125 内蒙古胜利一矿   图 5-126 白音华二矿

5.6.1 模型及材料参数的选取

(1)模型。

模型为线弹性体，二维平面应变模型，三节点三角形单元。底边加 x，y 方向约束，左右两侧加 x 方向约束。

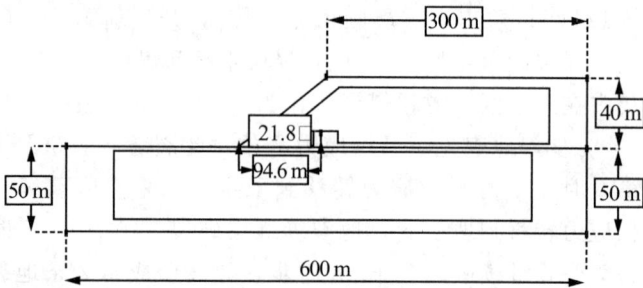

图 5-127　几何模型

（2）材料参数。

表 5-4　材料参数

区域材料	弹性模量/Pa	泊松比	密度/(kg·m⁻³)
坡体	$1.0×10^7$	0.40	2 000
软岩	$1.0×10^6$	0.45	2 000
基岩	$1.0×10^8$	0.30	2 000

5.6.2　软岩边坡破裂过程模拟

由图 5-128 可以看出，底部软岩在重力作用下由于承载能力较弱，使得坡面顶部承受拉应力，形成地裂缝。

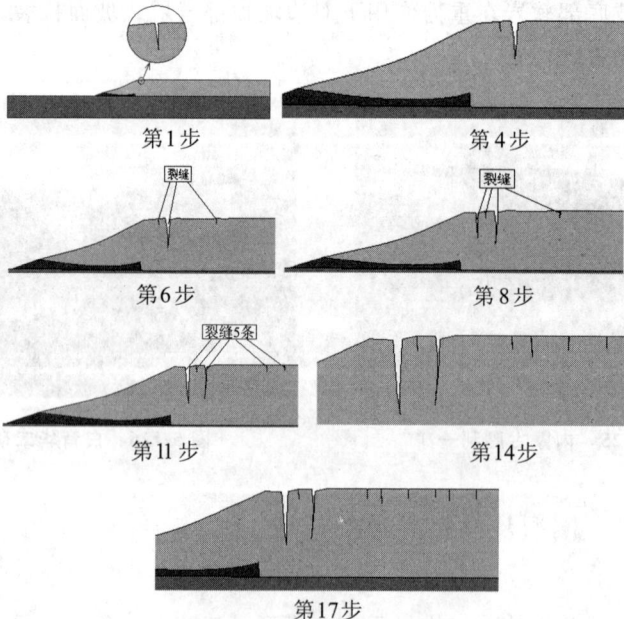

图 5-128　变形演化过程

5.6.3 小结

通过拉张破裂有限元程序对软岩边坡变形破坏过程的数值模拟，比较图 5-128 第 17 步结果与图 5-125 和图 5-126 可以看出，数值模拟结果很好地模拟了边坡在软岩影响下的坡顶拉裂、形成地裂缝的全过程，可以为边坡灾害防治及预测、预报提供理论基础。

5.7 强震作用下边坡拉张破裂的有限元数值模拟[48]

地震是地球释放其内能的动力地质作用，是对人类危害最严重的地质灾害。目前，在国内外历史地震资料和现代地震考察研究中有大量的岩体变形破坏的实例，岩体的地震破坏大部分集中于极震区内。自 1971 年美国圣费尔南多地震以来，国内外获得了多次强震极震区的地震动记录，如美国北岭地震（1994 年）、日本阪神地震（1995 年）和中国台湾集集地震（1999 年）等。实测资料表明，极震区内地震动的幅值很高，其峰值有时可能接近或超过重力加速度，并且竖向地震动接近甚至超过水平地震动。我国地震区域广阔而分散，地震频繁而强烈。20 世纪以来，震级等于或大于 8 的强地震已经发生了 9 次之多，强震区的房屋、工业厂房与设备、城市建设、交通运输、水电设施等都受到极其严重的破坏。

2008 年 5 月 12 日，中国四川汶川发生 8.0 级地震，死亡 69 146 人，受伤 374 134 人，失踪 17 516 人，直接严重受灾地区达 10×10^4 km²。由于汶川地震主要发生在山区，次生灾害、地质灾害的种类特别多，尤其是汶川地震引发的破坏性比较大的边坡崩塌、滚石加上滑坡等也非常严重。

汶川特大地震具有在山地为主、高震级、断层逆冲错动、主震持续时间长等特点，造成断层地表破裂、滑坡、液化等灾害。其中崩塌滑坡具有以下特点。

(1)崩塌滑坡数量多，分布密度大。

(2)影响面积大，灾害损失严重。

(3)地震诱发崩塌滑坡规模巨大。

(4)崩塌滑坡分布受断层破裂影响明显。

5.7.1 地震作用下复杂结构斜坡岩体破坏机理分析

复杂结构斜坡的岩体结构具有以下特性。

（1）岩石为低抗拉介质。

（2）节理、断层、层理的抗拉强度更低。

（3）静力处于受压的岩体，动力惯性作用下就可能受拉，并且动力加速度幅度越大，受拉应力水平越高，范围也越大。

（4）岩体（包含节理、断层、层理等）如果同时承受拉应力、剪应力，首先发生拉破坏，然后才可能发生剪破坏。

假设斜坡中一点 P 承受压应力 σ_0 作用，如图 5-129 所示。如果再加载，由岩石的应力—应变曲线知应力水平将沿图中虚线上升。

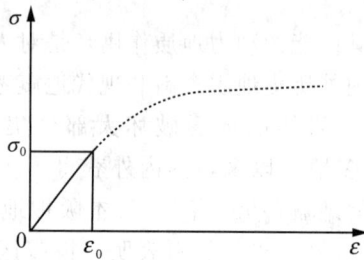

图 5-129　斜坡中一点的应力水平 σ_0

一般来说，1 级$\leqslant M_s \leqslant 3$ 级的地震被称为微震，大于 6 级的地震被称为强震。

斜坡中的点 P 在地震动力作用下产生附加应力，其与原始地应力叠加形成总应力，如图 5-130 所示。显然，如图 5-130(a)所示，在微震作用下，斜坡中不可能形成拉应力，或者拉应力水平不可能达到抗拉强度 σ_t，不发生拉张破坏；同时剪应力水平也不可能达到抗剪强度 σ_s，不发生剪切破坏。

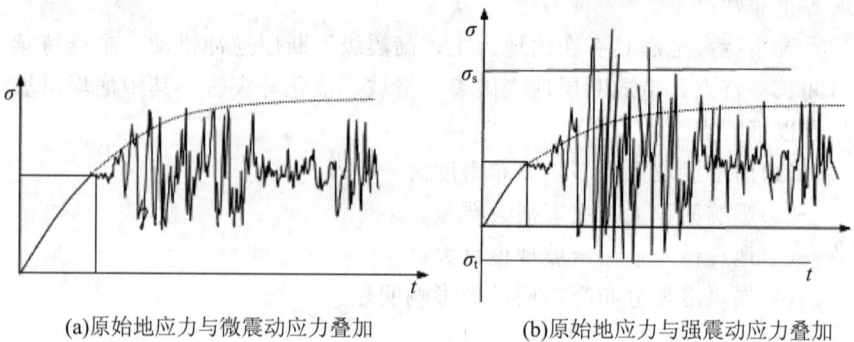

(a)原始地应力与微震动应力叠加　　　(b)原始地应力与强震动应力叠加

图 5-130　斜坡中点 P 处原始地应力与地震动应力的叠加

如图 5-130(b)所示，在强震作用下，拉应力水平可能达到抗拉强度 σ_t，发生拉张破坏；剪应力水平可能达到抗剪强度 σ_s，发生剪切破坏。当叠加应力达到抗拉强度 σ_t 时，见图 5-130(b)中点 P，点 P 发生拉张破坏之后的应力—应变曲线将不再是图 5-130(b)的情况，斜坡不能再承受拉应力，但是可以承受压应力，如果满足塑性屈服准则，则发生剪切破坏。

5.7.2　地震波图

图 5-131 为动力输入的加速度时程曲线，施加在模型 x 轴方向，分为 100 个加载时间步。分别采用地震波标准值及其 1.5 倍、2 倍、3 倍强度四种方案进行模拟。

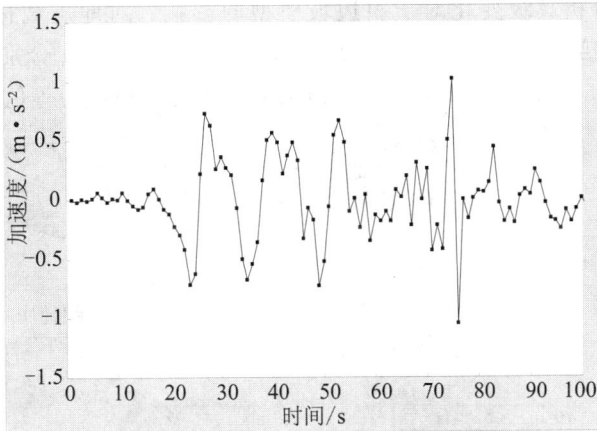

图 5-131　地震波的位移时程曲线

5.7.3　岩石试件模型及边界条件、材料参数的选取

模型选取含有单一弱层的斜坡，坡角为 45°，坡高为 40 m，总高 60 m，底边长 190 m。模型中选取 4 个监测点，斜坡模型及选取监测点的位置见图 5-132。斜坡主体选取均匀单一材质，弹性模量 10 000 MPa，泊松比 0.34，容重 3 000 N/m³，坡面 5 m 处加一弹性模量 8 000 MPa，泊松比 0.35，容重 3 000 N/m³ 的弱层。网格剖分为三角形单元，整个断面结构网格并无刻意对称划分，对 4 个监测点的位移、应力变化规律进行监测。

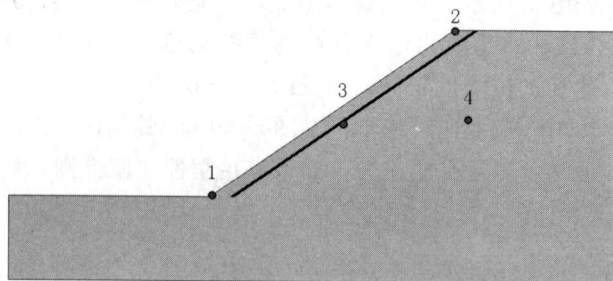

图 5-132　模型与所选取的监测点

5.7.4　地震过程中斜坡边帮拉张区域分析

为了分析震级变化对于斜边坡模型的影响，对地震波标准值及其 1.5 倍、2 倍、3 倍进行对比、分析。图 5-133、图 5-134 分别是第 29 加载步、第 75 加载步时不同强度震波的第一主应力拉应力等值线图。

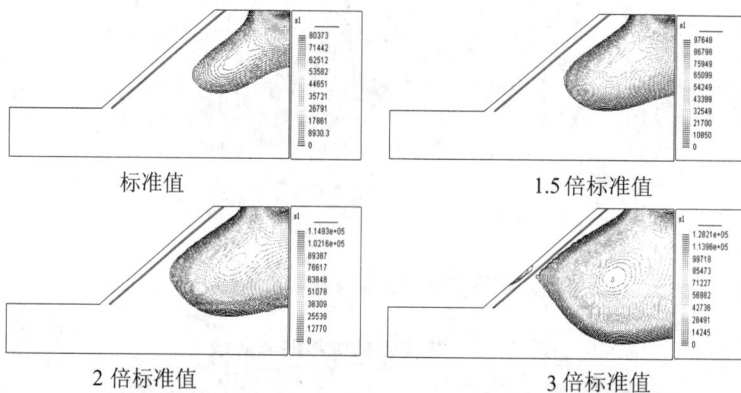

标准值

1.5 倍标准值

2 倍标准值

3 倍标准值

图 5-133　不同地震强度第 29 加载步的拉应力区比较

从图 5-133 可以看出，沿着边坡的坡面方向出现拉应力区域。随着地震波强度的加大，拉应力的区域也随之扩展。在地震波强度达到 3 倍标准值时，最大拉应力区域从坡顶向坡体内部转移。

由图 5-134 可知，在第 75 加载步时，拉应力区域出现在整个模型的右端，延伸到弱层底部，形成一个近似三角形的区域。随着地震波的加大，拉张区域也随之扩展，逐渐在坡面即弱层上部上出现条状的拉张区域，在地震波为标准波 2 倍的情况下，拉张区域继续沿着坡面方向延伸。在地震波扩大 3 倍的时候，弱层上下的拉张区域连为一体，几乎覆盖整个坡面。

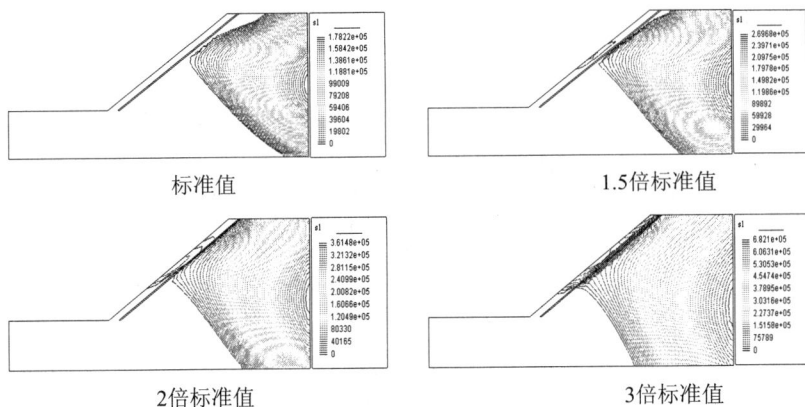

标准值

1.5倍标准值

2倍标准值

3倍标准值

图 5-134　不同地震强度第 75 加载步拉应力区比较

5.7.5　各监测点的位移、应力变化

图 5-132 显示，选取的 4 个监测点中，1 号、2 号监测点分别位于边坡的坡底与坡顶处，3 号监测点位于弱层的底部，4 号监测点位于坡体的中部。

在地震过程中，在不同强度地震动力作用下，各个监测点的位移随地震的强度变化而变化；1 号、2 号、3 号监测点的第一主应力均为负值，即为压应力。在不同的地震动力作用下，4 号监测点的第一主应力在地震动力较大时为负值，即为压应力；在地震动力较大时为正值，即为拉应力。产生拉应力就可能诱发拉张破裂。

图 5-135 是各个监测点的位移、第一主应力曲线。

由图 5-135 曲线可以看出 1 号、3 号监测点的应力变化趋势基本与地震波波形变化趋势一致。4 号监测点则在数值上有所放大。2 号监测点的应力值则呈现类似正弦曲线变化趋势。这是由于 2 号监测点位于坡顶位置，其受约束的程度较小。

5.7.6　强震作用下斜坡拉张破裂有限元模拟

5.7.6.1　x 方向地震动力作用下拉张破裂分析

x 方向地震动力作用下边坡发生拉张破裂时第一主（拉）应力演化过程如图 5-136 所示。由图 5-136 可以看出，在 x 方向地震力作用下，虽然最大拉应力并没有发生在弱面位置，但是由于弱面的抗拉强度比较低，首先在弱面上发生拉张破裂，沿弱面方向撕裂；随着撕裂区域的扩大，弱面斜上方岩层形成近似于梁的情况，在坡面上最大拉应力大于岩

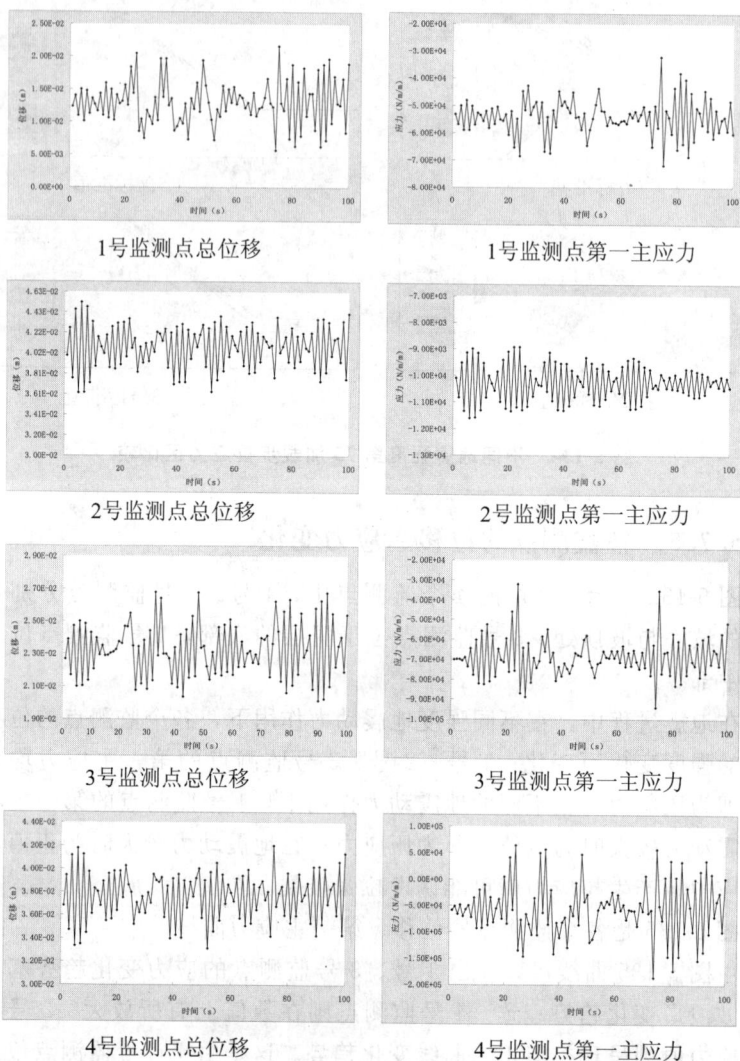

1号监测点总位移

1号监测点第一主应力

2号监测点总位移

2号监测点第一主应力

3号监测点总位移

3号监测点第一主应力

4号监测点总位移

4号监测点第一主应力

图 5-135　各监测点的位移及第一主应力

石的抗拉强度而发生拉张破裂，随后与弱面上撕裂的区域贯通，但是由于网格搭接使得贯通并不明显。在拉张破裂过程中，应力重新分布，形成不连续面。

5.7.6.2　x,y 方向地震动力同时作用下拉张破裂分析

x,y 方向地震动力作用下边坡发生拉张破裂时第一主(拉)应力演化过程如图 5-137 所示。由图 5-137 可以看出，在 x,y 方向地震动力同时作用下，在整个弱面所承受的最大拉应力中，弱面底部的拉应力最

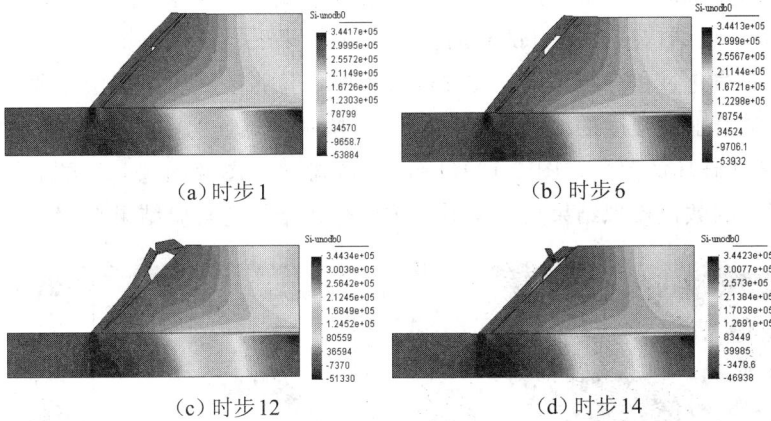

（a）时步1　　　　　（b）时步6

（c）时步12　　　　　（d）时步14

图 5-136　x 方向地震动力作用下第一主（拉）应力演化过程（单位：Pa）

大，首先开裂，在开裂过程中应力被释放，随后弱面的中间位置被撕裂，坡面开裂，直到坡面裂纹和弱面撕裂区域贯通，此时坡面被拉开。

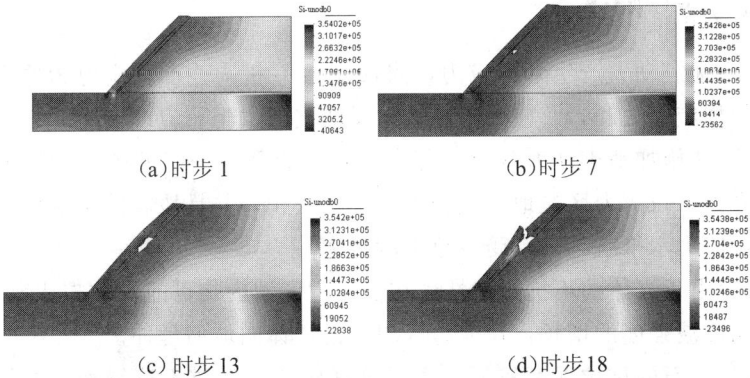

（a）时步1　　　　　（b）时步7

（c）时步13　　　　　（d）时步18

图 5-137　x，y 方向地震动力作用下第一主（拉）应力演化过程（单位：Pa）

地震应力加速度达到一定值的时候，会使得沿着弱面瞬间多点开裂，如图 5-138 所示。

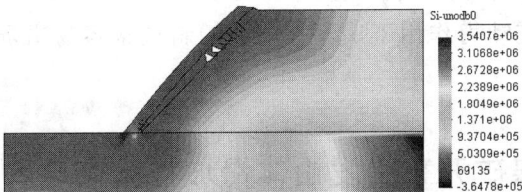

图 5-138　瞬间多点开裂时第一主（拉）应力（单位：Pa）

图 5-139 中，(a)为边坡结构试件动力试验产生裂纹的实物照片；(b)为边坡结构试件动力试验的白光散斑效果图。从图 5-136 拉应力等值线图演化过程分析可知，在加载过程中，拉张区域主要集中在弱层下部，随着加载强度的增大，弱层上下的拉张区域连为一体。从图 5-139 (a)试件破坏的照片、图 5-139(b)白光散斑效果图及图 5-137 显示的拉张区域的数值模拟结果对比来看，数值分析结果与实验结果吻合。

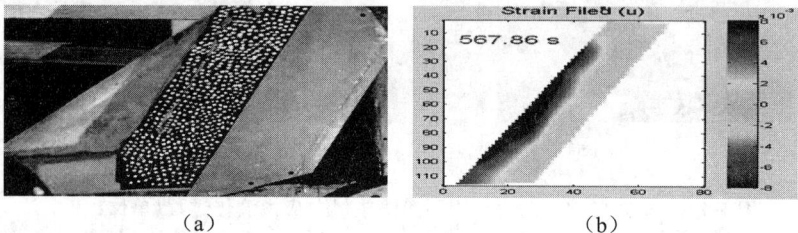

图 5-139　实验照片

5.7.7　小结

(1)地震动力产生附加应力，附加应力不断调整；总应力为原岩应力与附加应力之和，总应力场随着地震的进行发生相应改变。

(2)在施加地震动力载荷过程中，斜坡边帮在一定的范围内可能承受拉应力。拉应力区在地震过程中，不断变化，并且地震的加速度值越大，拉应力水平就越高，受拉范围就越大。

(3)由于岩体的不抗拉特性，在拉应力区域内均可能发生拉张破坏。随着地震波强度的增长，拉应力区域会由坡体向坡面延伸。

(4)岩石的抗拉强度较低，岩石拉张破裂后形成不连续面。岩体张裂后，裂纹周围应力分布发生改变和调整。

(5)如果总应力的第一主(拉)应力大于等于岩石的抗拉强度，则发生拉裂，岩体拉张破裂后，不能再承受拉力，但可承受压力；如果总应力状态满足塑性屈服准则，则发生剪切破坏。

(6)在地震动力作用下，含有弱面的斜坡很容易沿弱面发生拉张破裂。

5.8　煤矿开采引发山体滑坡拉张破裂的数值模拟

山体滑坡是指山体斜坡上某一部分岩土在重力(包括岩土本身重力

及地下水的动静压力)作用下，沿着一定的软弱结构面(带)产生剪切位移而整体地向斜坡下方移动的作用和现象。当地下煤层开采后，形成大面积采空区，原来支撑顶板岩石重量的煤层被开采后，上覆岩层在重力的作用下，在其顶部形成拉应力，发生拉张破裂，在水等外力的作用下，形成山体滑坡，给人民的生命、财产等带来严重威胁。

5.8.1　不同采空区拉张破裂数值模拟

根据具体工程情况，建立模型，模拟煤层开采引发裂缝及山体滑坡的过程，建立如图 5-140 所示模型，共剖分 5 206 个节点，9 910 个单元。模型参数如表 5-5 所示。

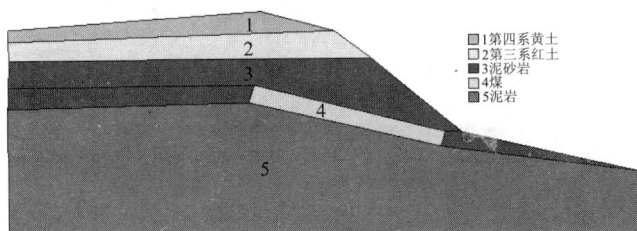

图 5-140　选取模型

表 5-5　模型参数

材料	弹性模量/MPa	泊松比	密度/(kg·m^{-3})
1 第四系黄土	0.4	0.3	2 500
2 第三系红土	0.6	0.32	2 800
3 泥砂岩	100	0.28	2 500
4 煤	200	0.25	2 500
5 泥岩	6 000	0.3	2 900

(1)煤层倾向开采 1/4。

从图 5-141 可以看出，拉张破裂主要发生在采空区中间部位的上部。

(2)煤层倾向开采 1/2。

从图 5-142 可以看出，除了在采空区上部拉应力比较大、形成裂缝外，在采空区的斜上部拉应力也较大。

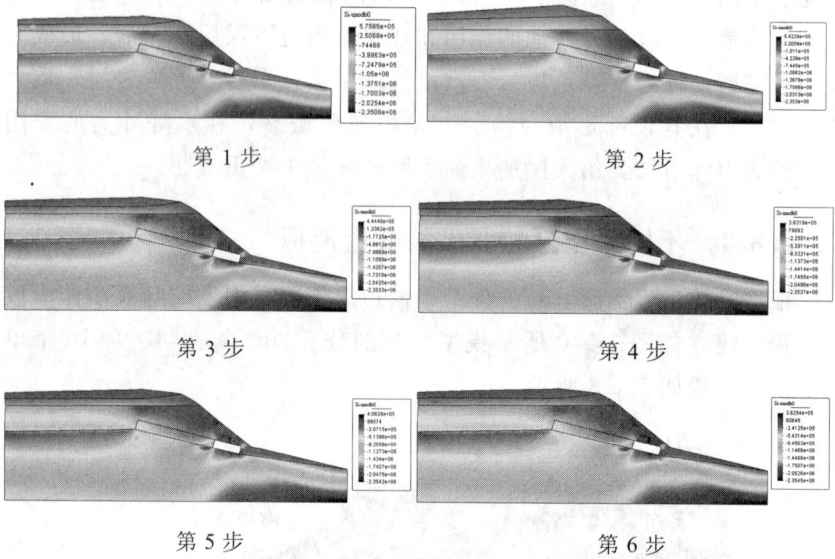

图 5-141　煤层开采 1/4 时拉张破裂过程

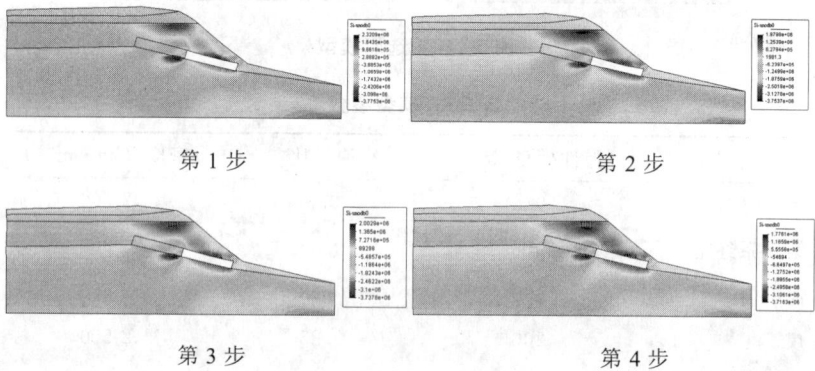

图 5-142　煤层开采 1/2 时拉张破裂过程

(3)煤层倾向开采 3/4。

从图 5-143 可以看出,除了在采空区上部拉应力比较大、形成裂缝外,在采空区的斜上部拉应力也较大,同时在采空区的下部也形成拉应力区域,这是在采空区底鼓的原因造成的。

(4)煤层全部开采。

从图 5-144 中可以看出,除了在采空区上部拉应力比较大,形成裂缝外,在采空区的斜上部拉应力也较大并在坡顶形成拉破坏区域,这些拉破坏区域的连线与山坡灾害治理的削坡线近似一致。

第 1 步　　　　　　　　第 2 步

第 3 步　　　　　　　　第 4 步

第 5 步　　　　　　　　第 6 步

第 7 步　　　　　　　　第 8 步

第 9 步　　　　　　　　第 10 步

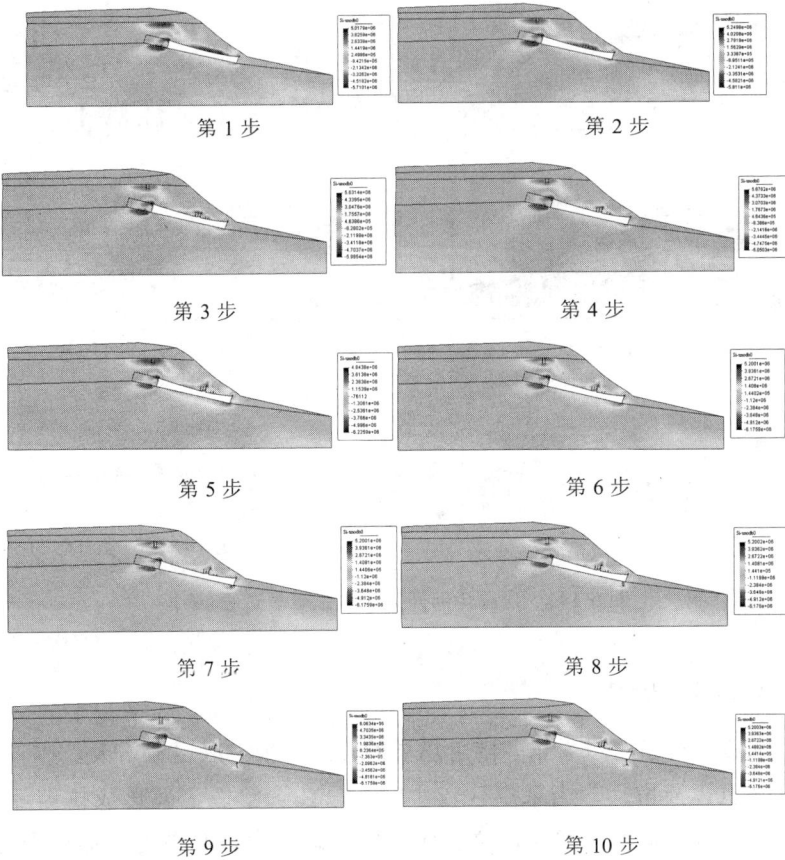

图 5-143　煤层开采 3/4 时拉张破裂过程

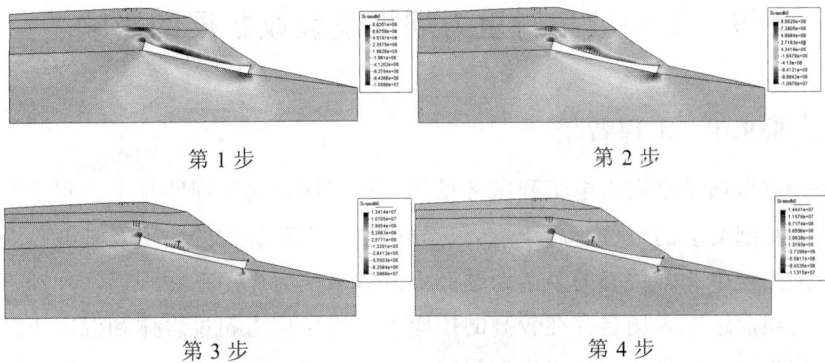

第 1 步　　　　　　　　第 2 步

第 3 步　　　　　　　　第 4 步

图 5-144　煤层全部开采时拉张破裂过程

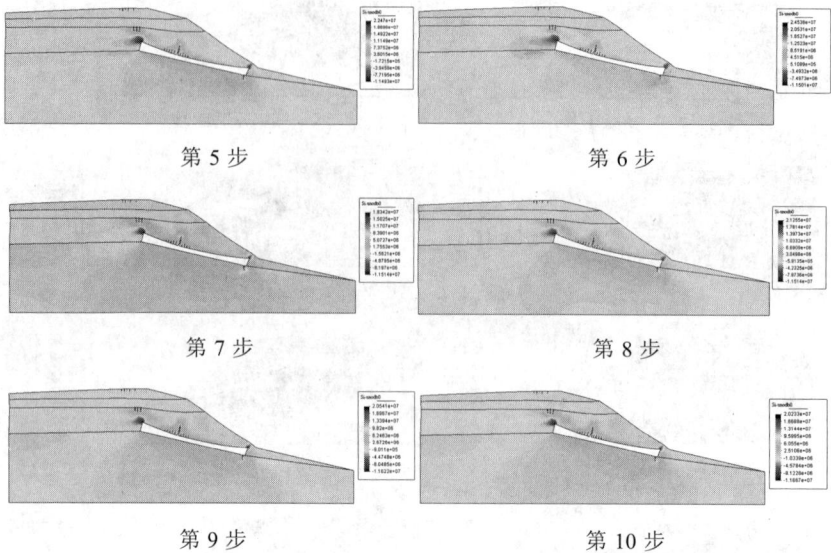

第 5 步   第 6 步

第 7 步   第 8 步

第 9 步   第 10 步

图 5-144   煤层全部开采时拉张破裂过程(续)

5.8.2   小结

从以上分析可以看出，随着煤层的开采，采空区逐渐增大，拉破坏的区域也逐渐增大，当采空区较小时，只在采空区上部形成拉破坏区域，随着开采面积的增大，拉破坏区域逐渐增大，并在地表形成裂缝，当在外界水等的作用下，很容易形成山体滑坡，与现场实际相符。

5.9   不同坡角对重力坝坝踵裂纹扩展的影响

5.9.1   工程背景

重力坝是水利水电工程中常见的一种坝体结构。坝踵是上游坝面与坝前基础交会的部位，属于应力奇异区域，坝踵部位的应力及其开裂分析是工程中非常关心的复杂课题。上游的水压力作用下在坝面，坝踵部位及坝前地基内场会存在较高的拉应力。当拉应力超过岩体和混凝土的抗拉强度时，受拉区域将出现裂缝。

如果坝踵在拉张应力的作用下产生裂纹，当裂纹出现在坝体内部，会出现坝体的损伤，使得强度降低；当裂纹出现在坝面上，一方面水会侵入坝体，对坝体产生腐蚀，另一方面，由于裂纹中水压的作用，裂纹更加扩展，进一步产生拉张破坏，一旦产生贯穿型裂缝，将损坏防渗帷幕，对于坝体的损害将更为严重。

5.9.2 不同坡角重力坝坝踵裂纹扩展数值模拟

应用有限元软件，数值模拟 3 种重力坝模型（即坡角为 30°，45°，60°的重力坝模型）坝踵部拉张裂纹开裂以及延展的过程。

5.9.2.1 坡角 30°模型数值模拟

（1）模型与网格剖分。

重力坝模型由坝体和地基基础两部分组成。

地基基础尺寸：长 300 m，高 100 m，坝体高 100 m，坝坡角即下游坡面比 30°，由坡角可计算出大坝的宽度为 173.2 m。边界条件为：底边施加 x 方向与 y 方向约束，两侧竖直边施加 y 方向约束。整个模型选取均匀单一材质，材料参数为：弹性模量 40 GPa，泊松比 0.3。

坡角 30°模型剖分网格的单元数为 4 310，节点数为 2 268。图 5-145 中框区域为监控区域，开裂过程中裂纹主要出现在这个区域。

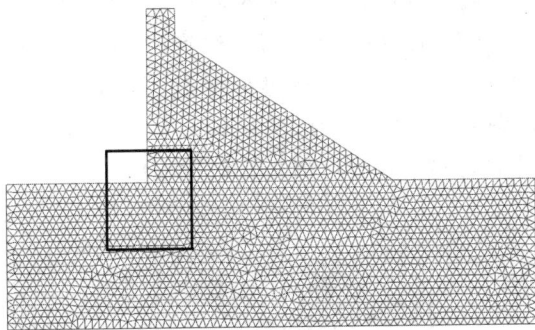

图 5-145 坡角为 30°的网格

（2）载荷边界。

在重力坝模型中，上游水压荷载设为水深的函数。将水压加载在垂直上游坝面，上游水面高度为 80 m。

（3）开裂过程的数值模拟。

首先是坡角为 30°重力坝第一主（拉）应力云图演化过程（图 5-146）。

（4）开裂过程的结果分析。

根据图 5-146 的第一主应力云图，可以看出第五步之前，裂纹基本

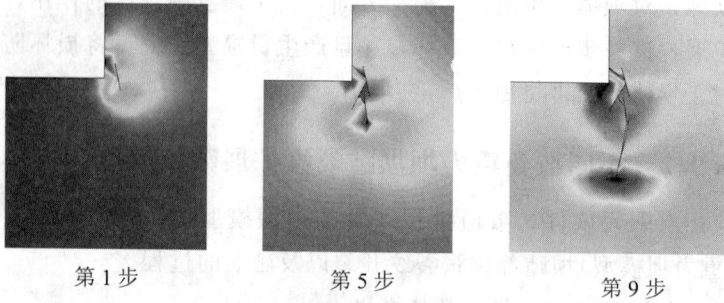

第1步   第5步   第9步

图 5-146   坡角为 30°时第一主(拉)应力云图

集中在坝踵部,也就是拉应力比较大的区域,随着开裂的继续,经过应力释放的过程,裂纹继续向地基处延伸。由裂纹的整体开裂趋势可知,坡角为 30°的重力坝模型在坝踵部位出现很多杂乱的裂纹,其中一条裂纹延伸入地基,对基础产生破坏。

5.9.2.2 坡角 45°模型数值模拟

(1)模型与网格剖分。

地基基础尺寸:长 300 m,高 100 m,坝体高 100 m,坝坡角即下游坡面比 30°,由坡角可计算出大坝的宽度为 100 m。边界条件为:底边施加 x 方向与 y 方向约束,两侧竖直边施加 y 方向约束。整个模型选取均匀单一材质,材料参数为:弹性模量 40 GPa,泊松比 0.3。

坡角 45°模型剖分网格的单元数为 3 260,节点数为 1 730。

图 5-147 中框区域为监控区域,开裂过程中,裂纹主要出现在这个区域。

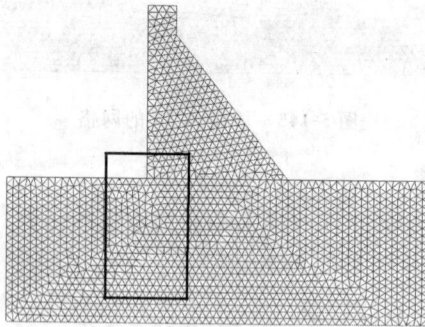

图 5-147   坡角为 45°的网格

(2)载荷边界。

在重力坝模型中,上游水压载荷设为水深的函数。将水压加载在上游坝面，上游水面高度为 80 m。

(3)开裂过程的数值模拟。

坡角为 45°重力坝第一主(拉)应力云图演化过程如图 5-148 所示。

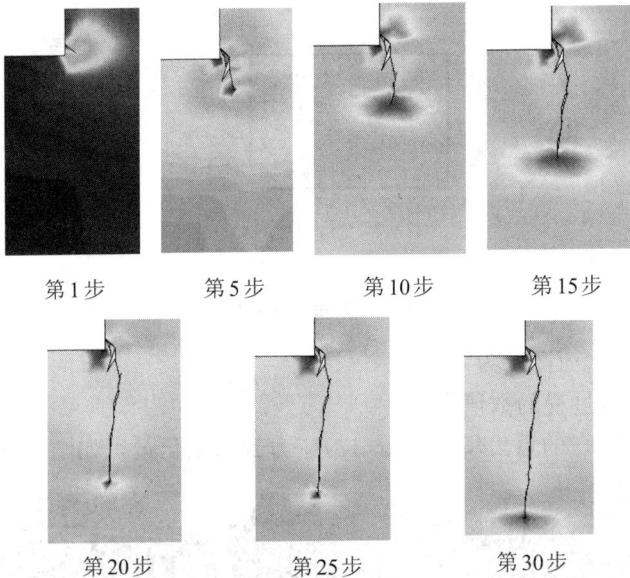

第1步　　　　第5步　　　　第10步　　　　第15步

第20步　　　　　第25步　　　　　第30步

图 5-148　坡角为 45°时第一主(拉)应力云图

(4)开裂过程的结果分析。

坡角为 45°重力坝与 30°的情况相似，只是坡角为 45°时裂纹延伸得更深，对地基的破坏更加明显。

5.9.2.3　坡角 60°模型数值模拟

(1)模型与网格剖分。

地基基础尺寸：长 300 m，高 100 m，坝体高 100 m，坝坡角即下游坡面比 60°，由坡角可计算出大坝的宽度为 57.73 m。边界条件为：底边施加 x 方向与 y 方向约束，两侧竖直边施加 y 方向约束。整个模型选取均匀单一材质，材料参数为：弹性模量 40 GPa，泊松比 0.3。

坡角 60°模型剖分网格的单元数为 3 158，节点数为 1 680。

图 5-149 中框区域为监控区域，开裂过程中，裂纹主要出现在这个区域。在三个重力坝模型中，要重点分析的是坡角为 60°的情况，所以选取 7 个监测点，对位移、应力变化规律进行监测，如图 5-149 所示。

(2)载荷边界。

在重力坝模型，上游水压载荷设为水深的函数。将水压加载在上游

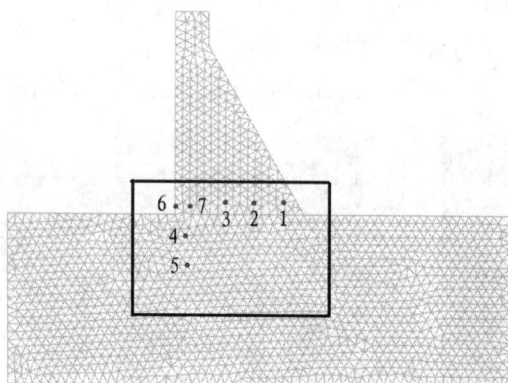

图 5-149　坡角为 60°的网格

坝面，上游水面高度为 80 m。

(3)开裂过程的数值模拟。

坡角为 60°的重力坝第一主(拉)应力云图演化过程如图 5-150 所示。

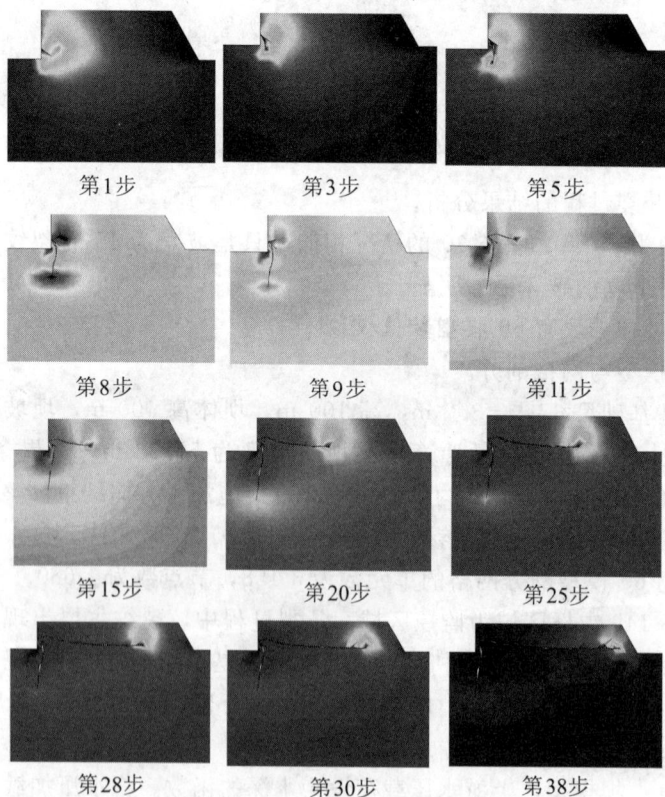

图 5-150　坡角为 60°时第一主(拉)应力云图

(4)开裂过程的结果分析。

坡角 60°的情况,可将重力坝拉张破裂过程分为四个阶段。

第一阶段:第 1 步到第 4 步,裂缝遍布整个受拉区域;第二阶段:第 5 步到第 8 步,裂纹在大坝垂直方向上开裂,裂纹深入地基;第三阶段:第 9 步到第 25 步,裂纹开始在坝体内水平方向上延伸;第四阶段:第 26 步到第 38 步,主裂纹开始出现大量的分叉,破裂的区域变大,裂纹几乎贯通整个坝体。

(5)距离坝基不同的监测点的力学参数变化情况。

在水压的作用下,坝体出现裂纹,随着裂纹的扩展,坝体内各个监测点的力学参数有所变化。图 5-149 中所示的 1~5 号监测点位于坝体不同的位置。1 号、2 号、3 号监测点大致位于坝体的水平方向上,4 号、5 号监测点位于坝体的垂直方向上。其具体位置见表 5-6、表 5-7。由于监测点位置不同,通过比较不同节点参数的变化,可以简单分析出拉张破裂过程中重力坝体的力学参数变化情况,总结破坏规律。

表 5-6 监测点距离大坝上水坝面的距离

监测点号	1	2	3
距离大坝上水坝面的距离/m	30.31	47.39	64.95

表 5-7 监测点距离大坝地表的距离

监测点号	4	5
距离大坝地表的距离/m	29.70	12.45

图 5-151、图 5-152 是水平与垂直方向上各个监测点的位移与应力变化曲线。

图 5-151(a)是水平方向节点的应力曲线,可以看出,随着裂纹的扩展,监测点先后出现应力的峰值,这是与监测点的位置有关系的,可以理解为曲线出现峰值的时刻,也就是裂纹尖端移动该监测点的附近;图 5-151(b)、图 5-151(c)中,各个监测点在开裂第 30 步之后,位移的数值出现剧烈变化,这是由于进入第四阶段,出现了大量分叉,三个监测点的数值曲线几乎是相似的。图 5-151(b)是各个监测点的 x 方向的位移曲线,第 34 步之前是上升的过程,之后出现突变,在第 36 步达到最低点,随后快速增加。说明在这个过程中,坝体出现水平方向的振动,也是应力卸荷过程的表现。

（a）

（b）

（c）

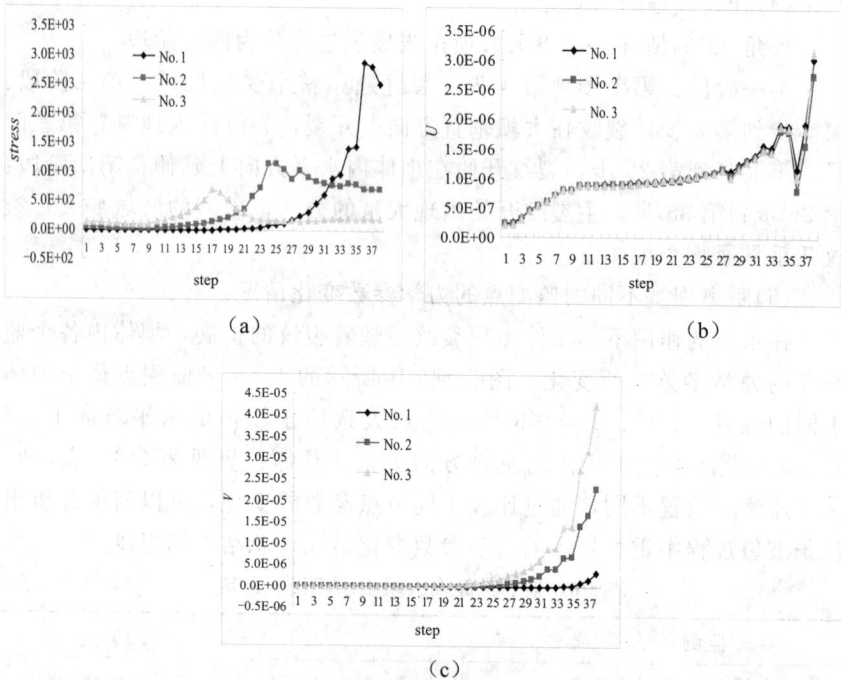

图 5-151 水平方向上监测点位移、应力的变化(1 号、2 号、3 号监测点)

图 5-152 中的各个监测点位于垂直坝面以下的位置，位于开裂第二阶段的区域，可以看出，不论是位移，还是应力的主要变化时间，都发生在第 9 步之前，也就是没有出现水平的开裂趋势之前。

(6)分离节点的应力及位移变化与裂纹开裂扩展的关系。

在整个开裂过程中，设定了两个节点分离的监测点，其中，6 号节点位于上水坝面附近，7 号节点位于贯穿坝体的水平裂纹中部。所选择的节点是开裂边界上的节点，所以开裂发生的过程中，节点会一分为二，记录分离后节点的位移量值和应力值，如图 5-153 所示。

图 5-153(a)是 6 号监测点的 x 方向位移，由于 6 号监测点处于坝面的边界部位，所以最早出现分离。由图形可知，两个节点的快速分离发生在第 9 步之前，由于裂纹位移的变换，位移不再变化。监测点 7 是裂纹中部的节点，在第 10 步出现节点分离，初期两个节点的位移量不是很大，在第 20 步以后，即进入了开裂的第四阶段时，位移量增大速度加快，直到最后破坏。

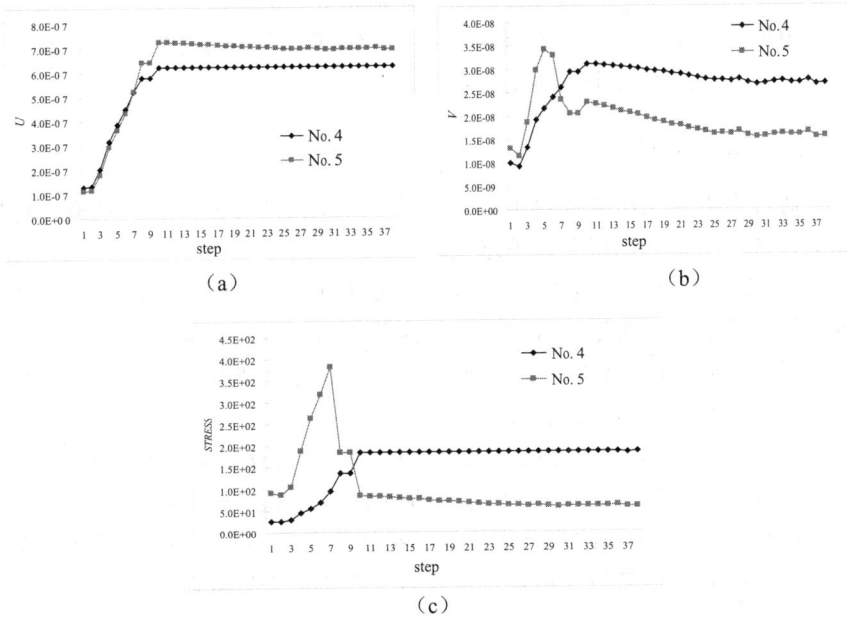

（a）

（b）

（c）

图 5-152　垂直方向上监测点位移、应力的变化

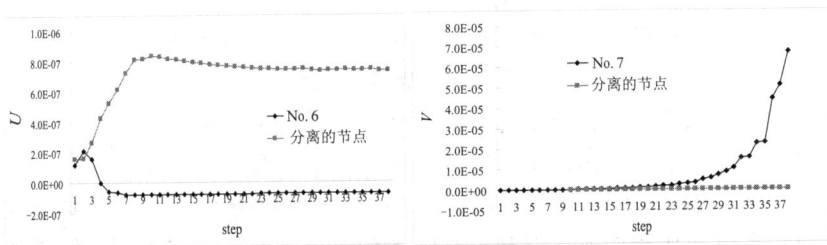

（a）6号监测点的 x 方向位移　　　　　　（b）7号监测点的 y 方向位移

图 5-153　监测点分离后的位移变化

5.9.3　重力坝开裂结构演化过程

整个重力坝的开裂过程分为四个阶段。

第一阶段是破裂初始阶段：在水压的作用下，上水坝面出现裂纹，随后裂缝没有继续扩展，而是在受拉区域重复出现杂乱的裂纹。

第二阶段是垂向裂纹扩展阶段：在垂直于大坝方向上，裂纹深入地基，对于基础有破坏作用。

第三阶段是水平裂纹扩展阶段：裂纹开始在坝体沿着水平方向上扩

展，这个阶段是整个开裂过程对于坝体损伤最重的阶段。

第四阶段是裂纹区域扩展阶段：主裂纹开始出现大量的分叉，破裂的区域变大，裂纹几乎贯通整个坝体。

5.9.4　小结

通过有限单元法软件对不同坡角模型的拉张破裂进行数值模拟，对其结果进行了研究，得到以下结论：

(1)模拟坡角分别为 30°，45°，60°的重力坝拉张破坏，模拟裂纹产生和开裂的过程，对于主应力的变化进行分析，得出其变化规律。

(2)监测距离坝基不同监测点的力学参数变化情况，形成曲线，经过对比得出裂纹对局部应力分布的影响。

(3)得出监测分离节点的应力及位移变化与裂纹开裂扩展的关系。

(4)由数值模拟结果，将重力坝的整个开裂过程分为四个阶段。

(5)由于模型结构的变化，裂纹的扩展也有所不同，可以比较出 60°的重力坝拉张破坏最为严重，这也符合工程中的一般规律。

5.10　偏心加载 T 型桥拉张破坏的有限元数值模拟[46]

T 型桥结构在我国桥梁工程中使用较广，此种结构属于悬臂体系桥梁，它的受力特点是桥跨结构以 T 型形式悬臂伸出，并用挂梁或铰将桥梁彼此连成整体。在偏心荷载作用下，梁臂产生弯矩，墩柱产生竖向压力和弯矩，它既有拱的受力特点，又兼有梁的受力特点。

目前关于 T 型桥结构剪破坏理论描述、判据分析、数值模拟、工程应用等方面比较成熟，但利用有限元法对拉张破坏形成的不连续性进行模拟与工程应用尚处于起步阶段，近几年引入了单元分裂和界面分离技术描述破坏引起的材料几何拓扑结构变化，采用接触单元表征破坏界面，借助动态松弛方法完成求解。在此基础上，本节利用材料破坏过程分析系统 FEPG 对 T 型桥墩在偏心加载条件下拉张破裂过程的结构演化过程进行数值模拟，探讨了结构破坏过程中的破坏机理，得到了许多在常规实验室试验中观测不到的重要信息，确定了危险区域。研究结果与现场采集结果表现出较好的一致性，对 T 型桥结构裂缝的治理提供了一定的依据。

5.10.1　弹性体静载破裂有限元法

在进行结构分析时，针对不同情况，对桥梁应力—应变关系进行简化处理是有利的,大多数理论分析采用理想的弹性假设。用有限元法分析钢筋混凝土结构拉张破坏,采用平面三节点三角形单元。通过有限元程序得到节点的平均应力及节点的主应力及主应力方向,遵循最大拉应力优先破坏、拉张破裂判据及开裂准则判断节点是否开裂。

最大拉应力优先破坏原则就是随着外载荷逐步加大,桥梁结构内承受的拉、压应力水平相应逐步增高;分析时,在众多拉、压应力场中优先考虑达到抗拉强度 σ_s 的节点处产生开裂,开裂使得应力释放;判别在当前荷载下不再有节点到达开裂应力,系统暂时维持稳定状态。荷载按增量时步继续加大后,又会有节点率先达到开裂应力 σ_t,产生开裂,如此逐级加载,逐级开裂。

5.10.2 模型尺寸及加载方式

T 型桥墩尺寸如图 5-154 所示,模型被分为 2 029 个三角形单元,结点数为 1 125,试件采用控制荷载的分步加载方式,每步加载 2 kN,分别在图 5-154 中三个位置依次加载测试,材料参数都在给定其平均值和均质度的条件下进行随机赋值。

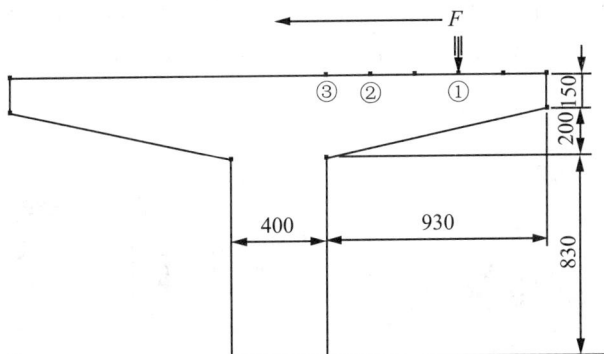

图 5-154 模型的几何形状和加载方式(单位:mm)

5.10.3 整体结构破裂模拟结果分析

(1)位置①加载下结构破裂过程第一主(拉)应力演化。

第一主(拉)应力云图演化过程见图 5-155。结构加载后,可以看出开裂前拉张破裂的第一主(拉)应力云图部分集中在 T 型梁臂上,最大值距桥墩顶部中心处约 285 mm,因此梁臂顶部首先开裂,随之应力释放并转移。随着载荷步的增加,梁臂继续开裂,第一破坏点周围产生新的裂缝，直到应力全部释放。

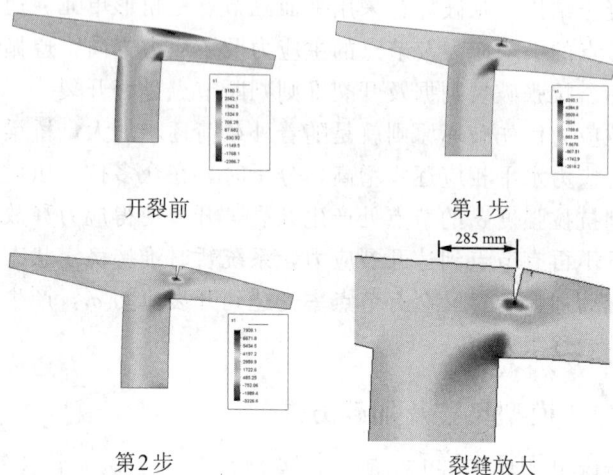

开裂前   第1步

第2步   裂缝放大

图 5-155 第一主(拉)应力演化过程

（2）位置②加载下结构破裂过程第一主(拉)应力演化。

第一主(拉)应力云图演化过程见图 5-156。当载荷在离梁顶中心386 mm 处加载时，最大第一主应力在距梁顶195 mm 处，随着载荷步增加，随之梁面开裂，并且由于载荷的传递，墩柱上承担了较大的拉应力，但还没有达到最大抗拉强度。

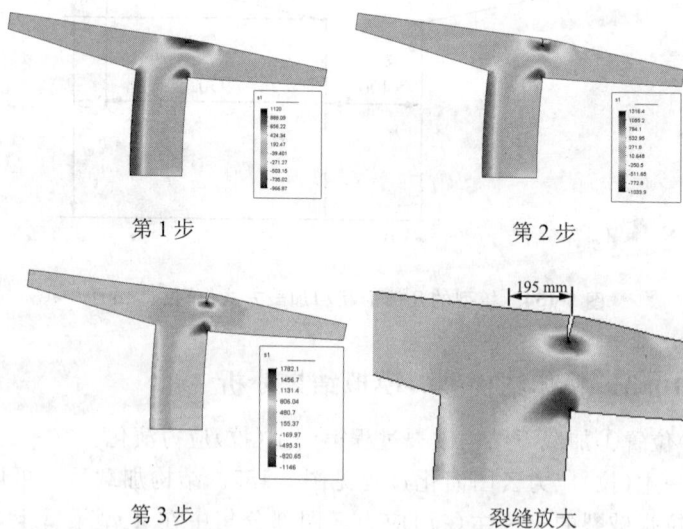

第1步   第2步

第3步   裂缝放大

图 5-156 第一主(拉)应力演化过程

（3）位置③加载下结构破裂过程第一主（拉）应力演化。

第一主（拉）应力云图演化过程见图 5-157。载荷在③处加载，墩柱达到最大抗拉强度，满足破裂准则，在距底部高 306 mm 处开裂。

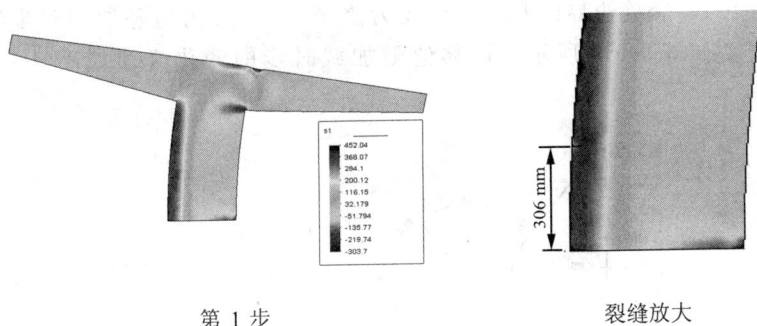

第 1 步　　　　　　　　　　　　　　　裂缝放大

图 5-157　第一主（拉）应力演化过程

（4）位置①③中间加载下结构破裂过程第一主（拉）应力演化。

第一主（拉）应力云图演化过程见图 5-158。调整载荷加载位置，当载荷在①③中间加载，距梁顶 300 mm 左右，梁臂、墩柱均出现裂缝，随着载荷步增加裂缝扩大，直到最后最大应力点附近多点开裂，同样形成不连续面，系统不稳定，不再开裂，完全破坏，丧失承载能力。

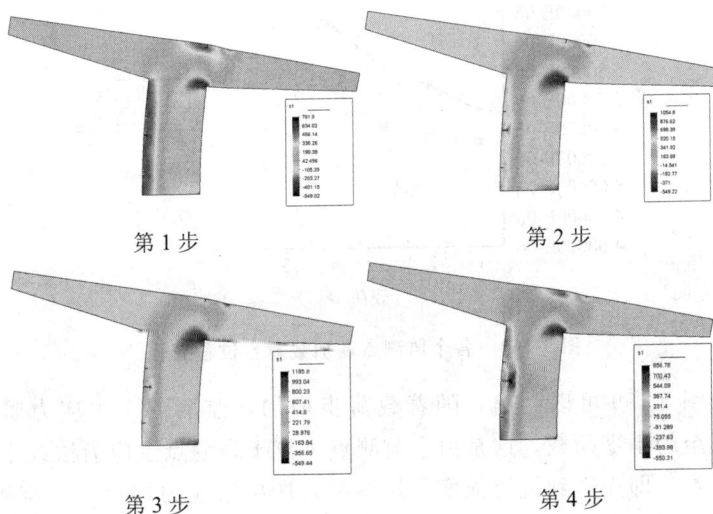

第 1 步　　　　　　　　　　　　　　　第 2 步

第 3 步　　　　　　　　　　　　　　　第 4 步

图 5-158　第一主（拉）应力演化过程

5.10.4 监测点破裂过程分析

在位置①加载下，设定 2 个监测点，设定裂缝边界上 1 124 号单元为监测点 1，裂缝边界内 651 号单元为监测点 2，应力值随加载时步的变化规律如图 5-159 所示，位移值随加载时步的变化规律如图 5-160 所示。

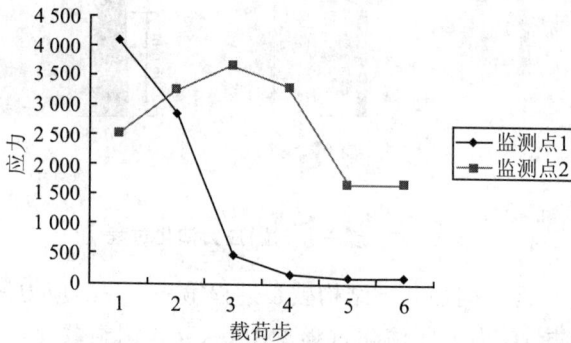

图 5-159　各个监测点随加载时步主应力变化

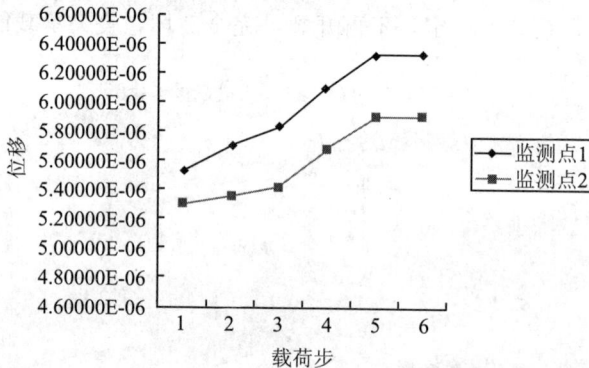

图 5-160　各个监测点随加载时步位移变化

从图 5-159 可以看出，随着载荷步增加，监测点 1 主应力骤然下降，直至趋于零荷载。这是由于监测点 1 位于裂缝点主应力法线上，将产生开裂，即先达到抗拉强度，最终拉破坏导致应力的释放。监测点 2 位于裂缝单元内部，不会产生开裂，但随着载荷步的增加，裂缝开裂扩大、加深，应力会逐渐增加，直至达到最大值。当裂缝继续向结构内部深入破坏时，裂缝尖端最大应力点远离监测点 2，监测点 2 应力值逐渐下降，趋于定值。

从图 5-160 可以看出，两个监测点横向位移随着载荷步增加逐渐扩大，损伤逐渐严重。

5.10.5　小结

(1)在加载过程中，T 型桥结构受拉应力作用发生破裂形成不连续面，相应导致应力状态的调整和改变，裂缝逐渐深入扩大，导致结构损伤破坏。

(2)通过不同位置加载测试，观察到载荷作用位置与破裂位置的关系，确定了裂缝的分布区域，为桥梁建设中车道规划提供了参考依据。

(3)拉张破裂有限元程序模拟 T 型桥结构拉张破裂的整个过程，与实际现场记录较吻合，为研究裂纹的扩展规律及桥墩裂缝治理提供了参考。

5.11　岩桥破裂的数值模拟[44]

工程岩体的破坏失稳通常是由于载荷作用使得岩体中裂纹面张开、闭合和扩展而形成新的贯通滑移面所导致的，即岩桥贯通扩展。岩桥和裂纹共同承担荷载作用，由于岩桥的存在，非贯通性裂纹端部应力高度集中，将导致脆性断裂破坏。因此，研究节理、裂隙的相互作用，分析节理岩体的强度特性及其变形破坏机制，可以合理地预测实际工程的可能破坏模式和评价工程岩体的稳定。

在岩桥贯通机制研究方面：黄明利、唐春安采用 RFPA 软件对预制裂隙岩石试样的压剪试验进行数值模拟；黎立云在裂纹分布已知的条件下，利用裂纹尖端应力应变场的极值分布获得了裂纹间岩桥的贯通机制；尹双增从裂纹扩展时能量的守恒和转换的角度出发，认为裂纹尖端塑性区的存在是抗裂的重要因素，裂纹扩展所用的塑性功与材料的断裂韧性有密切关系。利用有限元程序，对岩桥的失稳进行数值模拟，得出不同倾角下其受力大小和失稳过程是不同的。

5.11.1　模型及边界条件的选取

模型尺寸及荷载如图 5-161 所示，裂纹倾角为 $\alpha(\alpha=45°)$，岩桥倾角为 $\beta(\beta=45°、90°、135°)$，选取均匀单一材质，弹性模量 20 000 MPa，泊松比 0.3，容重 3 000 N/m³。网格划分如图 5-162 所示，起始时剖分为 1 482 个节点，2 774 个单元，在岩桥的两端和中间分别选取 3 个监测点对其应力变化规律进行监测。

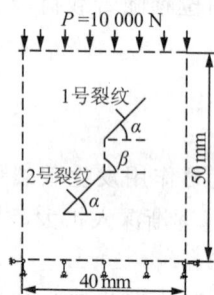

图 5-161　模型尺寸及荷载　　图 5-162　网格划分及监测点

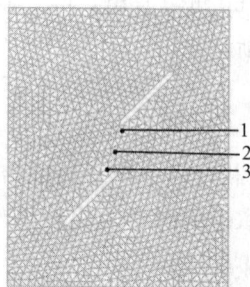

5.11.2　岩体裂纹扩展的数值模拟

（1）岩桥倾角 β＝45°时。

由图 5-163 可以看出，开裂前最大拉应力出现在 1 号裂纹的下端，此处首先开裂，随之应力释放并转移。第 1～4 步，在 1 号、2 号裂纹两端产生翼裂纹；第 5～13 步，1 号裂纹两端的翼裂纹逐级扩展，此时 2 号裂纹的翼裂纹并未扩展；而在第 14～17 步，2 号裂纹两端的翼裂纹才发生扩展；到第 25 步，最大拉应力发生在 1 号裂纹上端翼裂纹的尖端，之后此翼裂纹一直扩展，直至破坏。

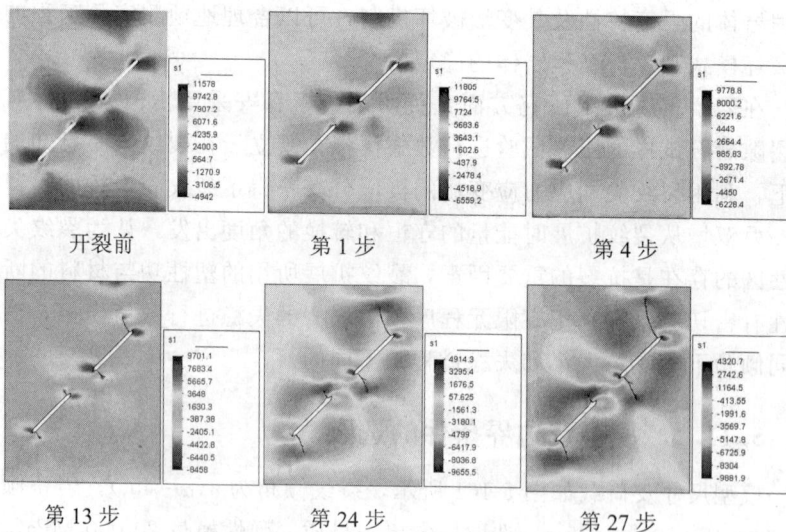

图 5-163　岩桥倾角为 45°时第一主(拉)应力演化过程

（2）岩桥倾角 β＝90°时。

由图 5-164 可以看出，开裂前最大拉应力出现在 1 号裂纹的下端，此处首先开裂，随之应力释放并转移。第 1~4 步，在 1 号、2 号裂纹两端产生翼裂纹；第 5~21 步，在 1 号裂纹两端的翼裂纹逐级扩展，此时 2 号裂纹的翼裂纹并未扩展；而在第 22 步，岩桥的中部产生新的裂纹；到第 28 步，最大拉应力发生在 1 号裂纹上端翼裂纹的尖端，之后此翼裂纹一直扩展，直至破坏。

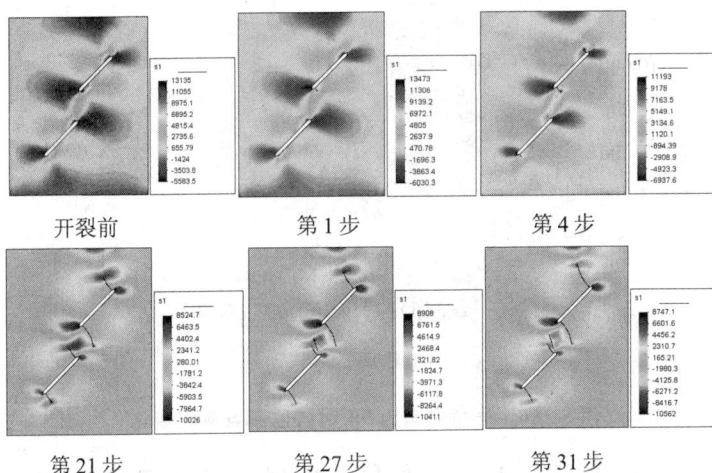

开裂前　　　　　　　第 1 步　　　　　　　第 4 步

第 21 步　　　　　　第 27 步　　　　　　第 31 步

图 5-164　岩桥倾角为 90°时第一主(拉)应力演化过程

(3)岩桥倾角 β=135°。

由图 5-165 可以看出，开裂前最大拉应力出现在 1 号裂纹的下端，此处首先开裂，随之应力释放并转移。第 1~6 步，在 1 号、2 号裂纹两端产生翼裂纹；第 7~15 步，1 号裂纹两端的翼裂纹逐级扩展；到第 22 步在岩桥的中间产生新的裂纹，之后此裂纹一直扩展，直至破坏。

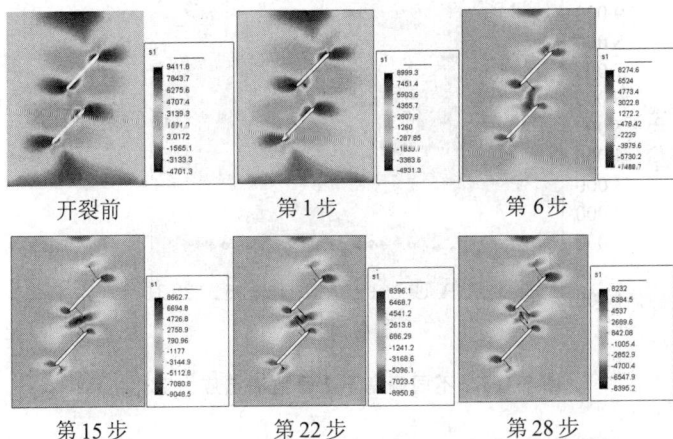

开裂前　　　　　　　第 1 步　　　　　　　第 6 步

第 15 步　　　　　　第 22 步　　　　　　第 28 步

图 5-165　岩桥倾角为 135°时第一主(拉)应力演化过程

从图 5-166 可以看出 1 号监测点在第 3 时步应力发生突变，试件破裂，第一主应力从 10 189.9 Pa 突然降至 3 036.8 Pa，拉破坏导致应力释放，至第 12 时步应力降为零。3 号监测点在第 15 时步破裂，第一主应力突变为零，随之应力释放。2 号监测点未破裂，应力没有突变，随着加载时步的增加，应力先增大后减小。

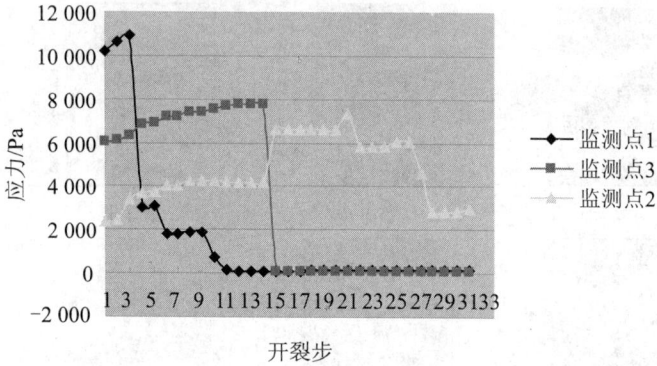

图 5-166　岩桥倾角为 90°时各监测点应力变化

从图 5-167 可以看出，岩桥倾角为 45°时，2 号监测点应力变化曲线近似于直线，监测点先受压应力，随着加载时步的增加，所承受的力很快变成拉应力，拉应力逐步增加，但增加的幅度很小，最后稳定在 1 000 Pa 左右。岩桥倾角为 90°，135°时，2 号监测点应力变化曲线呈抛物线，开始就承受较大的拉应力，之后逐渐增大，增至最大值后开始减小，最后稳定在某个值附近。

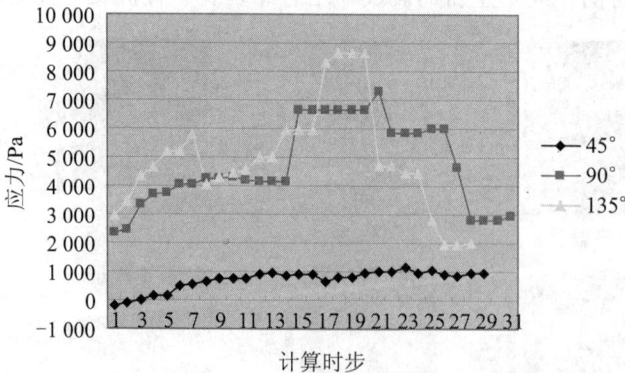

图 5-167　不同倾角下 2 号监测点应力变化

5.11.3　小结

(1)在加载过程中，预置裂纹受拉应力作用发生扩展形成不连续面，预置裂纹扩展演化的过程，就是岩桥失稳的过程，相应导致应力状态的调整和改变。

(2)翼裂纹的产生、扩展具有明显的阶段性，翼裂纹的方向总是与预置裂纹的方向垂直。

(3)岩桥受拉应力大小受岩桥的倾角影响，岩桥倾角越大，所受的拉应力越大。岩桥倾角为90°时，岩桥中间产生裂纹，倾角越大，中间破裂的区域越大。

(4)拉张破裂有限元程序模拟岩桥拉张破裂的整个过程，为研究岩桥的贯通及裂纹的扩展规律提供新的研究方法。

5.12　路面结构局部松散对路面破裂的影响

由于沥青路面属半刚性结构，如果土基的稳定性不足，路基路面压实度不足，或者基层施工质量不好，如粗细颗粒离析、结合料分布不均匀、含水量不均匀造成的密实度不均匀等，都会造成结构层的松散，在车辆荷载作用下，会出现较大变形，特别是不均匀沉陷，使面板在受荷载时底部路面松散与压实连接处会产生过大的弯拉应力，可能造成路面受拉开裂。

如图 5-168 所示，车轮荷载 P 作用在松散区域时，造成路面下沉，在松散区与压实区临界处，路面切线方向与水平面形成一个角度 α，车轮载荷 P 按实际作用效果可分为 3 个力，对路面作用点的垂直压力 N 和对作用点两边路面的拉力 S，在结构层会形成一个中性层面，使 O 点受压应力作用，C 点受拉应力作用，A，B 两点受拉应力作用。O 到 A、B 两点的水平距离为 R，A、B 到中性层面的距离为 r。

如图 5-168 知

$$P = N + 2S/\sin \alpha$$
$$S = (P - N)\sin \alpha$$

对于 A、B 两点，由于路面有一定的刚性，所以会在 A、B 两点处产生弯矩 M，

$$M = NR$$

所以 A、B 两点实际受到的拉力为

$$S' = (P - N)\sin \alpha + NR/r$$

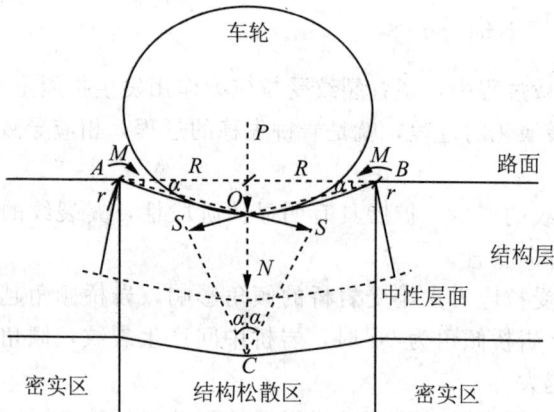

图 5-168　典型松散路面受压模型

当路面承载力与车轮载荷垂直压力平衡时，α 值与 S' 的值成正比关系，即结构层松散度越高，α 值就越大，路面受到的拉力 S' 就越大。同理，C 点受拉应力作用值与 α 值成正比。

对于路面各结构层而言，为使其不开裂，应力 σ 应小于等于相应结构层的抗拉极限强度，即应满足

$$\sigma = dS'/dA \leqslant R_f$$

式中：A 为路面受拉应力的面积；R_f 为结构层的抗拉极限强度。

有限元法分析拉张破坏，采用平面三节点三角形单元。通过有限元程序得到节点的平均应力及节点的主应力及主应力方向，遵循最大拉应力优先破坏、拉张破裂判据及开裂准则判断节点是否开裂。

在路面结构内，节点处的拉应力 σ 大于或等于结构层的抗拉极限强度 R_f，该节点处开裂，即路面结构拉张破裂判据就为节点开裂准则。开裂的方向与主拉应力方向垂直，一般单元的边界与主拉应力方向成一定的角度，因此开裂时一个单元可能在节点处沿主拉应力垂直方向分离，形成开裂单元。

若有多个节点第一主应力满足 $\sigma \geqslant R_f$，依照最大拉应力优先破坏原则，在其中单个节点应力水平最大的节点处产生开裂。开裂后的路面结构实质上已经发生改变，路面损伤度 D 为

$$D = 1 - A'/A$$

式中：A' 为截面在损伤后的面积，D 为损伤度。

$$E' = E(1 - D)$$

式中：E，E' 分别为结构截面损伤前后的弹性模量。

在车载的循环作用下，应力状态重新分布。在破裂后的新结构中重

新分析应力、变形等力学过程，依次重复结构改变、导致应力状态改变的循环分析过程。图 5-169 是路面结构的网格划分及几个监测点的位置图。

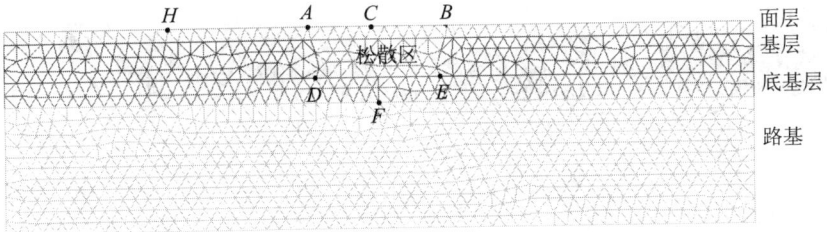

图 5-169 路面结构的网格划分浏览监测点位置图

第一主(拉)应力云图演化过程见图 5-170。为了便于分析，图中破裂位移放大 50 倍，使得破裂图形非常清楚地显示在图中。从路面结构受到轮载后到受到循环荷载作用直到路面破坏，分析典型的几步。第 1 步，当路面受到轮载作用时，可以看出开裂前拉张破裂的第一主(拉)应力发生在路面结构底基层(C，D，E 三点)和疏松区与密实区连接处的面层上(A，B 两点)；第 2 步，因为底基层在结构层中抗拉强度偏低，因此底基层首先开裂，开裂处出现在底基层松散区的左侧(D 点)，随之应力释放并转移。第 3 步到第 4 步，随着汽车轮载的继续作用，底基层出现几处开裂(D，C 点)；第 5 步到第 6 步，底基层裂口增大，路面沉陷量增大，松散区与密实区连接处的面层 A 点处首先被拉裂，然后 B 点被拉裂；第 7 步到第 8 步，底基层出现多处开裂，拉应力几乎全部释

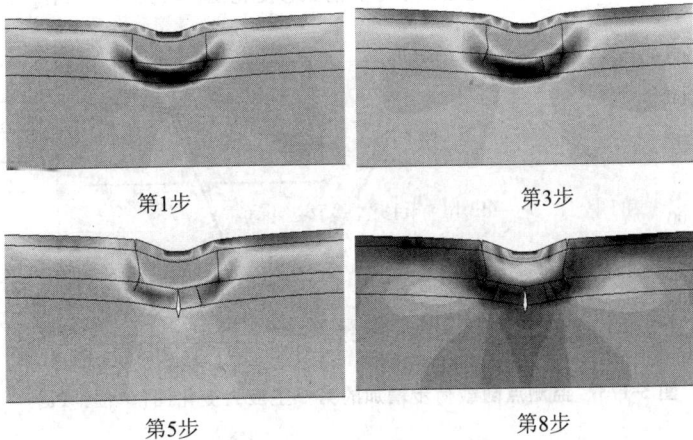

图 5-170 第一主(拉)应力演化过程

放，松散区与密实区连接处(A，B 两点)裂口增大，左侧出现裂缝(H 点处)，面层继续开裂，直到应力全部释放。破坏原路面结构图如图 5-171所示。

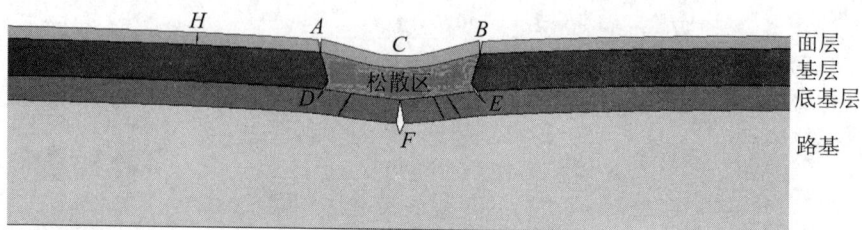

图 5-171 破坏后路面结构图

各监测点的位移变化及第一主应力变化如图 5-172、图 5-173 所示。

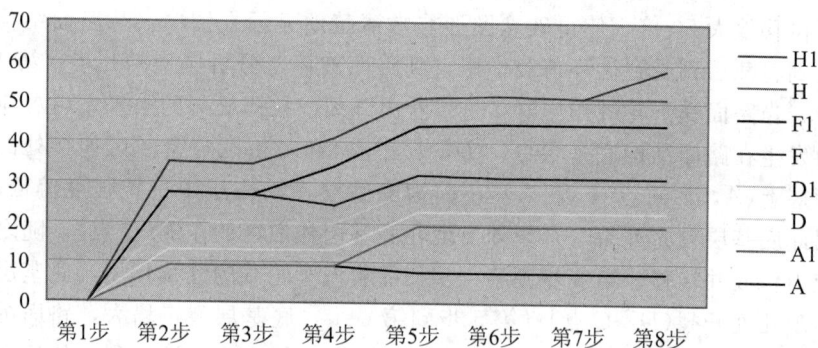

(图中点 A1、D1、F1、H1 分别为点 A、D、F、H 开裂后形成的新的节点)

图 5-172 监测点随载荷步增加的位移变化图(单位：10^{-6} m)

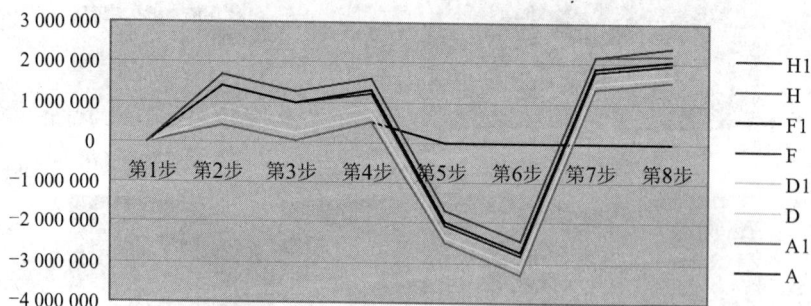

图 5-173 监测点随载荷步增加的第一主应力变化图(单位：Pa)

5.13　残煤自燃诱发滑坡过程的数值模拟[49]

5.13.1　数值模拟用的煤/岩物理力学参数

考虑到在残煤自燃过程中，由于温度的影响，煤层和顶底板岩石的物理力学性质都会相应地改变，如弹性模量降低、泊松比增大、抗拉强度降低等，参考海州露天矿滑坡实际情况，取煤/岩的物理力学参数，如表 5-8 所示。

表 5-8　计算采用的物理力学参数

煤/岩名称	弹性模量/GPa	泊松比	密度/(kg · m⁻³)	热膨胀系数/K⁻¹	抗拉强度/MPa
砂岩	29.73	0.25	2.60×10^3	1.23×10^{-6}	0.63
煤层(燃烧区)	1.43	0.40	1.20×10^3	8.76×10^{-6}	0.29
煤层	14.35	0.35	1.58×10^3	11.35×10^{-6}	0.49
泥岩	16.5	0.30	2.48×10^3	9.00×10^{-6}	0.39

5.13.2　数值模拟结果与分析

(1)燃空区 20 m。

由图 5-174 可知，第一主应力最大值集中在燃烧区煤层顶板岩层中，在坡面有开裂的现象，向燃空区方向延伸。压应力集中在模型右下部位，应力呈层状分布。坡顶受拉应力影响较大。

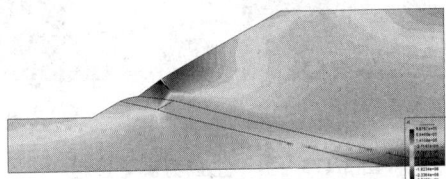

图 5-174　第一主应力

(2)燃空区 40 m。

①数值模拟结果。

由图 5-175 可知，随计算时步的进行，各点应力逐渐减小，岩体内部有应力集中存在，局部点有应力激增现象，总体还是层状分布，拉应力逐渐减小，压应力逐渐增大。随着开裂的继续，在第 9 时步，拉应力区域突然增大，应力值也增大，经过应力释放的过程，裂纹逐渐向岩体内部延伸，裂缝宽度逐渐增大，导致燃空区煤层顶板岩石突然断裂。

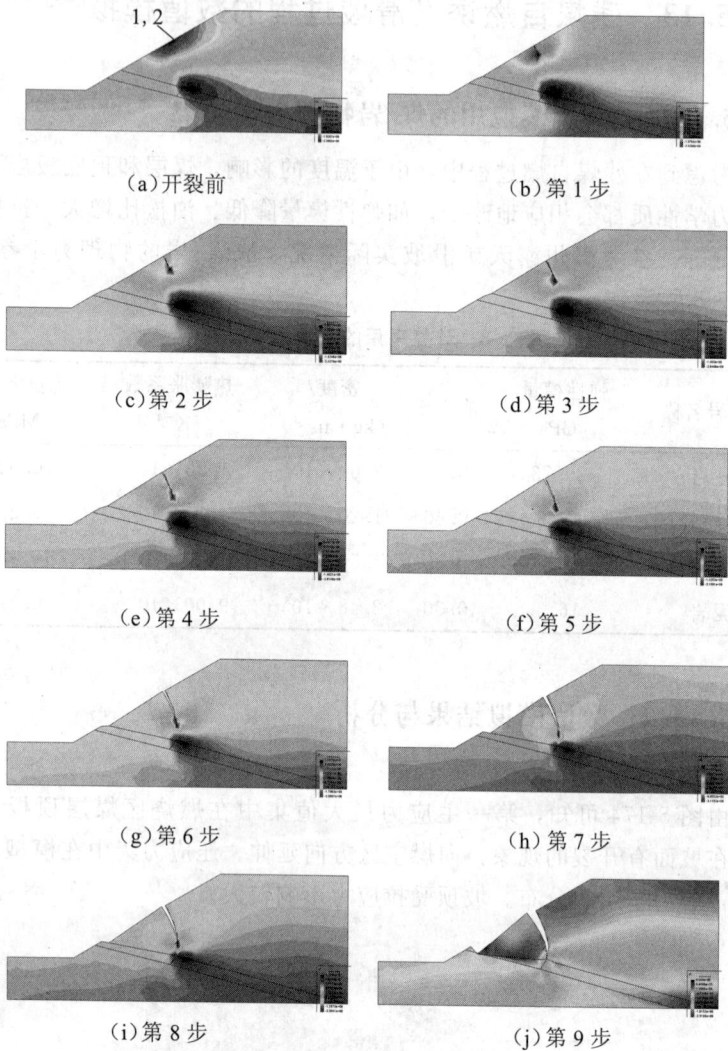

（a）开裂前

（b）第 1 步

（c）第 2 步

（d）第 3 步

（e）第 4 步

（f）第 5 步

（g）第 6 步

（h）第 7 步

（i）第 8 步

（j）第 9 步

图 5-175 第一主应力演化过程

②监测点变化规律。

由图 5-176 可知，1 号监测点和 2 号监测点是由一个节点分裂开来的，随着开裂步地进行，1 号监测点和 2 号监测点的应力迅速减小。在第 5 时步，应力下降的趋势变缓，2 号监测点的应力基本保持不变，主要受拉应力影响；监测点 1 由拉应力变为压应力，应力差由大变小再变大。最大应力值 3.57×10^6 Pa，最小应力值 $-58\,887.4$ Pa。

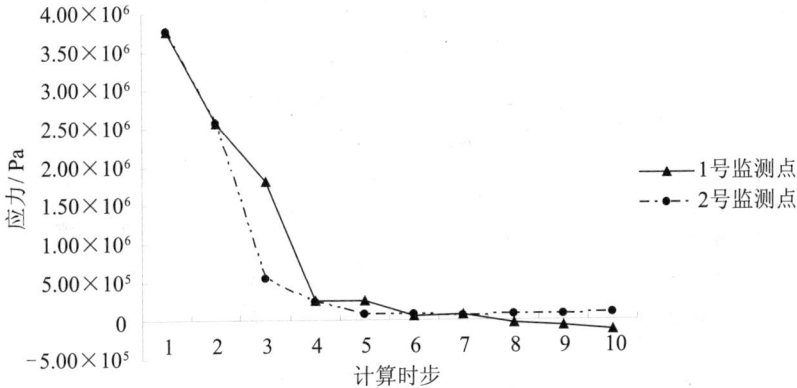

图 5-176 监测点应力变化规律曲线图

由图 5-177 可知,水平方向位移随计算时步的进行,1 号监测点的水平位移逐渐增大,向自由面方向移动。2 号监测点的水平位移基本保持不变。在第 8 步和第 9 步 2 号监测点的水平位移保值不变,而在第 8 步到第 9 步监测点 1 水平位移迅速增大,从中可以看出,在该步,岩层变形破坏最严重。

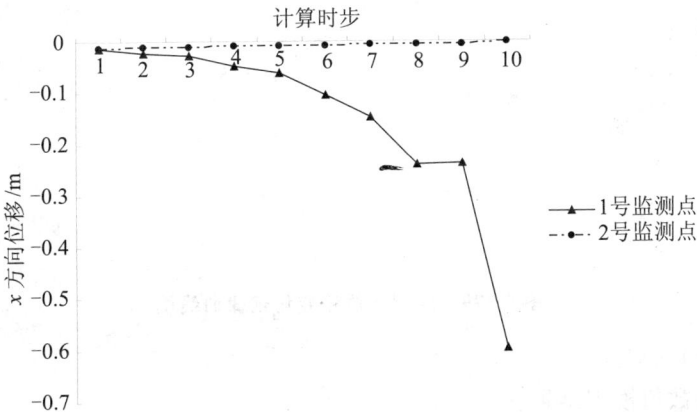

图 5-177 监测点 x 方向位移变化规律曲线图

由图 5-178 可知,垂直方向位移随计算时步的进行,1 号监测点的垂直位移逐渐增大,有下沉的趋势。2 号监测点的垂直位移基本保持不变。位移差逐渐增大,裂缝也逐渐增大。

由图 5-179 可知,位移随计算时步的进行,1 号监测点的位移逐渐增大。2 号监测点的位移基本保持不变。在第 8 步和第 9 步 1 号监测点的位移保值不变,而在第 9 步以后 1 号监测点位移迅速增大,裂缝宽度

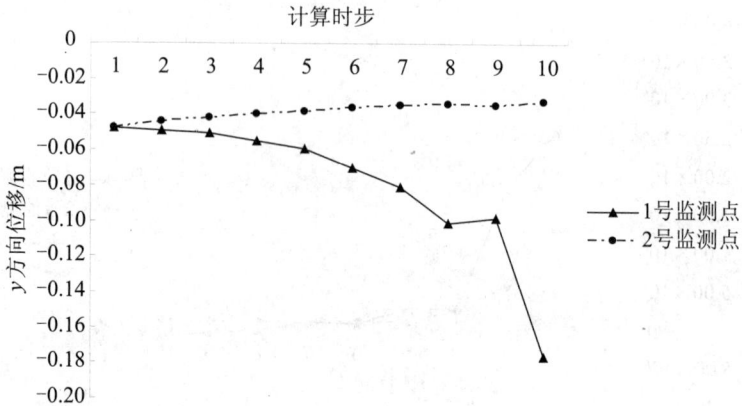

图 5-178　监测点 y 方向位移变化规律曲线图

也逐渐增大，使岩层变形破坏最严重。

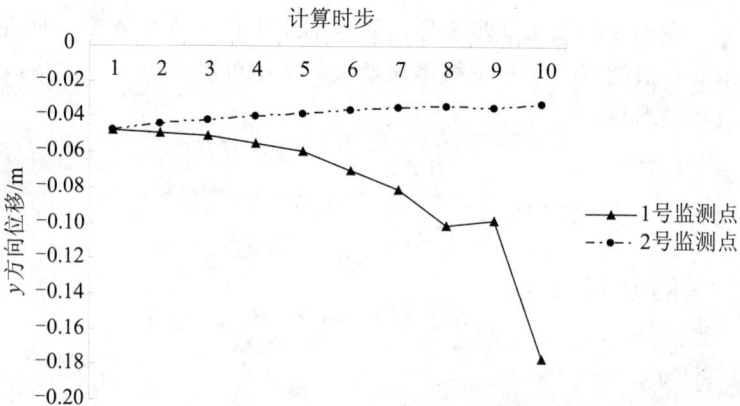

图 5-179　监测点位移变化规律曲线图

(3)燃空区 50 m。

①数值模拟结果。

由图 5-180 可知，随计算时步的进行，各点应力逐渐减小，岩体内部有应力集中存在，局部点有应力激增现象，总体还是层状分布，最大应力 5.93×10^6 Pa。裂纹集中在拉应力较大的区域，伴随有一些杂乱的裂纹出现。由裂纹的整体开裂趋势可知，裂纹逐渐向岩体内部延伸，裂缝宽度逐渐增大，煤层顶板岩石有下滑的趋势。

(a)开裂前

(b)第1步

(c)第2步

(d)第3步

(e)第4步

(f)第5步

(g)第6步

(h)第7步

(i)第8步

(j)第9步

(k)第10步

(l)第11步

(m)第12步

(n)第13步

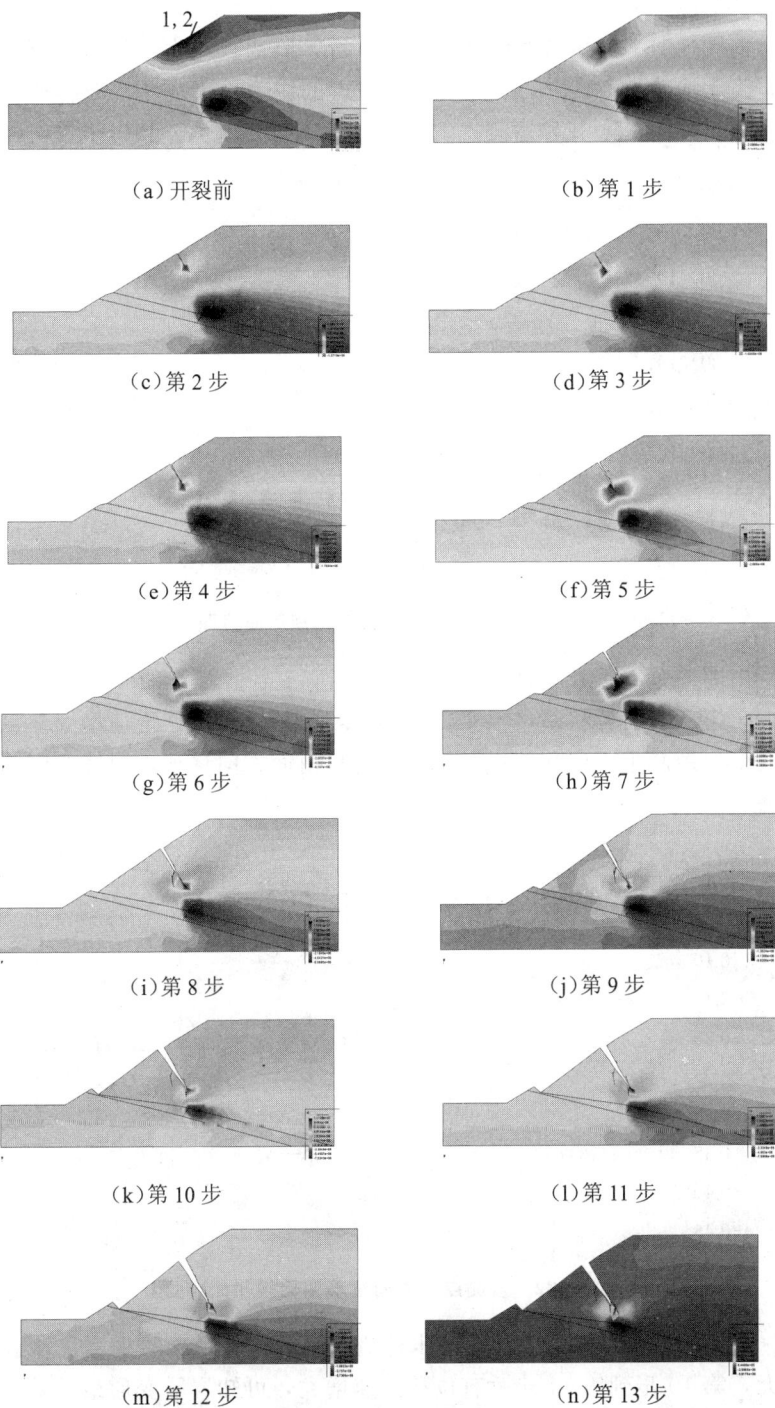

图 5-180　第一主应力演化过程

②监测点变化规律。

由图 5-181 可知，随计算时步地进行，监测点应力总体呈下降的趋势，最大应力 6.03×10^6 Pa。1 号监测点的应力由大变小，整体受拉应力影响。从第 5 步开始监测点的应力基本不变，应力差趋近于零。

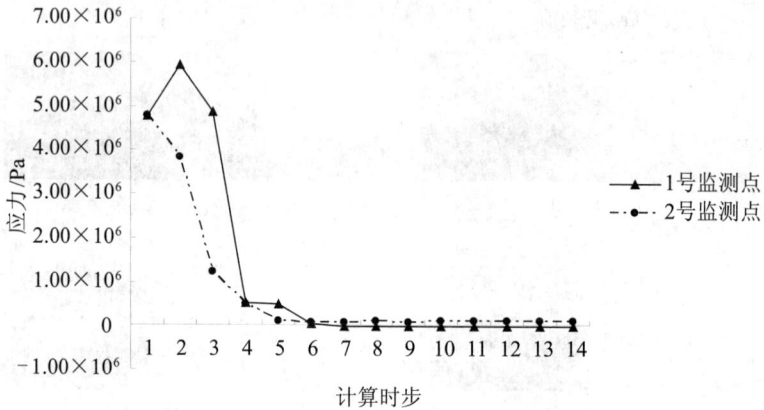

图 5-181　监测点应力变化规律曲线图

由图 5-182 可知，随计算时步地进行，1 号监测点的水平位移逐渐增大，第 2 步前位移基本不变，第 10 步到第 11 步位移迅速增大，可知岩层变形最严重。位移差逐渐增大，向自由面方向移动，裂缝宽度也随之增大。

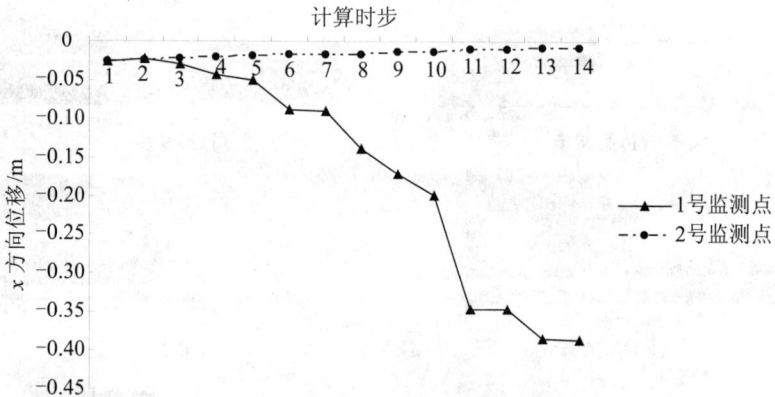

图 5-182　监测点 *x* 方向位移变化规律曲线图

由图 5-183 可知，随计算时步地进行，1 号监测点的垂直位移逐渐增大，第 10 步到第 11 步垂直位移迅速增大，可知岩层变形最严重。位移差逐渐增大，有下沉移动趋势，裂缝也随之增大。

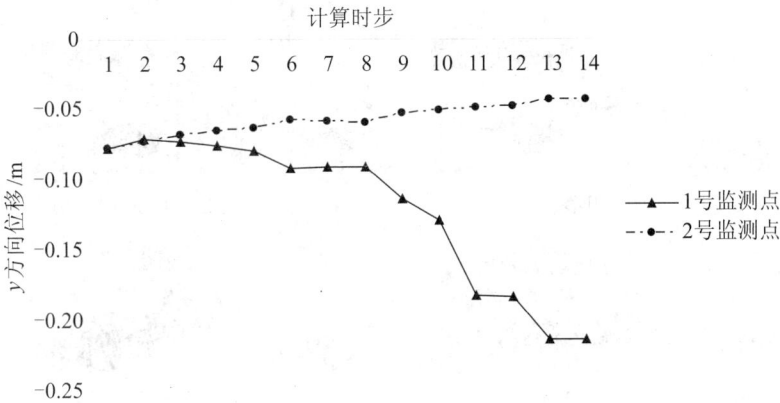

图 5-183　监测点 *y* 方向位移变化规律曲线图

由图 5-184 可知，随计算时步地进行，监测点 1 的位移逐渐增大，第 10 步到第 11 步垂直位移迅速增大，可知岩层变形最严重。位移差逐渐增大，有下沉移动趋势，裂缝宽度也随之增大。

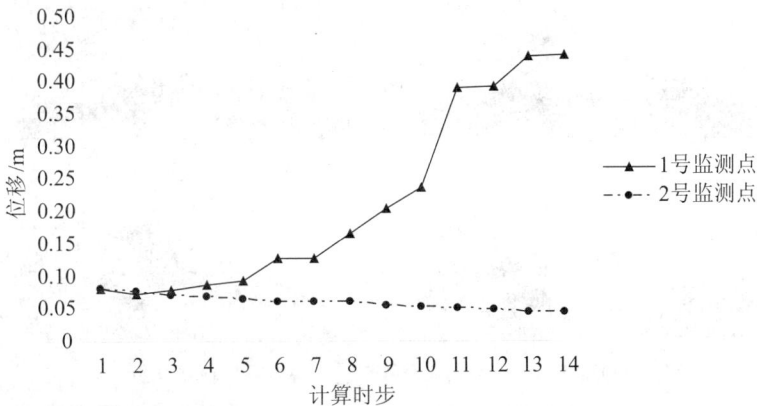

图 5-184　监测点位移变化规律曲线图

(4)燃空区 70 m。

①数值模拟结果。

由图 5-185 可知，随计算时步地进行，在坡顶出现最大拉应力区域，裂纹出现在坡顶中部，压应力区域主要集中在燃空区前方顶板岩层中，压应力区域逐渐增大。从第 8 步开始，压应力区域又逐渐减小。从第 10 步开始，裂纹逐渐增多，呈爪形，而裂纹宽度也逐渐增大，并向燃空区最前方延伸，直至不再破裂为止。坡顶破裂处有提升的现象，坡面整体向下滑移。

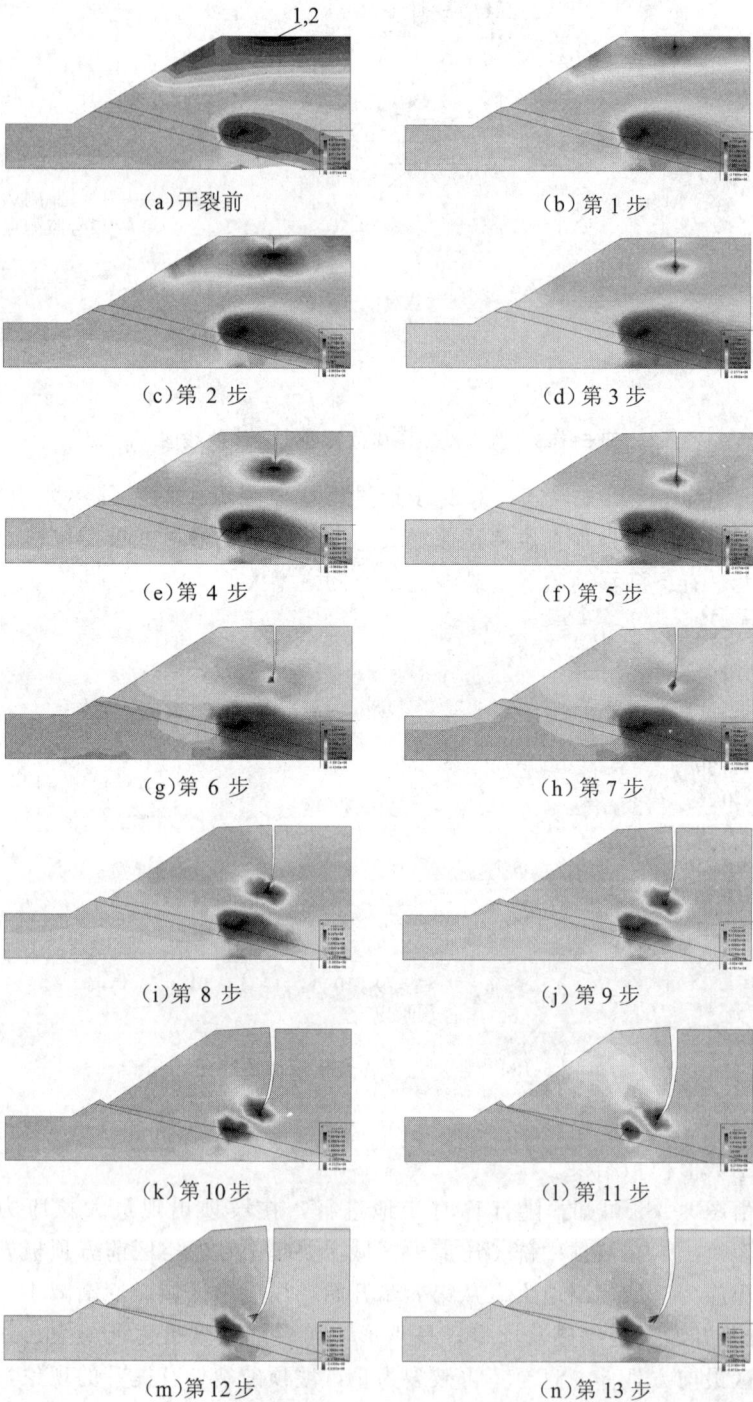

(a)开裂前

(b)第 1 步

(c)第 2 步

(d)第 3 步

(e)第 4 步

(f)第 5 步

(g)第 6 步

(h)第 7 步

(i)第 8 步

(j)第 9 步

(k)第 10 步

(l)第 11 步

(m)第 12 步

(n)第 13 步

图 5-185　第一主应力演化过程

②监测点变化规律。

由图 5-186 知，1 号监测点和 2 号监测点在破裂前是同一个节点，应力从破裂开始逐渐减小，应力差基本为零，主要受拉应力影响。

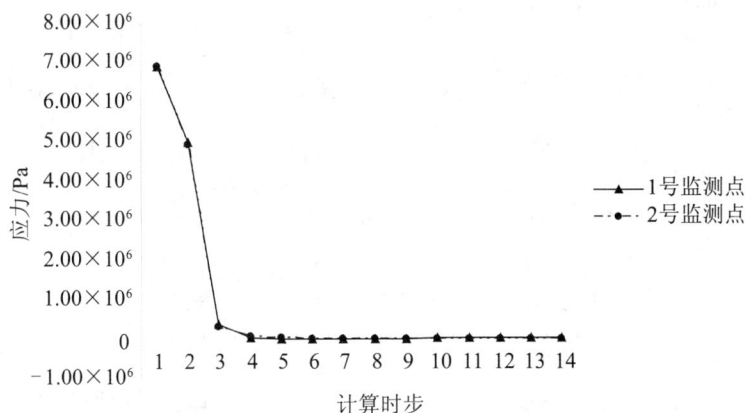

图 5-186　测点应力变化规律曲线图

由图 5-187 知，1 号监测点在破裂后，水平位移逐渐增大，向凌空面移动。2 号监测点水平位移基本不变。位移差逐渐增大，说明裂缝宽度逐渐增大，破坏程度也越严重。

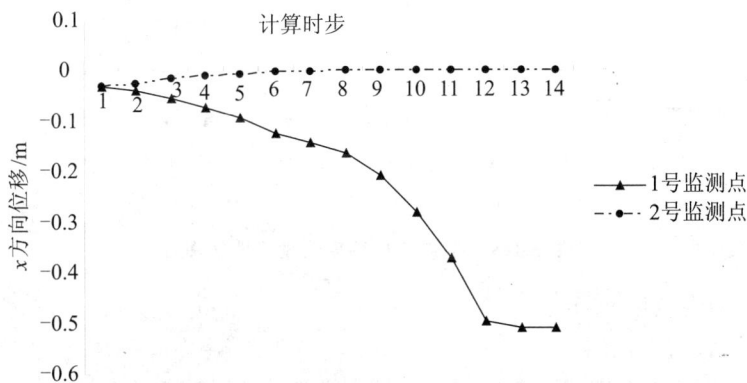

图 5-187　监测点 *x* 方向位移变化规律曲线图

由图 5-188 知，在破裂前，垂直位移基本保持不变。从第 2 步开始，1 号监测点的垂直位移逐渐增大，裂缝也逐渐延长。

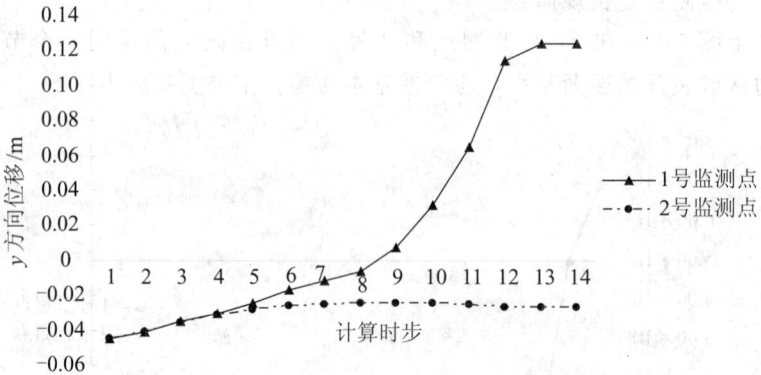

图 5-188   监测点 y 方向位移变化规律曲线图

由图 5-189 知，随着计算时步的进行，位移逐渐增大，1 号监测点和 2 号监测点的位移差逐渐增大，由此可知裂缝的宽度逐渐增大。

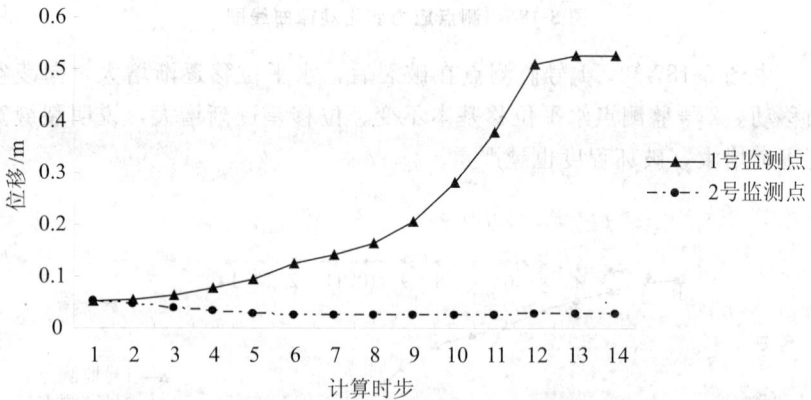

图 5-189   监测点位移变化规律曲线图

(5)燃空区 90 m。

①数值模拟结果。

由图 5-190 知，随着燃空区的扩大，裂纹主要表现在坡顶处，在第 1 时步有 1 个裂纹出现，拉应力主要集中在坡顶；从第 2 时步开始，出现了一个新的裂纹，且这个裂纹起主导作用；随着破裂的增大，出现了很多细小的裂纹，拉应力区域主要集中在裂纹延伸的区域。这时压应力区域主要集中在燃空区前方顶板岩层中，且逐渐增大，裂纹也逐渐增大。坡面下滑比较明显。

（a）开裂前　（b）第 1 步

（c）第 2 步　（d）第 3 步

（e）第 4 步　（f）第 5 步

（g）第 5 步　（h）第 7 步

（i）第 8 步　（j）第 9 步

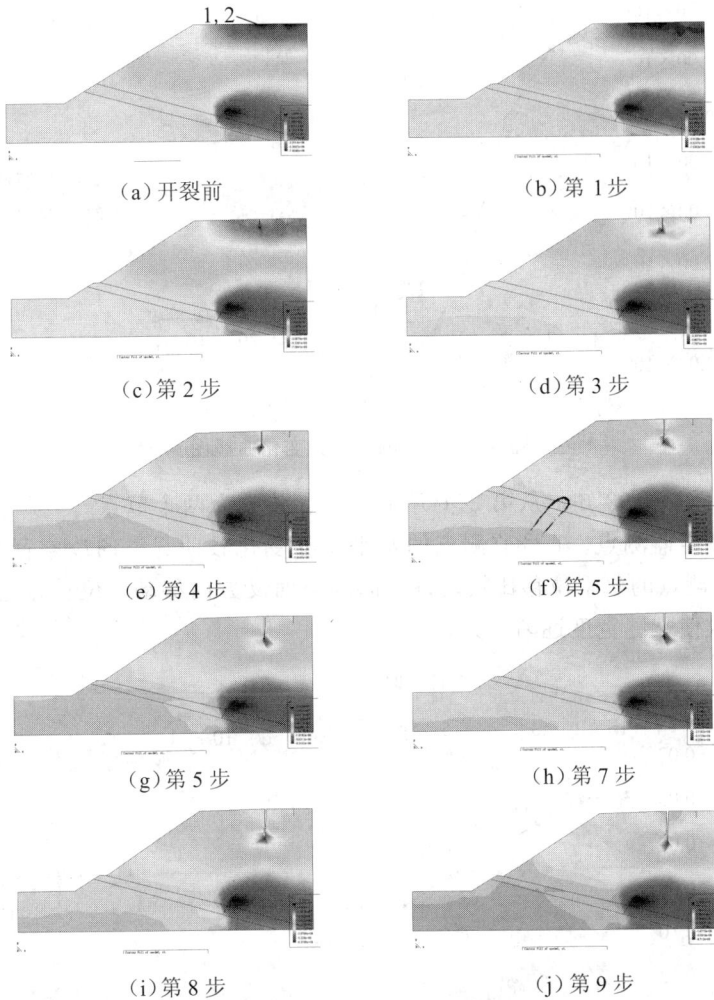

图 5-190　第一主应力演化过程

②监测点变化规律。

由图 5-191 知，在破裂前，1 号监测点和 2 号监测点是同一个节点；从第 2 步开始，破裂为两个节点。随着计算时步的进行，应力逐渐减小，1 号监测点的应力大于 2 号监测点的应力。从第 3 步开始，1 号监测点的应力迅速减小，应力差逐渐增大，从第 5 步开始，1 号监测点和 2 号监测点的应力基本保持不变，趋近于零。总体来说，监测点始终受拉应力的影响。

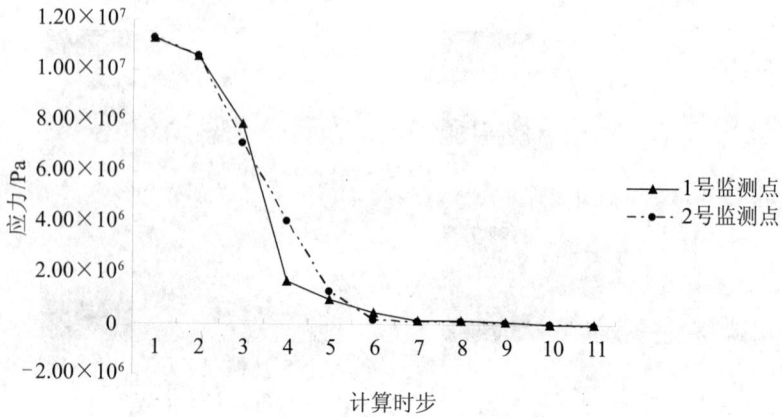

图 5-191　监测点应力变化曲线图

由图 5-192 知，从第 2 步开始，节点破裂为两个节点——1 号监测点和 2 号监测点。1 号监测点的水平位移变化较明显，向凌空面移动，2 号监测点的水平位移比较缓慢，向凌空面反方向移动，位移差逐渐增大，致使裂缝宽度逐渐增大。

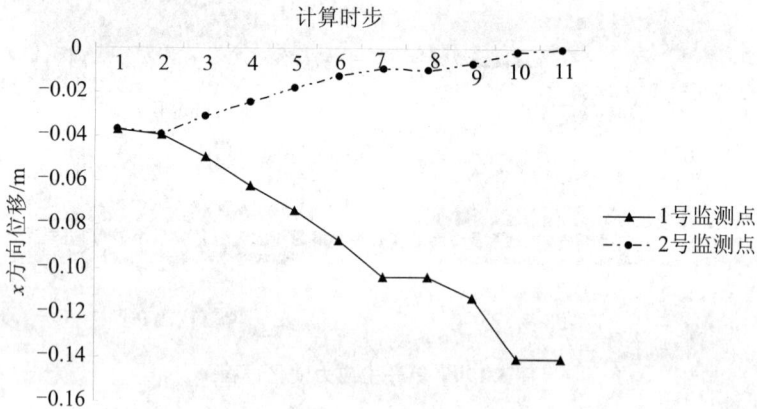

图 5-192　监测点 x 方向位移变化曲线图

由图 5-193 知，从第 2 步开始，1 号监测点和 2 号监测点的垂直位移沿纵向抬升，1 号监测点变化得比较明显，从第 10 步开始，1 号监测点的位移沿纵向下沉。

由图 5-194 知，监测点的位移随着破裂地进行，位移变化比较明显，位移差逐渐增大，裂缝的宽度逐渐增大。

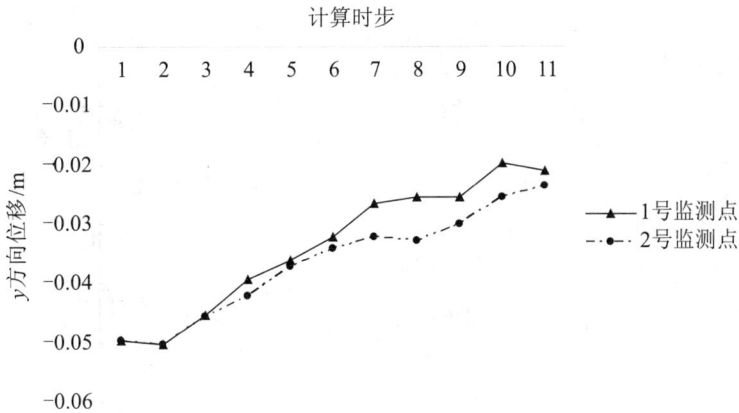

图 5-193　监测点 *y* 方向位移变化曲线图

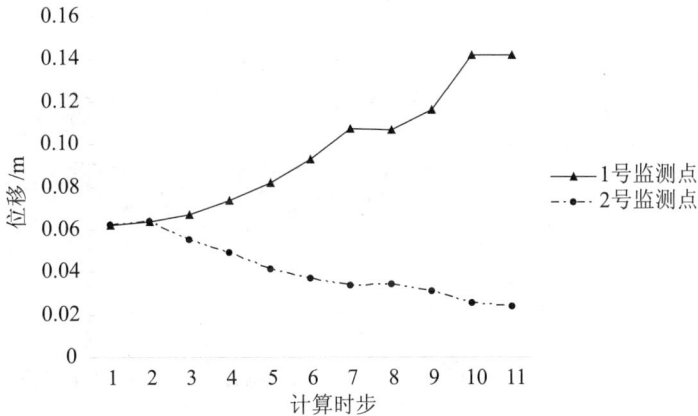

图 5-194　监测点位移变化曲线图

（6）燃空区 100 m。

①数值模拟结果。

由图 5-195 知，燃空区前方顶板岩层主要受拉应力影响。裂纹最早出现在坡顶后端，伴随着计算时步的进行，裂纹逐渐向内部延伸；从第 3 时步开始，在内部出现了新裂纹，并逐渐延伸到内部；从第 5 时步开始，裂纹逐渐变大；第 6 时步，两裂纹连通，构成一新的裂纹，其裂纹逐渐扩大，延伸到顶部，顶部岩层破裂且下沉。随着计算时步的进行，裂纹逐渐变大变长，向燃空区前方顶板岩层扩展。

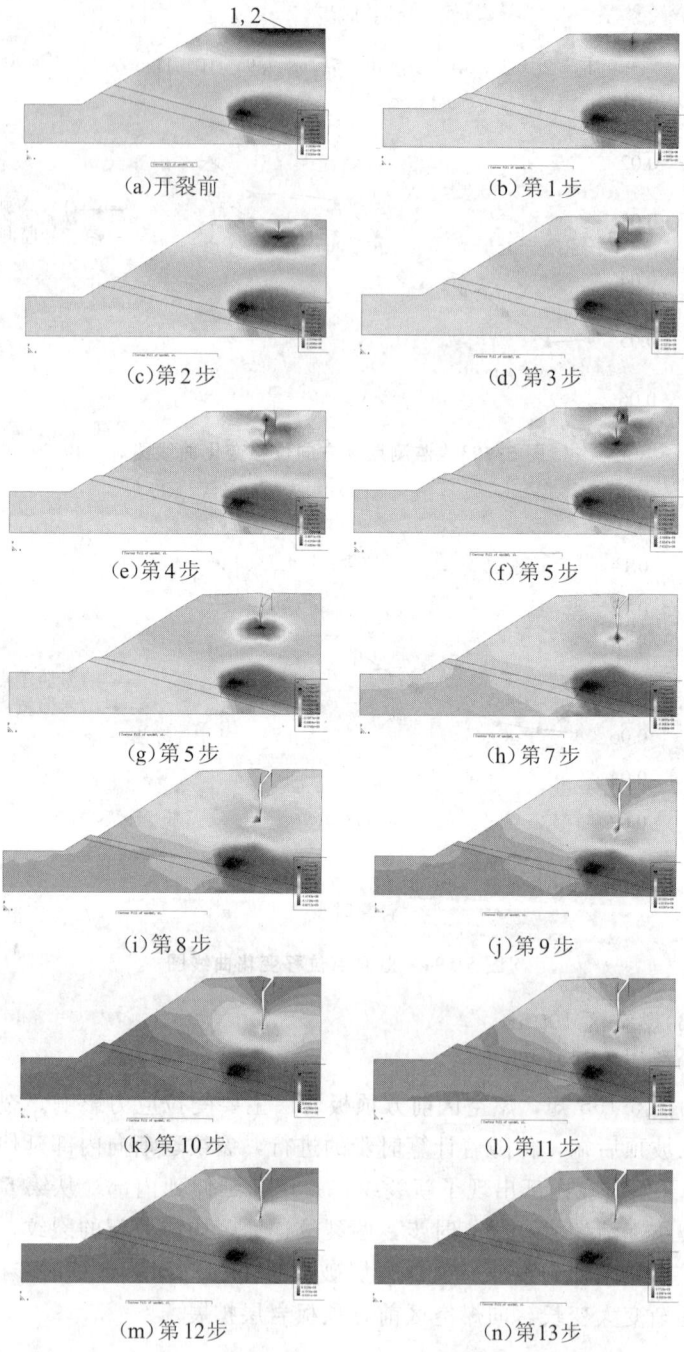

(a)开裂前　　　　　　　　　(b)第1步

(c)第2步　　　　　　　　　(d)第3步

(e)第4步　　　　　　　　　(f)第5步

(g)第5步　　　　　　　　　(h)第7步

(i)第8步　　　　　　　　　(j)第9步

(k)第10步　　　　　　　　(l)第11步

(m)第12步　　　　　　　　(n)第13步

图 5-195　第一主应力演化过程

②监测点变化规律。

由图 5-196 知，在第 3 步之前，1 号监测点和 2 号监测点是同一个节点，应力迅速下降。从第 3 步开始，节点破裂成两个节点，1 号监测点的应力逐渐增大，2 号监测点的应力逐渐减小。第 5 步开始，1 号、2 号监测点的应力迅速增大，有应力激增现象，第 6 步又迅速下降。第 7 步之后，监测点应力基本保持不变，趋近于零。整个过程主要受拉应力的影响。

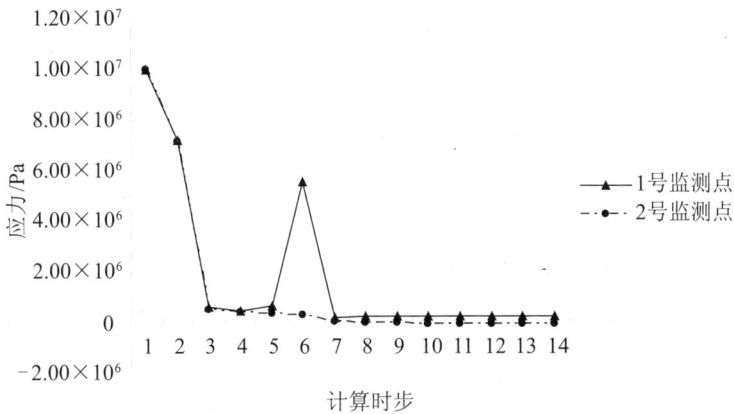

图 5-196　监测点应力变化曲线图

由图 5-197 知，1 号监测点和 2 号监测点的水平位移随着开裂的进行，位移变化较明显，尤其是 1 号监测点的变化。1 号监测点主要向凌空面移动，而 2 号监测点向反方向移动，以至于裂缝宽度增大，最终导致破坏。

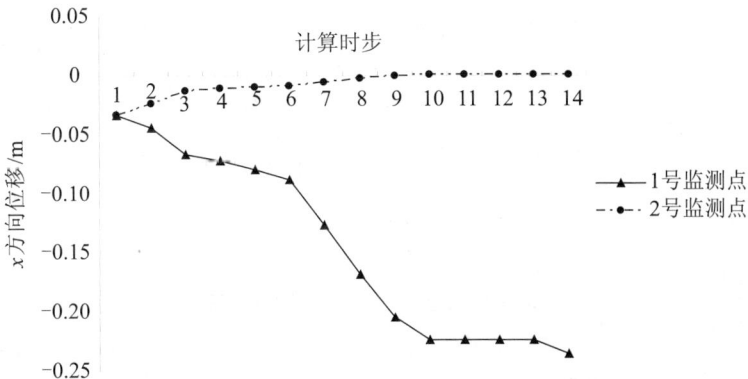

图 5-197　监测点 x 方向位移变化曲线图

由图 5-198 知，1 号监测点和 2 号监测点的垂直位移随着开裂的进行，位移变化较明显，尤其是 1 号监测点的变化。1 号监测点、2 号监测点沿纵向下沉，以至于裂缝长度增大，最终导致破坏。

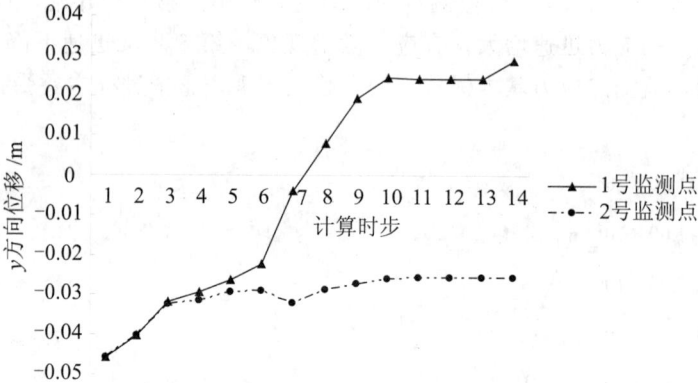

图 5-198　监测点 *y* 方向位移变化曲线图

由图 5-199 知，1 号监测点和 2 号监测点的位移随着开裂的进行，位移变化较明显，尤其是 1 号监测点的变化。因为 1 号监测点和 2 号监测点是由一个节点分裂开来的，破裂后，两节点的位移差逐渐增大，两节点的沿纵向变化很大，水平位移也有所增大，以至于裂缝加宽、延长，最终导致破坏。

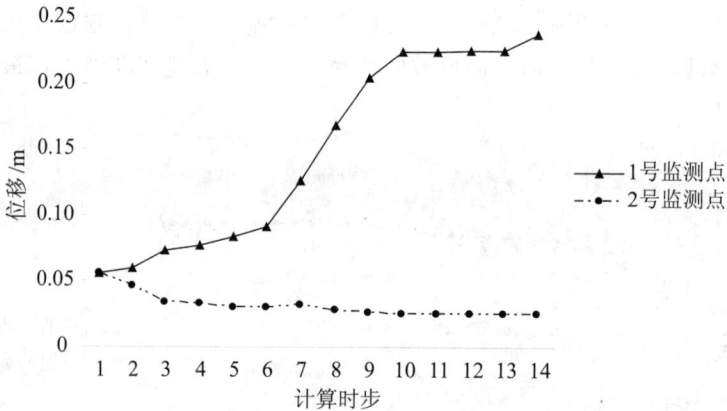

图 5-199　监测点位移变化曲线图

岩石拉张破坏的问题探讨

6.1　不同约束对岩石破裂的影响

在将工程问题转化为岩石力学的具体问题时，需要给定简化模型的边界条件，即边界的约束问题，简化为何种约束直接影响数值模拟的结果。

选取宽 5 mm，高 10 mm 的长方形试件，弹性模量 10 GPa，泊松比 0.3，密度 3 000 kg/m³。

(1)底部两端点施加 x，y 方向约束，底边施加 y 约束，顶部施加均布力 2 000 kN 时，岩石试件的第一主应力分布如图 6-1 所示，设定抗拉强度为 5 kPa 时岩石试件的破裂如图 6-2 所示。

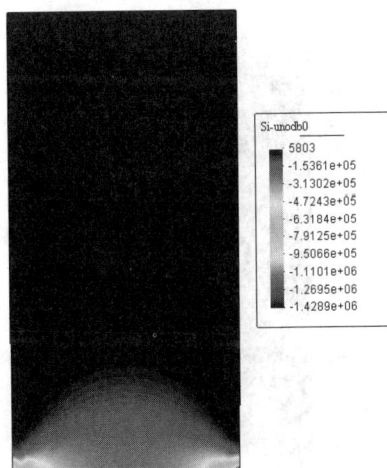

图 6-1　破裂前第一主应力分布

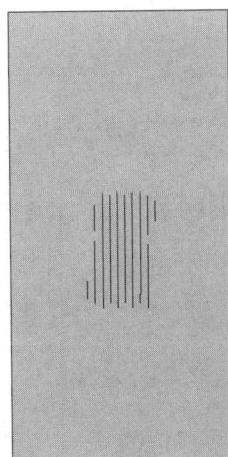

图 6-2　岩石试件裂纹

（2）顶部施加均布力 2 000 kN，底部中间点施加 x，y 方向约束，底边施加 y 方向约束，顶部中间点施加 x 方向约束及 y 方向向下 2 000 kN 的力，抗拉强度 5 kPa 时，岩石试件的第一主应力分布如图 6-3 所示，设定抗拉强度为 5 kPa 时，岩石试件的破裂如图 6-4 所示。

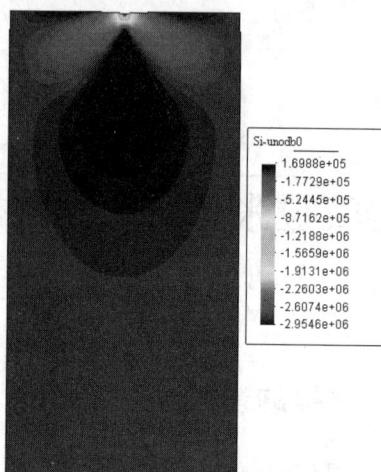

图 6-3　破裂前第一主应力分布　　　　图 6-4　岩石试件裂纹

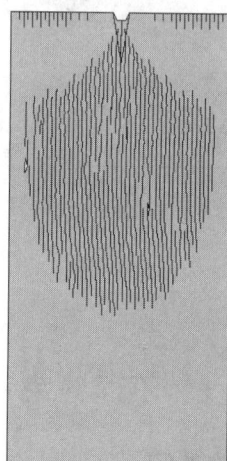

（3）顶部施加均布力 2 000 kN，底部中间点施加 x，y 方向约束，底边施加 y 方向约束时，岩石试件的第一主应力分布如图 6-5 所示。由图 6-5 可知，岩石试件受压，第一主应力很小，最大值仅为 $2.659\ 2 \times 10^{-6}$ Pa，可以近似地认为第一主应力为零，不发生拉破裂。压应力为 -2×10^6 Pa，如图 6-6 所示。

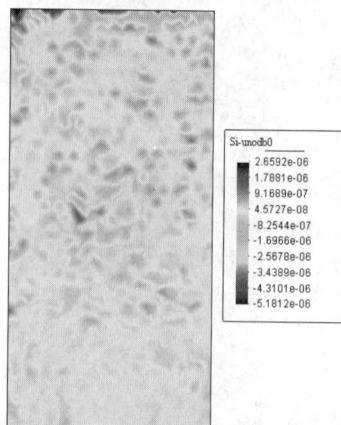

图 6-5　岩石试件第一主应力分布　　　　图 6-6　岩石试件第二主应力分布

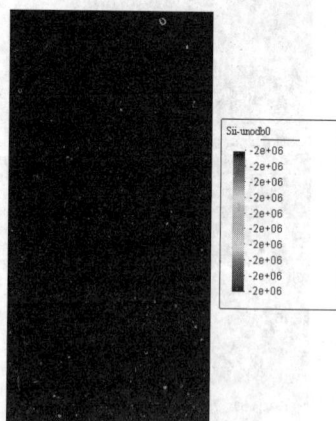

(4)顶部施加均布力 2 000 kN，底部施加 x, y 方向约束时，岩石试件第一主应力分布如图 6-7 所示，抗拉强度为 5 kPa 时，岩石试件破裂后裂纹如图 6-8 所示。

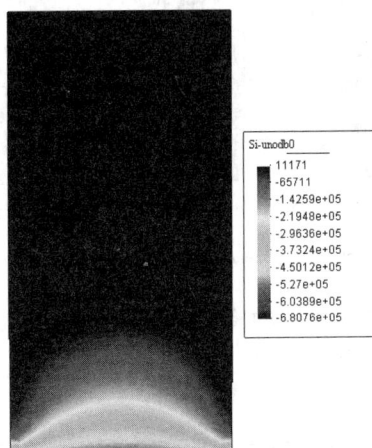

图 6-7　破裂前第一主应力分布　　图 6-8　岩石试件裂纹

由以上比较可以看出，约束不同对试件的应力分布及破裂影响很大，因此我们在将工程问题进行简化时要非常谨慎。

6.2　抗拉强度不同对岩石破裂的影响

不同岩石材料的抗拉强度不同，同一尺寸的岩石试件约束相同，网格划分相同，边界条件相同时，试件的破裂不同。

选取宽 5 mm，高 10 mm 的长方形试件，弹性模量 10 GPa，泊松比 0.3，密度 3 000 kg/m³。底部两端点施加 x, y 方向约束，底边施加 y 方向约束，顶部施加均布力 2 000 kN。

没有破裂前第一主应力分布如图 6-9 所示。

不同抗拉强度时岩石试件破裂如图 6-10 所示。

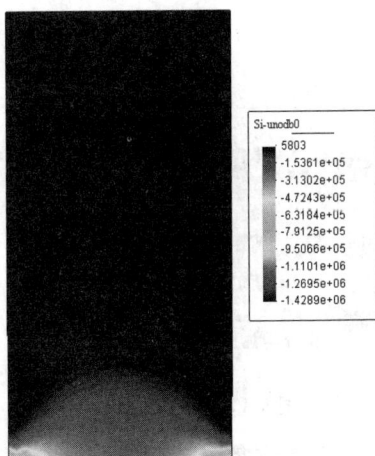

图 6-9　破裂前第一主应力分布

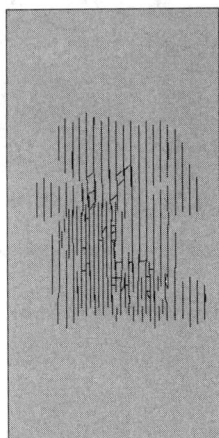

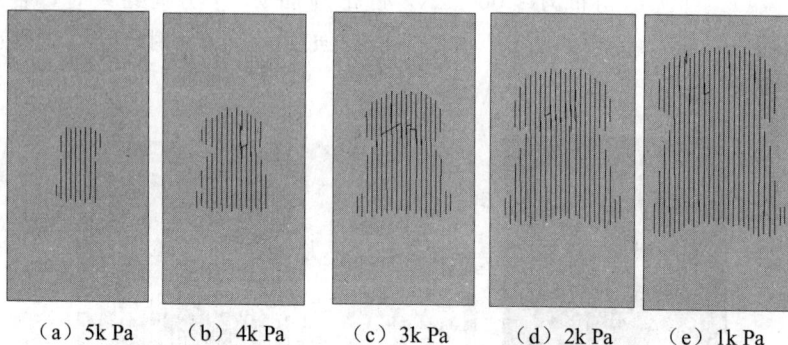

(a) 5k Pa　　(b) 4k Pa　　(c) 3k Pa　　(d) 2k Pa　　(e) 1k Pa

图 6-10　不同抗拉强度岩石试件破裂情况

由图 6-10 可以看出，随着抗拉强度的降低，岩石试件的破裂程度越来越大，破裂高度及宽度都逐渐变大。

6.3　不同加载方式对岩石破裂的影响

6.3.1　不同加载方式的岩石破裂有限元数值模拟

假定一个岩石试件长 80 mm，厚度 60 mm，对径受压。分别在试件的上方中间取 5 mm，10 mm，25 mm，30 mm，40 mm，50 mm 加均布载荷 2 000 kN，下方中间对应加 y 方向约束，中间一点加 x，y 方向约束，如图 6-11 所示。弹性模量取为 10 GPa，泊松比为 0.3，密度为 3 000 kg/m³。有限元网格划分如图 6-12 所示，共划分 4 890 个单元 2 540 个节点。

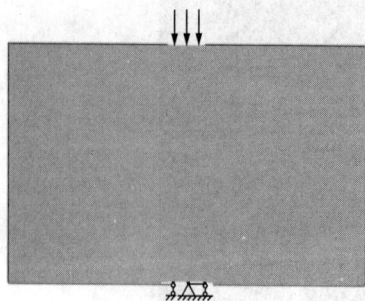

图 6-11　岩石试件

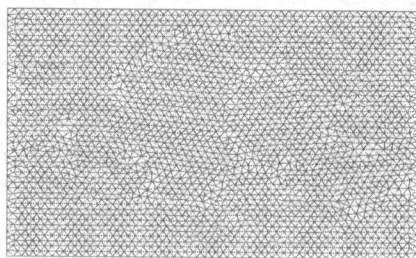

图 6-12　网格划分

加载直径 d 不同时，岩石试件的第一主应力如图 6-13 所示。

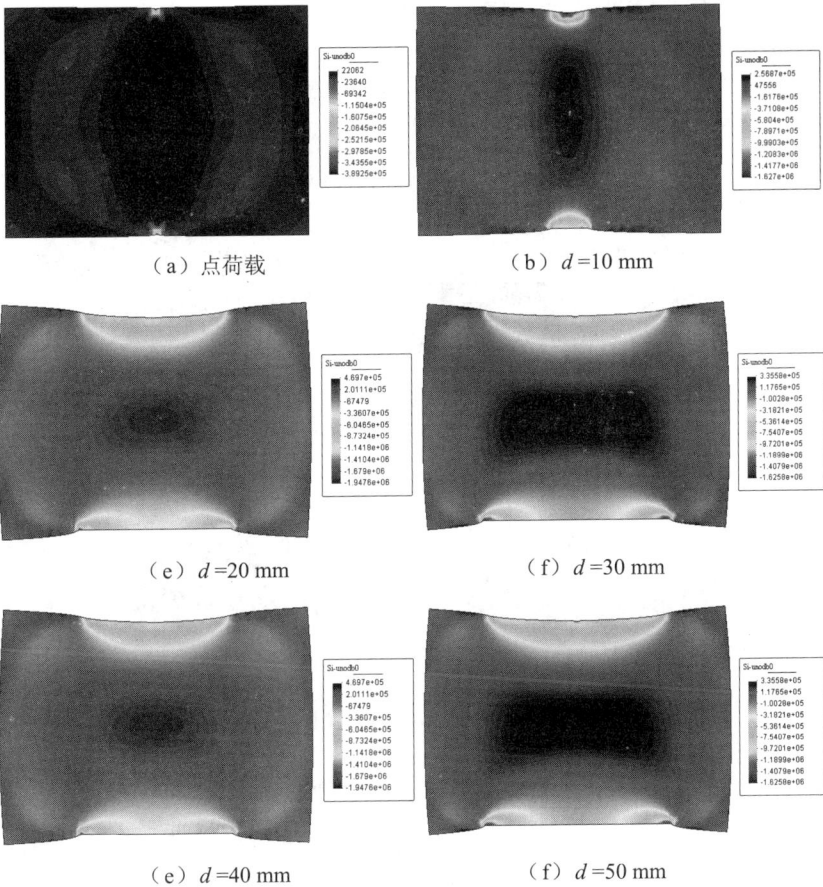

（a）点荷载

（b）$d=10\,\text{mm}$

（e）$d=20\,\text{mm}$

（f）$d=30\,\text{mm}$

（e）$d=40\,\text{mm}$

（f）$d=50\,\text{mm}$

图 6-13 不同加载面积时第一主应力分布

比较图 6-13(a)～图 6-13(f)，可以看出拉应力大部分集中在中间，当点荷载时，拉应力较大区域集中在压力的轴线附近；$d=10\,\text{mm}$，$d=20\,\text{mm}$ 时，应力较大区域近似为椭圆；$d=30\,\text{mm}$ 时，近似为圆形；$d=40\,\text{mm}$，$d=50\,\text{mm}$ 时，近似为矩形。加载面积越小，应力集中的部分几乎贯通于岩石试件的整个对称轴，随着加载面积的增大，应力集中的区域横向扩大，纵向缩短。加载直径 d 不同时，岩石试件的破裂情况如图 6-14 所示。

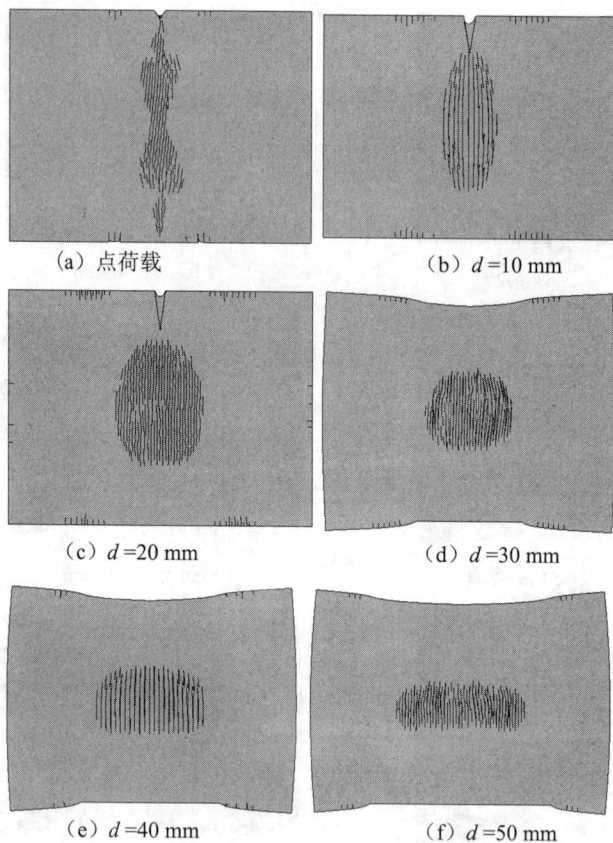

(a) 点荷载   (b) d=10 mm

(c) d=20 mm   (d) d=30 mm

(e) d=40 mm   (f) d=50 mm

图 6-14　加载面积不同时岩石试件破裂情况

由图 6-14 可以看出，在点载荷时，试件在纵向对称轴及其周围形成裂纹，为巴西劈裂，裂纹开裂的方向与载荷的方向平行；在中间取 10 mm 加均布载荷时，出现的裂纹要比点载荷时裂纹短一些，裂纹在横向上分布区域变宽。随着载荷作用线的加长，裂纹主要在横向上分布，破裂带越来越宽，纵向裂纹的长度变短。因为试件开裂的方向在与最大拉应力方向垂直的方向上，所以裂纹与加载轴线方向几乎平行。

由数值模拟结果可知，岩石试件在与压力方向垂直的方向受拉应力，由于岩石抗拉不抗压，所以岩石试件的破裂主要是其不抗拉而导致的拉张破裂。

6.3.2　岩石试件不同加载方式的破裂实验

实验结果如图 6-15 所示，结果表明，试件在不同的载荷条件下，破坏的形式也不同。随着加载面积的增加，在受载区域内出现小的碎块。这是由于岩石在受压垂直方向受拉应力的作用，岩石破碎过程既有压应力又有拉应力，受载面积越大，破碎后的碎块越小。

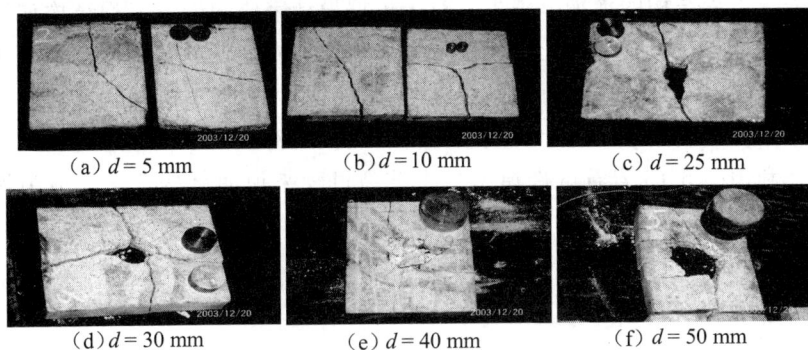

(a) $d = 5$ mm　　　(b) $d = 10$ mm　　　(c) $d = 25$ mm

(d) $d = 30$ mm　　　(e) $d = 40$ mm　　　(f) $d = 50$ mm

图 6-15　不同面积载荷作用下岩石的破坏

6.3.3　结果分析

由有限元数值模拟及试验对比可以看出，加载方式不同，岩石试件的破裂形式不同，加载面积越大，破裂的面积也越大，但是破裂的块度越小。

6.4　岩石试件拉张破裂过程中的结构调整

岩石试件或岩土工程结构，是分析岩石试件或岩土工程性质和演化规律的基础。在外界环境如静力、动力、水、气、温度甚至化学、生物等作用下，岩石试件或岩土工程结构可能发生变形、破坏。岩土工程在构筑和运行过程中，结构形式和结构参数是不断变化的，但变化程度不同。如果岩土工程结构变化很小，不足以影响岩土工程的性质时，可忽略或不计岩土工程结构变化；如果岩土工程结构变化较大，足以影响岩土工程结构的功能性质时，则必须考虑结构的调整。

岩土工程的结构变化，分为岩土工程的变结构或非线性结构问题。变结构一般分为两种：一种是在岩土工程的构筑过程中，包括开挖、回填或构筑等，岩土结构由于增加、减少子结构导致岩土工程结构不断变化；另一种是由于岩土工程结构参数改变或者结构破坏导致的岩土工程的结构变化。一定的岩土工程结构，对应着该结构下的功能性质。结构的改变，必然导致岩土工程性质的变化。因此拉张破裂后的结构改变是不能忽略的。

以前分析岩土工程的结构变化，通常采用"生""死"单元法来分别模拟岩土工程结构的增加、消失。对于依据设计完成的岩土工程结构如填方、开挖等过程，生、死单元法依据设计增加或消亡单元，分析结果比较可靠。但对于破裂位置、破裂方向、破裂程度等均不容易确定的岩土工程结构，利用生、死单元法来分析就比较困难。

利用图 6-16 岩石试件模型受力破裂过程来说明结构变化、应力调整以及位移突变效应。并选取 4 个节点对位移、应力变化规律进行监测。

图 6-16　岩石圆环试件模型、网格划分及监测点

圆环结构破裂演化过程见图 6-17。从圆孔结构裂纹开裂轮廓图可以看出，与应力状态相对应，第 1 步在圆环内壁底部开裂；第 2 步转到内壁顶部开裂；在第 3～10 步继续在内壁顶部开裂形成不连续面；在第 11 步顶部开裂到一定程度后底部继续开裂；在第 12～22 步继续在内壁底部开裂；第 23 步又转移到顶部开裂；在第 24～30 步继续在内壁顶部开裂，不连续面扩大；在第 31 步后圆环外壁左右两侧交替开裂；然后左右两侧交替开裂，直到最后内壁上下，外壁左右都开裂，同样形成不连续面，系统不稳定，不再开裂，完全破坏，丧失承载能力。

圆环对径受压是典型的岩石受拉，试件在整个过程中，结构不断改变，应力状态不断发生改变，结构的承载能力也在发生改变。

第一主(拉)应力云图演化过程见图 6-17。为了便于分析，将图中破裂位移放大了 10 000 倍，使得破裂图形非常清楚地显示在图中。圆环

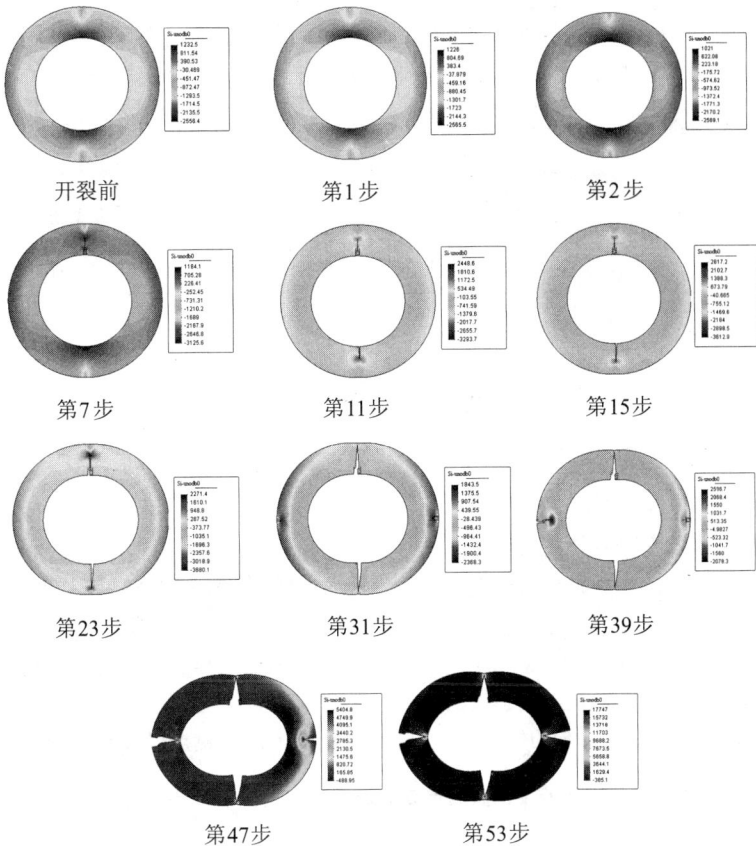

图 6-17　第一主(拉)应力演化过程

结构加载后，可以看出开裂前拉张破裂的第一主(拉)应力云图发生在圆环试件内壁底部，因此圆环内壁底部首先开裂，随之应力释放并转移。第 2 时步，转到内壁顶部产生最大拉应力；第 3～10 时步，一直发生在内壁顶部；在第 11 时步，顶部开裂到一定程度后转移到底部产生最大拉应力；在第 12～22 时步，一直发生在内壁底部；第 23 时步，又转移到顶部，产生最大拉应力；并在第 24～30 时步继续在内壁发生；在第 31 时步后，圆环外壁左右两侧交替产生产生最大拉应力；在第 31 时步，圆环内壁拉应力几乎全部释放，这时圆环外壁拉应力最大，外壁继续开裂，直到应力全部释放。

　　监测点位移与应力随加载时步变化。在圆环开裂过程中，在图 6-16 设定 4 个监测点的位移值随加载时步的变化规律，如图 6-18、图 6-19 所示，应力值随加载时步的变化规律如图 6-20 所示。

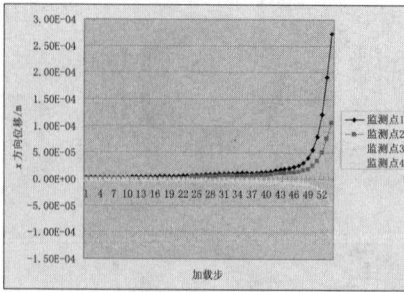 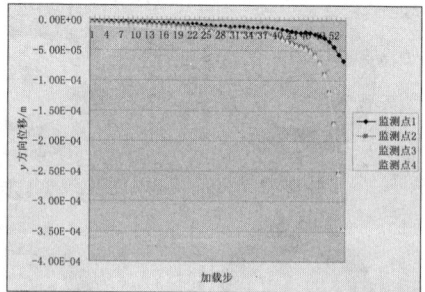

（a）x 方向位移 　　　　　　　　　（b）y 方向位移

图 6-18　各个监测点随加载步位移变化

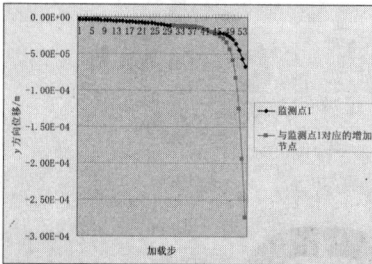 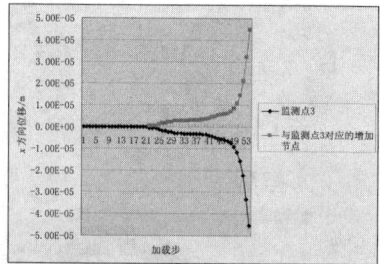

（a）监测点1在y方向的位移　　　　　（b）监测点3在x方向的位移

图 6-19　监测点 1、监测点 3 分离后位移随加载时步变化规律

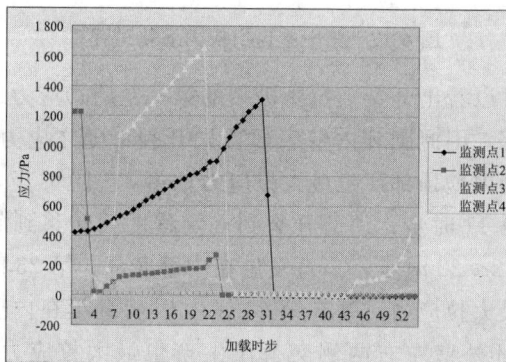

图 6-20　各个监测点随加载时步主应力变化规律

从图 6-18(a)、图 6-18(b)可以看出，随着加载步增加，水平、垂直位移均随加载时步的增加而增加。从图 6-19(a)、图 6-19(b)可以看出，监测点 1 在 30 时步时发生破裂，该节点分裂为两个节点，y 方向位移至此时步后分叉，发生分离，并随加载时步的增加分离量增加。监测点 3 在 26 时步时发生破裂，该节点分裂为两个节点，x 方向位移至此时步后分叉，发生分离，并随加载时步的增加分离量增加。

从图 6-20 可以看出，监测点 1 在 30 时步时应力水平超过抗拉强度 1 000 Pa，试件破裂，应力发生突变；第一主应力从 1 310.4 Pa 突然降至为零，拉破坏导致应力的释放。同理，监测点 2 在第 2 时步时破裂，监测点 3 在 26 时步时破裂，第一主应力突变为零，随之应力释放；监测点 4 未破裂，应力没有突变，总体趋势随加载时步的增加逐渐变小。

从图 6-17 第一主(拉)应力云图与对应结构破裂演化过程分析可知，在加载过程中，圆环结构起始破裂形成不连续面发生在内壁上下部；随着破裂的继续，圆环结构不断发生演化；结构的改变，相应导致应力状态的改变；当圆环结构内壁上下部破裂发生到一定程度后，该部位承载能力迅速下降；转而由半圆结构承受压—弯组合受力，圆环结构左右部外壁发生破裂形成不连续面。

结论及展望

　　在岩石力学的分析中，传统的分析方法是将岩石介质视为连续的、各向同性的介质，对于岩石破坏过程中形成的不连续面，描述和模拟非常困难。本书通过有限元方法模拟岩石拉张破裂的整个过程，提出了岩石拉张破裂的判据及开裂准则，借助 FEPG 软件进行有限元程序编制，实现了岩石拉张破裂的模拟。通过岩石拉张破裂的算例，得出以下结论。

　　(1)岩石抗拉强度比较低，一般为抗压强度的 1/10，岩石破裂后会形成不连续面，利用裂张单元可以很好地描述岩石拉张破裂的过程。

　　(2)拉张破裂后，在裂纹周围应力状态分布发生改变，开裂点部位应力被释放，应力重新分布，在裂纹尖端处形成新的应力集中，应力最大值点发生改变，应力发生转移。

　　(3)拉张破裂的方向为与最大拉应力方向垂直的方向。

　　(4)可以模拟岩石拉张破裂的整个过程，为研究岩石的破坏机理及裂纹的扩展规律提供依据。

　　(5)约束不同时，岩石试件的破裂情况不同。

　　(6)不同抗拉强度的岩石试件，其破裂情况不同，随着抗拉强度的变大，破裂面积逐渐变大。

　　(7)加载方式不同，岩石试件的破裂形式不同，加载面积越大，破裂的面积也越大，但是破裂的块度越小。

　　虽然有效地模拟了岩石拉张破裂的整个过程，但是仍然有很多工作要做。

（1）编制的有限元程序为二维弹性平面应力状态下的开裂，三维及弹塑形等的开裂过程程序有待进一步开发。

（2）编制的有限元程序采用的是平面三角形三节点常单元，对于三角形六节点单元，四边形四节点单元及四边形八节点单元的开裂程序有待进一步开发。

参考文献

[1] Goodman R E, Taylor R L, Brekke T L. A model for themechanics of jointed rock[J]. Journal of the Soil Mechanics and Foundations Division, 1968, 94(3): 637-660.

[2] Goodman R E. Methods of geological in discontinuous rocks[M]. San Francisco: West Publishing Company, 1976.

[3] Zienkiewicz O C, Best B, Dullage C, et al. Analysis of nonlinear problems in rock mechanics with particular reference to jointed rock systems[C]//Proceedings of the Second InternationalCongress on Rock Mechanics. Belgrade: International Society for Rock Mechanics, 1970: 56-64.

[4] Ghaboussi J, Wilson E L, Isenberg J. Finite element for rockjoints and interfaces[J]. Journal of the Soil Mechanics and Foundations Division, 1973, 99 (10): 833-848.

[5] Katona M G. A simple contact-friction interface element with applications to buried culverts[J]. International Journal for Numerical and Analytical Methods in Geomechanics, 1983, 7(3): 371-384.

[6] Desai C S, Zamman M M, Lightner J G, et al. Thin-layer element for interfaces and joints[J]. International Journal for Numerical and Analytical Methods in Geomechanics, 1984, 8(1): 19-43.

[7] Belytschko T, Black T. Elastic crack growth in finite elements with minimal re-meshing[J]. International Journal for Numerical Methods in Engineering, 1999, 45(3): 601-620.

[8] Belytschko T, Moes N, Usui S, et al. Arbitrary discontinuities in finite element method[J]. International Journal for Numerical Methods in Engineering, 2001, 50(4): 993-1013.

［9］ Daux C，Moes N，Dolbow J，et al. Arbitrary branched and intersecting cracks with the extended finite element method[J]. International Journal for Numerical Methods in Engineering，2000，48(12)：1 741-1 760.

［10］ Dolbow J，Moes N，Belytschko T. Discontinues enrichmentin finite elements with a partition of unity method[J]. Finite Element sin Analysis and Design，2000，36(3)：235-260.

［11］ Duarte C A，Babuska I，Oden J T. Generalized finite element methods for three dimensional structural mechanics problems[J]. Computers & Structures，2000，77(3)：215-232.

［12］ Duarte C A，Hamzeh O N，Kiszka J T，et al. A generalized finite element method for the simulation of three-dimensional dynamic crack propagation[J]. Computer Methods in Applied Mechanics Engineering，2001，190(15～17)：2227-2262.

［13］ Strouboulis T，Babuska I，Copps K. The design and analysis of the generalized finite element method[J]. Computer Methods in Applied Mechanics and Engineering，2000，181(1)：43-69.

［14］ Strouboulis T，Copps K，Babuska I. The generalized finite element method [J]. Computer Methods in Applied Mechanics and Engineering，2001，190 (15/17)：181-193.

［15］ 王来贵，王泳嘉. 岩石拉伸流变失稳模型及其应用[J]. 矿山压力与顶板管理，1994，(3-4)，3-6.

［16］ 王来贵，赵娜，周永发，等. 岩石受拉破坏的数值模拟方法[J]. 辽宁工程技术大学学报，2007，26(2)：198-200.

［17］ 邱峰，丁桦. 模拟岩石材料破坏的有限元方法[J]. 岩石力学与工程学报，2007，26(S1)：2663-2668.

［18］ 王来贵，赵娜，初影，等. 不同面积载荷作用下的岩石试件破裂数值模拟[J]. 沈阳建筑大学学报(自然科学版)，2007，(6)：44-47.

［19］ 史贵才. 脆塑性岩石破坏后区力学特性的面向对象有限元与无界元耦合模拟 [D]. 武汉：中国科学院武汉岩土力学研究所，2005.

［20］ 郭子红，刘保县，徐珂，等. 单轴压力作用下岩石破坏机理分析与应用[J]. 地质灾害与环境保护，2007，18(2)：94-96.

［21］ 张德海，朱浮声，邢纪波. 岩石单轴拉伸破坏过程的数值模拟[J]. 岩土工程学报，2005，27(9)：1008-1011.

［22］ 谢和平，陈忠辉. 岩石力学[M]. 北京：科学出版社，2004.

［23］ 周维垣，杨强. 岩石力学与数值计算方法[M]. 北京：中国电力出版社，2005.

［24］ 王来贵，黄润秋，王泳嘉，等. 岩石力学系统运动稳定性及其应用[M]. 北京：地质出版社，1998：57-58.

[25] 刘刚，赵坚，宋宏伟. 节理分布对岩体破坏影响的数值模拟研究[J]. 中国矿业大学学报，2007，36(1)：17-22.

[26] 窦庆峰，岳顺，代高飞. 岩石直接拉伸试验与劈裂试验的对比研究[J]. 地下空间，2004，24(2)：178-181.

[27] 王来贵，李建新，赵娜，等. 岩石工程系统破坏的弱场控制探讨[J]. 辽宁工程技术大学学报，2005，24(5)：671-673.

[28] 蔡美峰，何满潮，刘东燕. 岩石力学与工程[M]. 北京：科学出版社，2002.

[29] 吴德伦，黄质宏，赵明阶. 岩石力学[M]. 重庆：重庆大学出版社，2002.

[30] 尤明庆. 岩石试件的强度及变形破坏过程[M]. 北京：地质出版社，2000.

[31] 王勖成，邵敏. 有限单元法基本原理和数值方法[M]. 北京：清华大学出版社，1997.

[32] 凌贤长，蔡德所. 岩体力学[M]. 哈尔滨：哈尔滨工业大学出版社，2002.

[33] Xeidkis G S, Zacharopoulous D A, Paakaliatakis G E. Trajectories of unstably growing cracks in mixed mode I -II loading of marble beam[J]. Rock Mechanics and Rock Engineering, 1997, 30(1)：19~33.

[34] 朱万成，唐春安，杨天鸿，等. 偏三点弯曲岩石试件中裂纹扩展过程的数值模拟[J]. 东北大学学报(自然科学版)，2002，23(6)：592-595.

[35] 梁庆国，韩文峰，马润勇，等. 强地震动作用下层状岩体破坏的物理模拟研究[J]. 岩土力学，2005，26(8)：1307-1311.

[36] 王来贵，赵娜，周永发，等。雁列式断层拉张破裂有限元数值模拟[J]. 辽宁工程技术大学学报，2008，(2)：204-206.

[37] 王来贵，赵娜，周永发. 岩石圆环试件拉张破裂结构演化有限元模拟[J]. 自然科学进展，2009，19(3)：127-132.

[38] 王来贵，初影，赵娜. 不同形状硐室拉张破裂有限元数值模拟[J]. 沈阳建筑大学学报(自然科学版)，2009，25(3)：462-466.

[39] 潘一山，杨小彬，马少鹏，等. 岩土材料变形局部化的实验研究[J]. 煤炭学报，2002，27(3)：281-284.

[40] 赵永红，梁海华，熊春阳，等. 用数字图像相关技术进行岩石损伤的变形分析[J]. 岩石力学与工程学报，2002，21(1)：73-76.

[41] 马少鹏，潘一山，王来贵，等. 数字散斑相关方法用于岩石结构破坏过程观测[J]. 辽宁工程技术大学学报(自然科学版)，2005，24(2)：51-53.

[42] Wang Laigui, Zhao Na, Ma Shaopeng. A simple element-splitting model to simulate the tensile fracture of brittle materials and experimental verification[J]. Computational Materials Science, 2009, 46(3)：672-676.

[43] Wang L G, Zhao N, Zhang L L, et al. Numerical simulation of rock fracture process under tension[M]//Cai Meifeng, Wang Jin'an. Boundaries of rock mechanics：recent advances and challenges for the 21th century. [s. n.]：Taylor & Francis, 2008：179-184.

[44] 王来贵，危峰，赵娜. 岩桥拉张破裂数值模拟研究[J]. 力学与实践，2010，32(6)：54-59.

[45] Wang Laigui，Zhang Xiaoming，Zhao Na. Numerical Simulation on the Process of Rock Body Injecting GAS[C]. International Forum on Porous Flow and Applications，2009：383-387.

[46] 王来贵，李磊，周永发. 偏心加载 T 型桥结构损伤破裂数值模拟[J]. 建筑结构，2009，(S2)：156-158.

[47] 王来贵，初影，赵娜，等. 混凝土预制缺口梁试件拉张破裂数值模拟[J]. 沈阳建筑大学学报(自然科学版)，2009，6(25)：1100-1104.

[48] 王来贵，赵娜，李天斌. 强震诱发单一弱面斜坡塌滑有限元模拟[J]. 岩石力学与工程学报，2009，3(25)：3163-3167.

[49] 王来贵，白羽，牛爽. 残煤自燃过程中温度场与应力场耦合作用[J]. 辽宁工程技术大学学报(自然科学版). 2009，6(28)：865-868.

附　录

拉张破坏图片集

A　工程中的拉张破坏

图 A-1　内蒙古胜利一矿开采引起的地裂缝

图 A-2　内蒙古白音华二矿

图 A-3　岩石滑坡导致铁路悬空

图 A-4　阜朝线边坡滑塌现场

图 A-5　葫芦岛冰沟煤矿采沉引起的地裂缝

图 A-5　葫芦岛冰沟煤矿采沉引起的地裂缝(续)

图 A-6　山西胡家窑煤矿开采引起的塌陷坑及塌陷带

图 A-7　山西胡家窑煤矿开采引起的地裂缝

图 A-7　山西胡家窑煤矿开采引起的地裂缝(续)

房石镇李家山大沟地裂缝

曲河乡马儿坪滑坡引起的地裂缝

曲河乡梅花村地裂缝

图 A-8　四川汶川地震引发的拉裂缝(本组图片由成都理工大学张元才博士提供)

曲河乡梅花村地裂缝

华子梁滑坡右侧拉裂缝

华子梁滑坡左侧下部拉裂缝

图 A-8 四川汶川地震引发的拉裂缝(续)(本组图片由成都理工大学张元才博士提供)

B 数值模拟拉张破裂图片

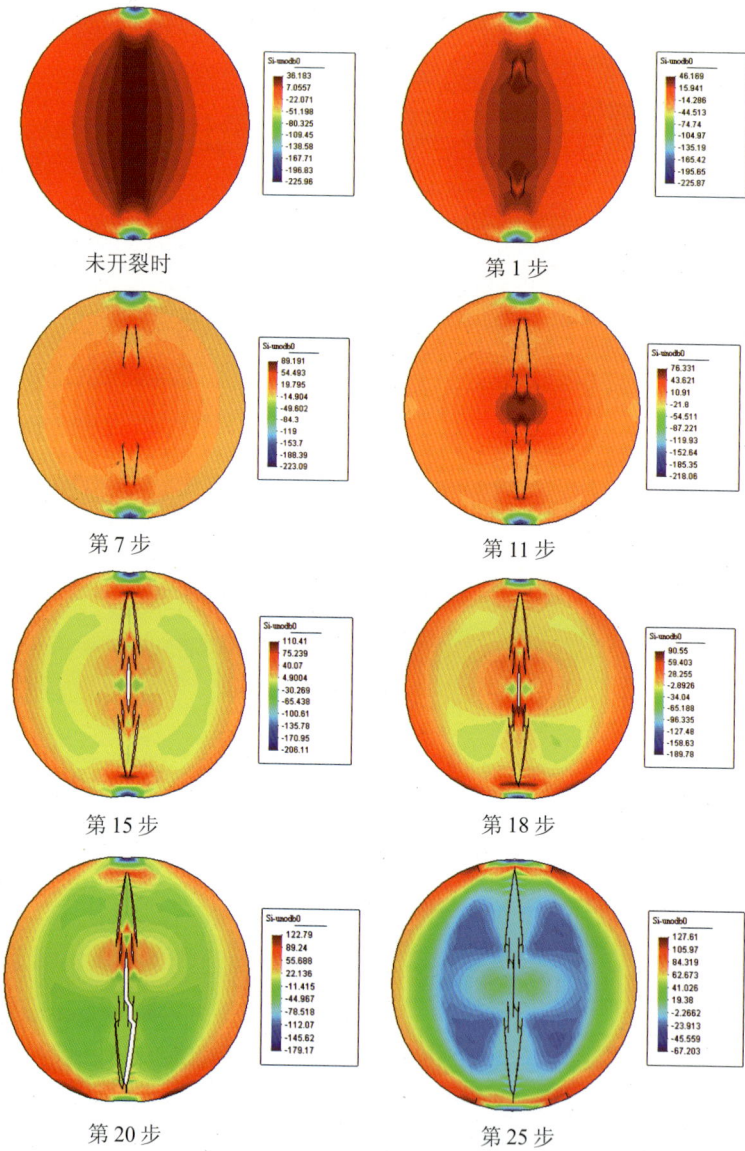

图 B-1 圆盘对径受压第一主应力演化过程

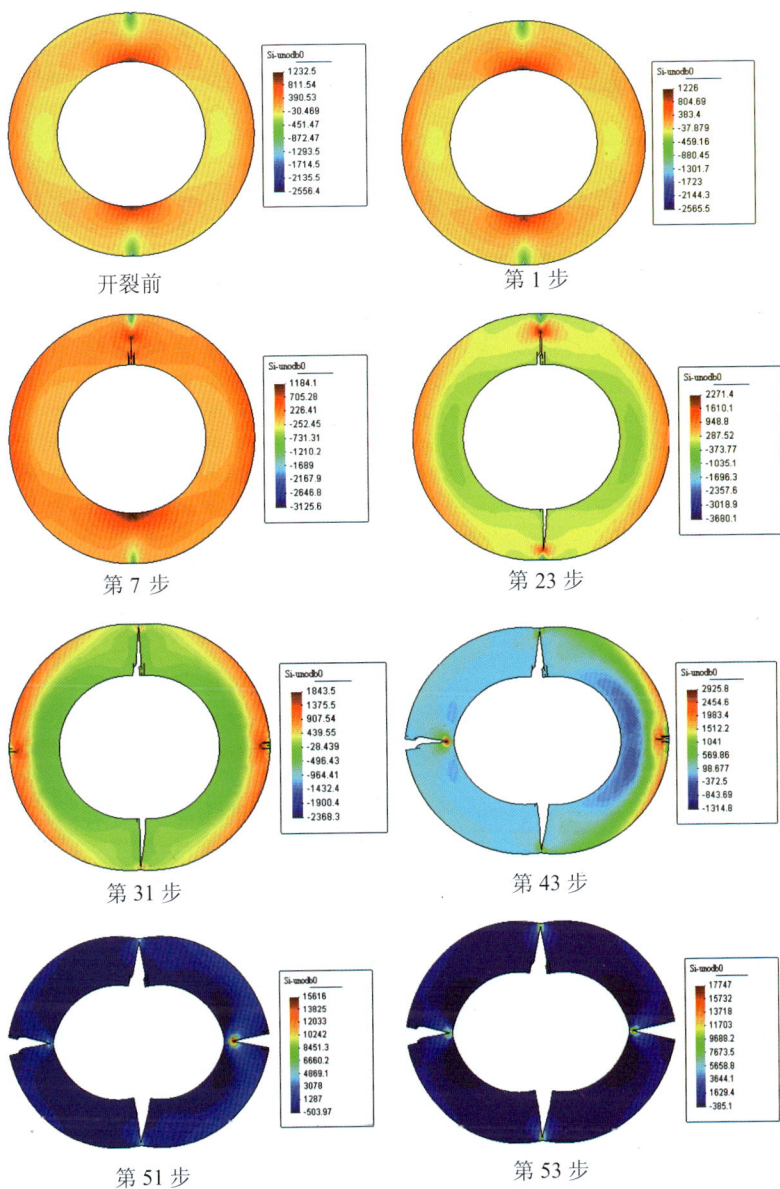

开裂前

第 1 步

第 7 步

第 23 步

第 31 步

第 43 步

第 51 步

第 53 步

图 B-2　圆环结构拉张破裂第一主应力演化过程

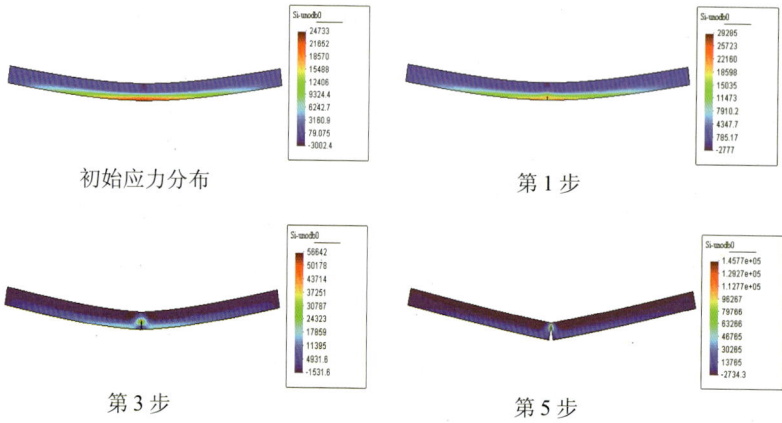

初始应力分布　　　　　　　　　　　第 1 步

第 3 步　　　　　　　　　　　第 5 步

图 B-3　简支梁集中力作用下拉张破裂过程

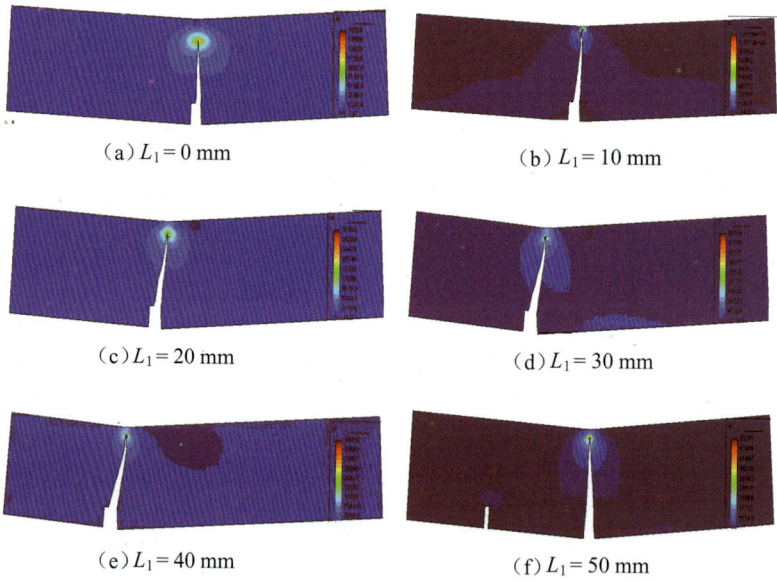

（a）$L_1 = 0$ mm　　　　　　　　　（b）$L_1 = 10$ mm

（c）$L_1 = 20$ mm　　　　　　　　　（d）$L_1 = 30$ mm

（e）$L_1 = 40$ mm　　　　　　　　　（f）$L_1 = 50$ mm

图 B-4　混凝土预制缺口梁试件断裂数值模拟

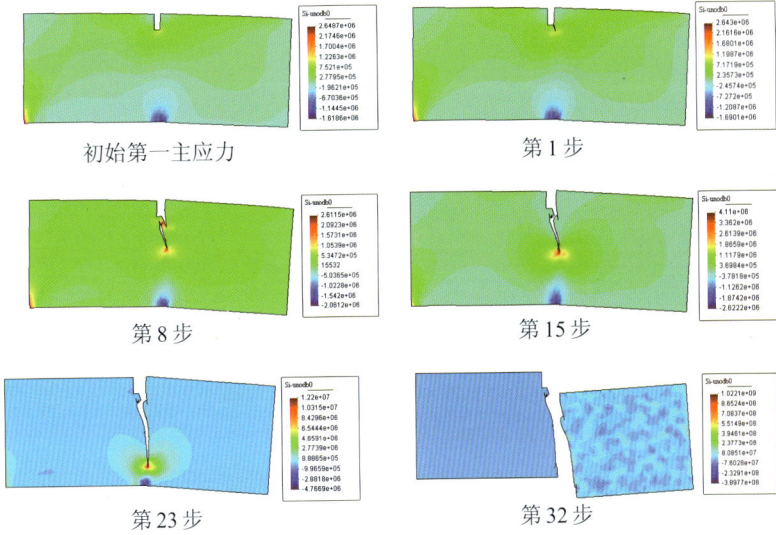

初始第一主应力

第1步

第8步

第15步

第23步

第32步

图 B-5　单边预制缺口梁铰支座下的拉张破裂过程

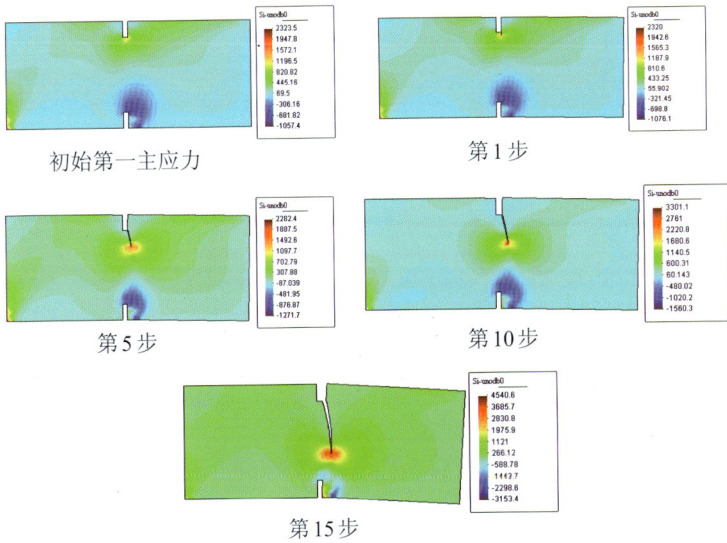

初始第一主应力

第1步

第5步

第10步

第15步

图 B-6　双边预制缺口梁铰支座下的拉张破裂过程

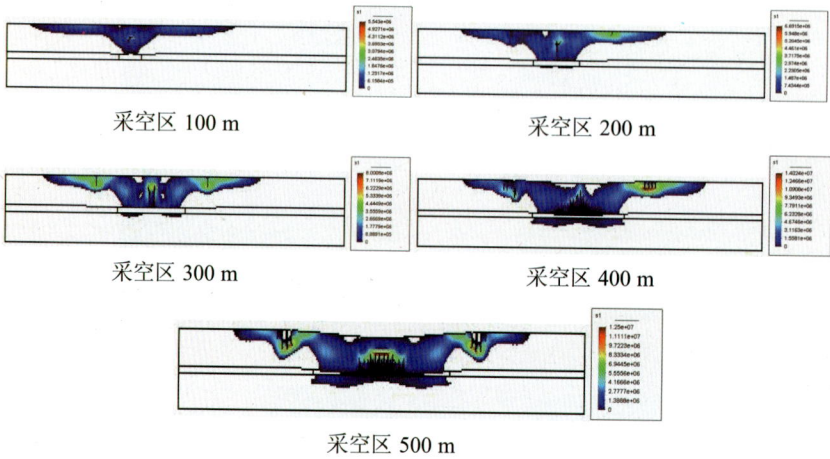

采空区 100 m

采空区 200 m

采空区 300 m

采空区 400 m

采空区 500 m

图 B-7　水平煤层开采引发的拉张破裂(不同开采面积)

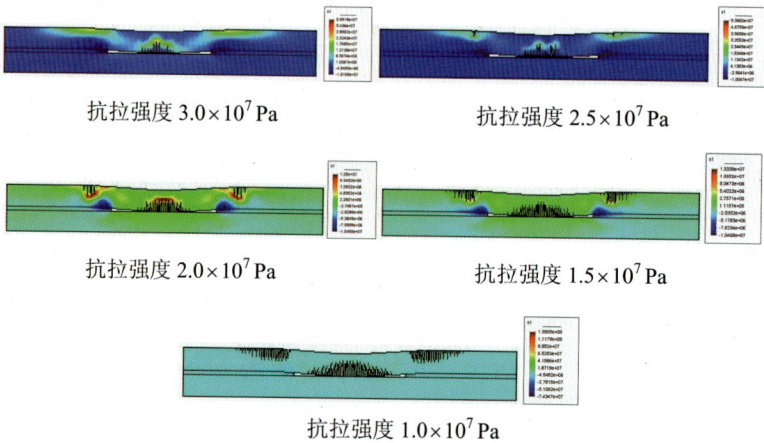

抗拉强度 3.0×10^7 Pa

抗拉强度 2.5×10^7 Pa

抗拉强度 2.0×10^7 Pa

抗拉强度 1.5×10^7 Pa

抗拉强度 1.0×10^7 Pa

图 B-8　水平煤层开采引发的拉张破裂(不同抗拉强度)

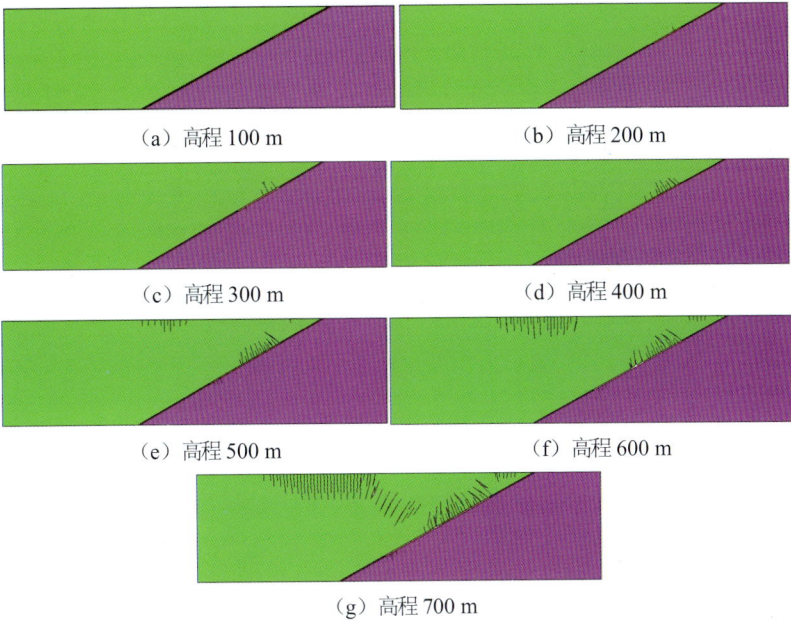

（a）高程 100 m

（b）高程 200 m

（c）高程 300 m

（d）高程 400 m

（e）高程 500 m

（f）高程 600 m

（g）高程 700 m

图 B-9 倾斜煤层开采引起地表破坏结果

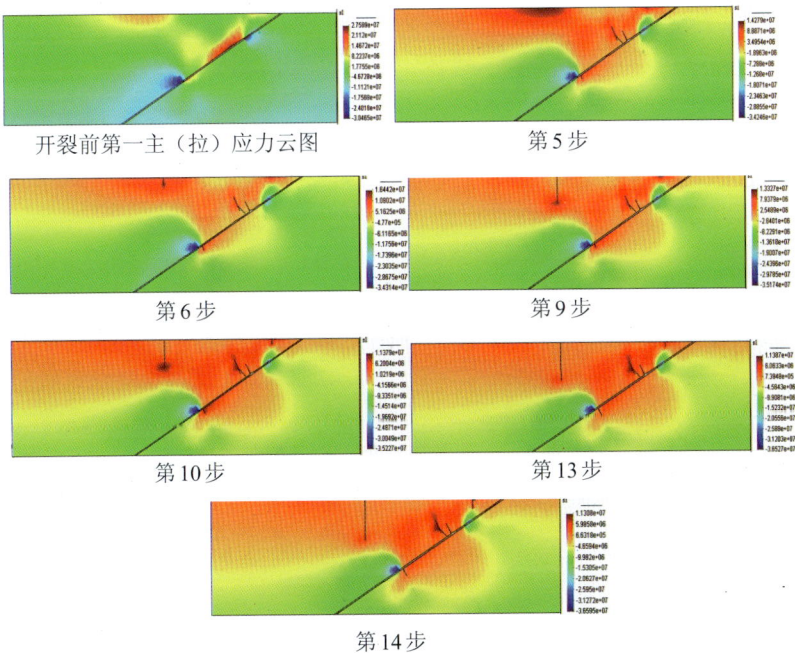

开裂前第一主（拉）应力云图

第 5 步

第 6 步

第 9 步

第 10 步

第 13 步

第 14 步

图 B-10 倾斜煤层诱发地裂缝演化过程

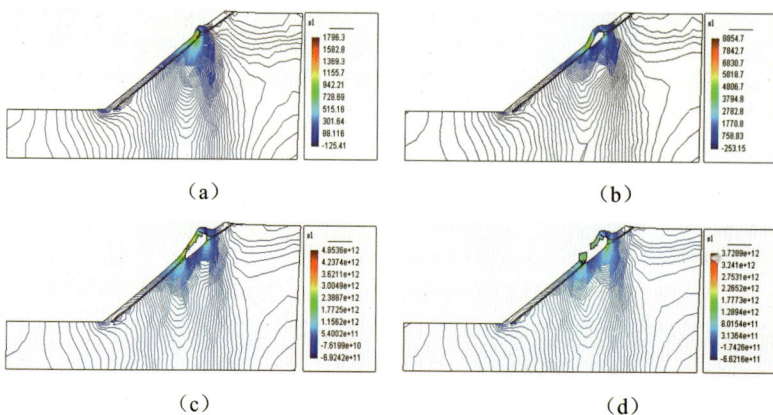

（a）

（b）

（c）

（d）

图 B-11　单一弱面坡角 34°拉张破裂过程

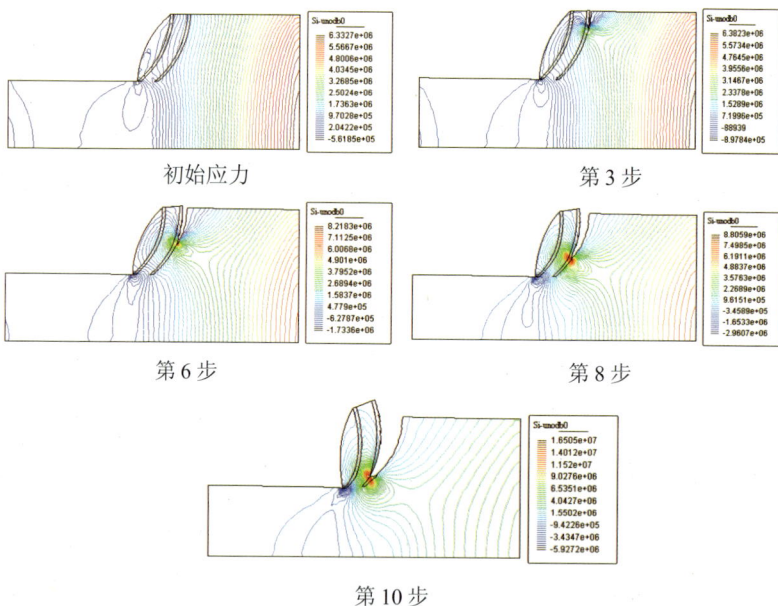

初始应力

第3步

第6步

第8步

第10步

图 B-12　坡角 63°双弱面地震作用下拉张破裂过程